Thomas Tamo Tatietse

Réseaux de distribution d'eau et d'électricité en zone urbaine

Thomas Tamo Tatietse

Réseaux de distribution d'eau et d'électricité en zone urbaine

Nouvelle approche de conception des réseaux dans les pays en développement

Presses Académiques Francophones

Mentions légales / Imprint (applicable pour l'Allemagne seulement / only for Germany)
Information bibliographique publiée par la Deutsche Nationalbibliothek: La Deutsche Nationalbibliothek inscrit cette publication à la Deutsche Nationalbibliografie; des données bibliographiques détaillées sont disponibles sur internet à l'adresse http://dnb.d-nb.de.
Toutes marques et noms de produits mentionnés dans ce livre demeurent sous la protection des marques, des marques déposées et des brevets, et sont des marques ou des marques déposées de leurs détenteurs respectifs. L'utilisation des marques, noms de produits, noms communs, noms commerciaux, descriptions de produits, etc, même sans qu'ils soient mentionnés de façon particulière dans ce livre ne signifie en aucune façon que ces noms peuvent être utilisés sans restriction à l'égard de la législation pour la protection des marques et des marques déposées et pourraient donc être utilisés par quiconque.

Photo de la couverture: www.ingimage.com

Editeur: Presses Académiques Francophones est une marque déposée de
Südwestdeutscher Verlag für Hochschulschriften GmbH & Co. KG
Heinrich-Böcking-Str. 6-8, 66121 Sarrebruck, Allemagne
Téléphone +49 681 37 20 271-1, Fax +49 681 37 20 271-0
Email: info@presses-academiques.com

Produit en Allemagne:
Schaltungsdienst Lange o.H.G., Berlin
Books on Demand GmbH, Norderstedt
Reha GmbH, Saarbrücken
Amazon Distribution GmbH, Leipzig
ISBN: 978-3-8381-8869-0

Imprint (only for USA, GB)
Bibliographic information published by the Deutsche Nationalbibliothek: The Deutsche Nationalbibliothek lists this publication in the Deutsche Nationalbibliografie; detailed bibliographic data are available in the Internet at http://dnb.d-nb.de.
Any brand names and product names mentioned in this book are subject to trademark, brand or patent protection and are trademarks or registered trademarks of their respective holders. The use of brand names, product names, common names, trade names, product descriptions etc. even without a particular marking in this works is in no way to be construed to mean that such names may be regarded as unrestricted in respect of trademark and brand protection legislation and could thus be used by anyone.

Cover image: www.ingimage.com

Publisher: Presses Académiques Francophones is an imprint of the publishing house
Südwestdeutscher Verlag für Hochschulschriften GmbH & Co. KG
Heinrich-Böcking-Str. 6-8, 66121 Saarbrücken, Germany
Phone +49 681 37 20 271-1, Fax +49 681 37 20 271-0
Email: info@presses-academiques.com

Printed in the U.S.A.
Printed in the U.K. by (see last page)
ISBN: 978-3-8381-8869-0

Réseaux de distribution d'eau et d'électricité en zone urbaine

Nouvelle approche de conception des réseaux dans les pays en développement

RÉSUMÉ

Bien que les réseaux d'eau et d'électricité soient vitaux pour la préservation de la santé des populations, leur confort et leur activité, l'accession des ménages à ces réseaux est encore limitée dans les villes des pays en développement. Jusqu'ici les normes utilisées ont conduit au surdimensionnement des réseaux et ceci dans un contexte de crise économique défavorable pour de nouveaux investissements. L'absence d'autonomie et l'inefficacité des gestionnaires augmentent les pertes sur les réseaux. La question fondamentale est la suivante : Comment améliorer le taux d'accès des ménages urbains à l'eau et l'électricité sans diminuer les rendements techniques et commerciaux des gestionnaires, sans augmenter sensiblement les charges des pouvoirs publics ? Le problème ainsi posé est à la fois financier, technique et institutionnel. Pour y répondre, les propositions suivantes sont faites :

Sur le plan financier, des outils méthodologiques et informatiques, permettant d'évaluer le taux d'effort des ménages dont la prise en compte entraînerait la rationalisation des investissements et une meilleure exploitation des réseaux, sont élaborés et présentés.

Des réponses techniques portent essentiellement sur la mise au point de niveaux de référence comme une alternative aux normes actuelles. Ils sont élaborés à partir des consommations usuelles, des modes de vie, de l'environnement socio-économique,... ; ils concernent notamment l'appareillage de branchement et les consommations spécifiques en eau potable et les puissances installées pour l'énergie électrique. Sur la base de la compatibilité entre le taux d'effort des ménages et les niveaux de référence, dont la probabilité d'occurrence constitue le risque, sont définis pour chaque tissu urbain un niveau de desserte approprié, le type et le dimensionnement optimal du réseau de distribution.

Enfin, l'expérimentation menée sur trois villes camerounaises constitue un test satisfaisant du modèle proposé de développement des réseaux. La méthode d'évaluation graphique du risque financier mise au point constitue un outil d'aide à la décision pour étendre ou pour renforcer un réseau. Elle permet de mieux appréhender et d'intégrer le risque dans la programmation du réseau. Trois niveaux de desserte en correspondance bijective avec les ressources mobilisables et les besoins essentiels des ménages sont ainsi mis en évidence. La démarche proposée permet d'aller au-delà des performances de la démarche classique par un accroissement du ratio *ménages desservis au km du réseau* de l'ordre de 40 % dans les villes étudiées; ceci correspond à un gain global d'investissement de 57 %. Les bases de l'élaboration d'un nouveau cadre réglementaire, centré sur l'autonomie effective des gestionnaires sont proposées pour faciliter la mise en œuvre et l'exploitation des réseaux.

SOMMAIRE

INTRODUCTION GÉNÉRALE

Les pays en développement (PED) désignent l'ensemble des pays de la planète qui ont un produit national brut annuel par tête d'habitant inférieur à 8000 $ US. Ces pays comptent en moyenne 70 % d'actifs dans le secteur agricole et ont un taux moyen de croissance annuelle de 3,7 %.

L'explosion démographique date des années 50 et touche particulièrement les villes. En l'an 2000, il y aura plus de deux milliards de citadins dans les pays en développement, soit 35 % de la population mondiale. Les enjeux du développement urbain qui en résultent sont considérables. Les responsables de l'aménagement font face à un ensemble d'obstacles importants parmi lesquels :

- une croissance démographique galopante et un fort exode rural entraînant un accroissement considérable des bidonvilles et de l'habitat informel ;

- de faibles ressources des particuliers, conjuguées à une crise économique.

Nous nous intéressons au problème du développement urbain dans les PED et particulièrement aux villes du Cameroun.

La ville, constituée d'un assemblage d'ensemble d'habitations, d'équipements et d'infrastructures appelé tissu urbain, pose des problèmes complexes de gestion. La maîtrise du développement urbain peut, dans un tel contexte, être abordée en terme d'équipements et de services urbains, par la maîtrise des infrastructures urbaines.

Pour l'ensemble du monde le taux de desserte en réseaux techniques urbains (RTU) est évalué à ce jour à 68% pour l'eau potable et légèrement plus pour l'énergie électrique. Au Cameroun, la situation n'est guère satisfaisante puisque près de 42 % des urbains ont accès à l'eau potable et 64 % à l'énergie électrique.

Le constat de base est que les politiques actuelles du développement et de gestion des réseaux d'alimentation en eau potable (AEP) ou d'alimentation en énergie électrique (AEE), ont montré leurs limites pour une raison essentielle : l'implantation des réseaux d'eau et d'électricité selon les standards occidentaux dépasse largement la capacité financière des États et des particuliers des pays en développement.

La question fondamentale est la suivante : Comment améliorer le taux d'accès des ménages urbains aux réseaux d'eau potable et d'électricité tout en assurant des conditions de gestion technique et commerciale acceptables, sans augmenter sensiblement les charges des pouvoirs publics ? Plus prosaïquement, dans quelle mesure la participation financière des ménages peut - elle être considérée comme un vecteur du développement des réseaux d'eau et d'électricité ?

Notre recherche a pour objectif central de montrer qu'il est possible de concevoir un modèle de développement des réseaux susceptible de favoriser l'accès à la consommation d'eau potable, et d'électricité à un grand nombre de ménages et à moindre coût.

La première partie *"Contexte et problématique"* présente le cadre général des réseaux techniques urbains dans les PED et précise les limites de l'étude au cas des réseaux d'eau et d'électricité dans les villes du Cameroun. L'analyse du contexte socio-économique et technique impose l'idée d'une redéfinition du rôle du ménage dans le processus de développement des réseaux d'eau et d'électricité.

La deuxième partie a pour objet de définir une méthode de conception des réseaux d'eau et d'électricité adaptés aux besoins et aux ressources des ménages, eux-mêmes mis en correspondance grâce à la notion du taux d'effort. Ce taux variable selon le tissu urbain impose l'adaptation des normes en vigueur ce qui amène à introduire le concept de niveaux de référence.

La méthode décrite en deuxième partie a été expérimentée dans trois villes du Cameroun à savoir Obala, Yaoundé et Bandjoun et a permis de formuler des propositions tant techniques qu'institutionnelles pour le développement des réseaux d'eau et d'électricité. C'est l'objet de la troisième partie.

PREMIÈRE PARTIE
CONTEXTE ET PROBLÉMATIQUE

INTRODUCTION

Il s'agit dans cette partie de situer le problème étudié dans un cadre général. Après un bref rappel du contexte des pays en développement le premier chapitre traite l'analyse des interactions entre le niveau de desserte en infrastructures et le développement urbain. La restriction de ce travail aux réseaux d'eau et d'électricité nous permet de circonscrire notre champ d'investigations. Les raisons du choix des réseaux retenus dans cette étude constituent la fin du chapitre 1.

Le second chapitre est consacré à la formulation de la problématique du développement des réseaux d'eau potable et d'électricité dans les villes Camerounaises. Ce recentrage du thème nous amène à examiner cette problématique sous plusieurs angles. Cette analyse montre notamment que pour améliorer le taux de desserte et les rendements des réseaux de distribution les solutions efficaces à trouver doivent nécessairement porter à la fois sur les aspects techniques, financiers et institutionnels. L'accent est mis sur le nouveau rôle du ménage dans une telle procédure.

Enfin, le chapitre 3 rend compte de la modélisation de la relation "participation des ménages - développement des réseaux d'eau et d'électricité". Il met en évidence les axes de notre contribution.

CHAPITRE 1

LE CONTEXTE URBAIN DES PAYS EN DÉVELOPPEMENT ET LES RÉSEAUX TECHNIQUES

L'urbanisation est devenue un phénomène mondial depuis le début de ce siècle et d'ici l'an 2000, plus de la moitié de l'humanité vivra dans les zones urbaines. Dans les pays en développement (PED), ce phénomène qui se déroule à un rythme sans précédent, pose d'énormes difficultés à la maîtrise de la gestion urbaine. Un aperçu succinct de l'évolution urbaine permet de mieux cerner le contexte actuel et d'avoir une vision prospective des enjeux liés au développement des réseaux techniques dans les villes des PED.

1.1   LE CONTEXTE URBAIN DES PAYS EN DÉVELOPPEMENT

L'étude du processus d'urbanisation des PED permet de recentrer la problématique du développement de leurs villes dans un contexte plus large. Cette étude passe en revue les tendances de l'urbanisation, la caractérisation des villes et les enjeux urbains futurs des PED.

1.1.1   LES TENDANCES DE L'URBANISATION DES PED DEPUIS 1900

De prime abord, nous précisons que le concept de "ville" est celui sur la base duquel sont produites les données statistiques de chaque pays considéré. Par   ailleurs, bien que toutes les villes des PED n'aient pas un profil unique, la grande majorité d'entre elles présentent des caractéristiques communes.

En termes d'urbanisation, l'accroissement de la population ne s'effectue pas au même rythme dans les pays développés et dans les pays en développement comme l'atteste les taux d'urbanisation de la figure 1. Les statistiques de la même figure montrent que le taux d'urbanisation n'est pas uniforme dans tous les PED. Le taux d'accroissement est beaucoup plus élevé en Afrique subsaharienne que dans les autres régions.

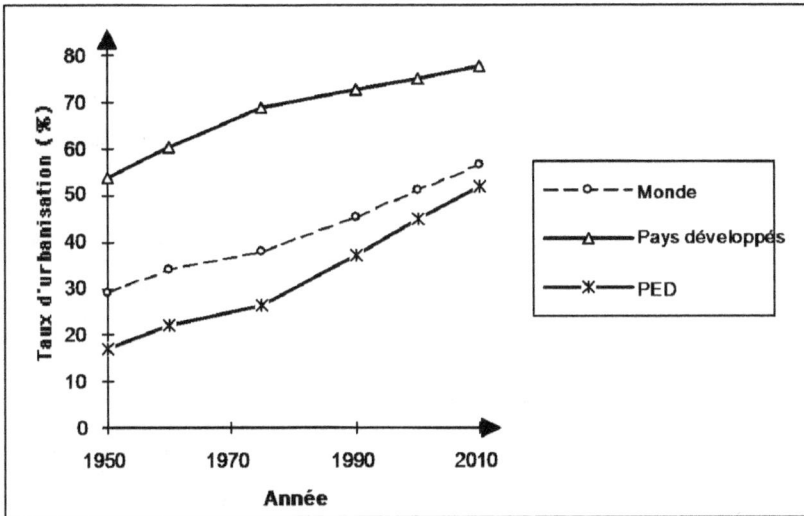

Source : ONU, World Urbanization Prospects 1992, [2- ONU]
Figure 1 : Évolution du taux d'urbanisation dans le monde

Le taux d'urbanisation, bien que plus élevé dans les pas développés que dans les PED, croît beaucoup moins vite dans les premiers que les seconds comme le montre la figure ci-après.

On note un point d'inflexion dans l'évolution de l'urbanisation en 1975 aussi bien dans les pays développés que dans les PED. Dans les premiers, il s'agit d'un fléchissement du taux d'urbanisation. La tendance amorcée depuis 1975, est maintenue jusqu'aujourd'hui. Pour les seconds, la croissance du taux d'urbanisation a pris de l'ampleur à partie de cette date. La concavité croissante de la courbe d'urbanisation est révélatrice du degré d'accélération de ce phénomène. Mais la rapidité de la croissance urbaine dans les PED varie suivant les régions du monde (figure 2).

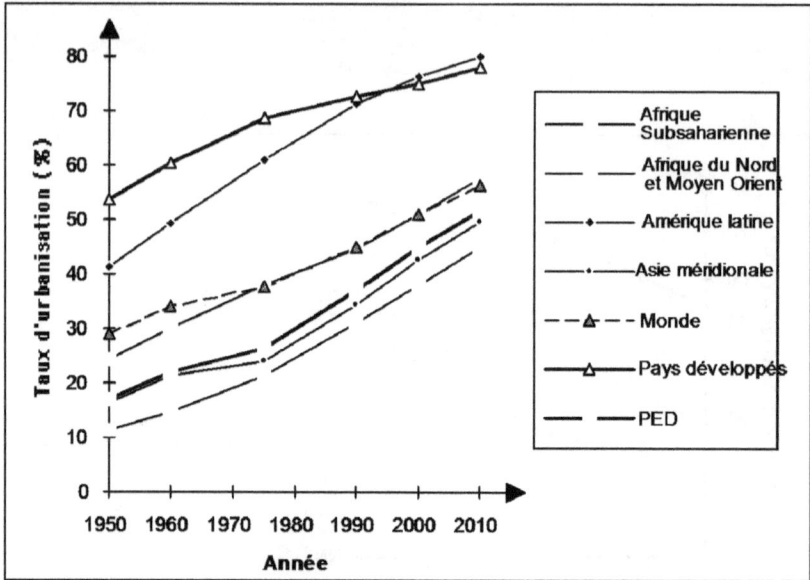

Source : ONU, World Urbanization Prospects 1992, [2- ONU]

Figure 2 : Évolution du taux d'urbanisation dans différentes régions du monde en développement

Les pays d'Amérique latine ont les taux d'urbanisation les plus élevés (73 %). On note un ralentissement de la croissance de la population urbaine depuis 1990. L'Afrique subsaharienne a le taux d'urbanisation le plus faible (35 %). L'urbanisation se déroule à un rythme sensiblement constant. Les taux annuels sont : 5,1 % entre 1970 et 1980 et 5,0 % de 1980 à 1992. Le même phénomène est observé en Afrique du nord et au Moyen Orient où la croissance urbaine est presque linéaire dans le temps. Le taux annuel, 4,4 %, est constant entre les deux périodes précédentes. Quant aux pays de l'Asie méridionale, ils enregistrent, depuis 1970, un taux de croissance annuelle de la population urbaine de 3,5 %. Environ 38 % de leurs populations vivent en ville.

Pendant le XIXe siècle, l'importance relative des citadins ne s'était pas sensiblement modifiée dans les PED. De 1910 à la seconde guerre mondiale, la tendance a été différente dans la quasi-totalité des PED où la population urbaine a augmenté beaucoup plus rapidement que la population totale.

Entre 1946 et 1982, période des indépendances de la quasi-totalité des PED et dont la majorité d'entre eux a accédé à la souveraineté nationale en 1960, les villes de l'ensemble des PED ont vu leur population progresser de 4,4% par an, soit une augmentation d'environ 780 millions de personnes, chiffre plus élevé que celui de toute la population urbaine de 1946, laquelle résulterait d'un processus d'urbanisation plusieurs fois séculaires. Au cours de cette période la population des villes s'est trouvée multipliée par plus de quatre ; en Afrique la multiplication a même été de l'ordre de six et demi [118 - BAIROCH].

La période allant de 1980 à 1992 est marquée par un léger fléchissement du taux d'accroissement annuel de la population urbaine : ce taux est en moyenne de 3,7 % [1 - W. BANK]. Pour passer d'un taux d'urbanisation, rapport entre la population urbaine et la population totale, de 15 à 32 % l'Europe à mis environ 80 ans ; dans les PED cela n'a pris que 35 ans [2 - ONU].

Une caractéristique importante de la phase d'urbanisation accélérée que les PED ont traversée, est la forte concentration de la population urbaine des grandes villes. C'est précisément à partir de 1930 que l'on assiste à une véritable explosion des grandes villes des PED. Les principaux corollaires sont les suivants :
- la moitié des mégalopoles se trouvent dans les PED ;
- les bidonvilles deviennent une forme prédominante de l'habitat urbain.
Ces spécificités sont plus visibles à travers le mécanisme des tissus urbains.

1.1.2 UN ÉLÉMENT DE CARACTÉRISATION DES VILLES DES PED : LE TISSU URBAIN

Les villes ne sont pas homogènes. Du fait de l'interaction entre un milieu technique (physique et dispositifs matériels de l'urbain) et un milieu social (société, politique, économie), les villes présentent dans la réalité une très grande variété de combinaisons internes. Elles sont constituées de secteurs, de zones, de quartiers différents par leur structure physique et leur organisation socio-économique. Elles possèdent des noyaux anciens, parfois "très beaux" par leurs monuments et leurs maisons traditionnelles ; leurs rues n'ont pas de plan préétabli, la densité est très forte ; habitat, commerce et artisanat y coexistent dans un pittoresque mélange. Ces discontinuités urbaines sont créatrices de tissus différents, elles peuvent provenir de :
- ruptures naturelles (rôle du relief et du réseau hydrographique dans le cloisonnement et le découpage des tissus urbains) ;
- ruptures morphologiques des dispositifs matériels de l'urbain (superstructures, infrastructures, ...),
- ruptures socio-économiques (liées aux aspects culturels, politiques ou fonctionnels, ...).
La combinaison des facteurs naturels (relief, réseau hydrographique,...) et des aspects morphologiques (résultant des équipements et de l'habitat) détermine la géométrie des

tissus urbains. Si les facteurs naturels ne sont pas propres aux PED, il n'en est pas de même en ce qui concerne la morphologie de leurs tissus urbains. En examinant à travers le prisme des tissus urbains, on constate que les villes des PED se singularisent par leurs caractéristiques morphologiques et socio-économiques.

1.1.2.1 La géométrie des tissus urbains

Plusieurs études indiquent que se dégagent, globalement quatre groupes de PED [118 - BAIROCH] [128 - CHAPUIS] [1 - W. BANK]: Amérique latine (PNB/hab. 2690 $ US), Afrique du nord et Moyen Orient (PNB/hab. 1950 $ US), Asie méridionale (PNB/hab. 678 $ US) et Afrique subsaharienne (PNB/hab. 530 $ US). À l'intérieur de chacun de ces groupes de pays, les performances économiques, les conditions de vie, l'évolution démographique apparaissent comme relativement semblables, malgré certaines nuances régionales ou même quelques exceptions notoires. Ce sont les quatre groupes que nous allons analyser succinctement sous l'angle de la structure urbaine.

a)   Morphologie des tissus urbains des villes d'Amérique latine

Les aspects de la ville sont caractéristiques : compromis de la ville occidentale et de l'agglomération sous-développée. La division en quartiers est nette. Le centre est constitué d'un noyau ancien ; il est surtout constitué d'un ensemble d'immeubles administratifs, culturels et touristiques (grands hôtels). De plus, le centre est parcouru par des avenues plus ou moins larges qui ont éventré les vieux quartiers. L'agglomération s'étend autour de ce noyau. Le mélange des industries et de l'habitat est constant. Les quartiers pauvres qui sont le plus souvent de vrais bidonvilles couvrent les deux tiers de la superficie de la ville.

b)   Morphologie des tissus urbains des villes d'Afrique du nord
et du Moyen Orient

Les villes islamiques ont presque toutes en commun l'expression spatiale de principes d'essence spirituelle. Les espaces de la cité résultant d'un groupement hiérarchisé des divers niveaux de la communauté autour d'un pôle : la Mosquée, lieu de prière, mais également lieu de rencontre et d'échange qui identifie la communauté en lui confiant une personnalité [129 - PELLETIER].
Le développement rarement planifié s'opère de manière désordonnée, la plupart du temps sans qu'aient pu être réalisées les infrastructures indispensables.

Les villes sont formées de quartiers homogènes qui ont souvent deux centres : le centre de la cité traditionnelle, difficilement accessible avec ses bidonvilles et le centre de la ville moderne, multipolaire et perméable.

Dans ces pays les oppositions morphologiques sont particulièrement marquées. Aux vieilles médinas qui ont un tissu dense avec un lacis de ruelles, de rues de largeur variable, d'impasses et un habitat continu fermé sur l'extérieur, s'oppose la ville moderne "européenne". Cette dernière a un plan régulier, des artères larges et régulières, des immeubles de deux à cinq étages, plus élevés quand ils sont modernes et en bordure des principales artères, ou bien des villas entourées de jardins. Des "médinas modernes" ont été construites : leur trame est régulière mais les voies rectilignes sont toujours étroites, les rues sans trottoir et l'habitat dense, uniforme en largeur comme en hauteur (Casablanca) [118 - BAIROCH]. Des quartiers d'ensembles collectifs se dressent de plus en plus au milieu d'espaces non bâtis, rarement aménagés et desservis par une voirie médiocre.

c)   Morphologie des tissus urbains des villes d'Asie méridionale

Ces villes possèdent deux types de tissu nettement différents par leur forme et leur paysage ; ils se juxtaposent et ne se mêlent pas. Chacun d'eux représente un stade de leur histoire (le repère étant défini par rapport à la décolonisation), deux modes de vie, l'un traditionnel, l'autre conquis par le modernisme. Le désir de faire acte de modernisme pousse, partout, aujourd'hui, à imiter les modèles architecturaux des nations industrialisées. Cette caractérisation est valable pour les villes d'Afrique subsaharienne (étudiées au § d)).

En Inde en particulier, la ville comprend plusieurs tissus. On trouve d'abord le tissu de la ville indigène, sans plan, avec d'étroites ruelles et des rues sans organisation apparente, parfois entourée de murs percés de quelques portes (Delhi) avec une très forte densité du bâti. Ensuite celui du "Civil lines", héritage des britanniques, est aérés de larges artères régulières et agrémentés d'espaces verts. On y trouve les bâtiments d'administration. Viennent enfin le tissu de la "Railway Colony", quartier d'habitat proche des installations ferroviaires et celui du "cantonnement", ancien terrain militaire conservé ou utilisé. Les extensions récentes, parfois comprises entre la vieille et la nouvelle ville ont leur propre tissu souvent différent des précédents par l'intégration d'établissements industriels ou d'anciens villages.

d)   Morphologie des tissus urbains des villes d'Afrique subsaharienne

Les villes d'Afrique subsaharienne appartiennent à cette même catégorie (cf. §
c)) par la dualité qui existe entre la partie de l'agglomération la plus équipée en
infrastructures et superstructures, la plus construite en dur, la seule à posséder des
immeubles à usage de bureaux et de services qui forme la "ville" et les quartiers
traditionnels dans lesquels les équipements urbains et les réseaux techniques font
cruellement défaut. Par ailleurs, ces villes relèvent de la catégorie précédente par la
géométrie de la trame. Les quartiers d'habitat moderne ont un plan régulier parce qu'ils
ont bénéficié de plans d'urbanisme avec un réseau assez complet de rues bitumées. La
distinction de plusieurs tissus dérive de la variété des constructions, immeubles ou
villas.

Les tissus des quartiers traditionnels qui regroupent la majeure partie de la
population ne sont pas uniformes même s'ils peuvent présenter des formes régulières. La
Grande Médina de Dakar a un plan en damier. Un système de petites parcelles qui
résultent de concessions, de lotissements ou de régularisations, porte des constructions
en dur ou des cases en matériaux moins résistants (dits provisoires) que desservent les
rues bitumées ou non. Cela n'exclut ni des développements très anarchiques avec des
ruelles étroites et sinueuses, ni des constructions hétéroclites inégalement disposées sur
des parcelles de dimensions variables et de grands terrains vagues, ni des villes qui ne
sont que l'association de villages autrefois distincts. Ces villes ont de ce fait un tissu
lâche et des espaces verts qui tiennent une grande place (Sokodé au Togo, Fianarantsoa
à Madagascar).

1.1.2.2 La dimension socio-économique des tissus urbains

La dimension socio-économique des tissus urbains est marquée par des
contrastes sociaux. Dans tous les pays en développement, avec des nuances liées à
l'industrialisation mais sans que le phénomène disparaisse, car il est structurel,
s'individualise une société dualiste. D'un côté, se trouve la société intégrée à peu près
totalement au monde économique contemporain. Elle a adopté jusqu'à l'excès parfois,
les modes de vie matériels, les loisirs des pays occidentaux. À côté d'elle, coexiste le
reste de la population avec des degrés d'intégration divers par transitions ménagées,
jusqu'aux groupes marginalisés, exclus des circuits économiques habituels, de niveau de
vie très bas et sans habitat urbain spécifique. Les clivages sont de toute façon très
visibles. Dans les villes, ils ont plusieurs origines : ceux dérivant de l'argent ou de la
puissance politique sont clairs et banals. Mais il s'y ajoute, pour des raisons
sociologiques et historiques complexes, des coupures dues à l'appartenance à des

groupes ethniques, religieux ou raciaux. En Inde les groupements par caste ; en Afrique, les rassemblements par tribu d'origine sont nets ; au Moyen Orient et dans les pays méditerranéens les clivages religieux sont évidents.

Organisés en cellules presque autonomes, les quartiers pauvres abritent la majorité de la population sans travail.

La dualité fonctionnelle, enfin, met en évidence une opposition entre deux mondes car la partie moderne exerce une pression sur la partie traditionnelle dont elle tend à freiner l'expansion des fonctions traditionnelles.

Les problèmes techniques dus au surpeuplement : la vitesse de croissance, alliée à la pénurie générale de moyens financiers expliquent en partie les défauts techniques de ces villes ; il s'y ajoute un certain laisser aller ou le manque de pouvoir réel des autorités sur les habitants. Le niveau des équipements est faible sauf dans les quartiers centraux (et encore car elles sont souvent obsolètes). Si l'alimentation en eau par les bornes fontaines à la périphérie, à l'étage, ou dans les appartements dans les meilleurs cas, est assurée, l'électricité est réservée aux quartiers centraux, le téléphone est simplement un luxe.

Pour conclure, dans la plupart des villes des PED, la zone centrale, à l'exception des quartiers anciens et spontanés, est à peu près géométrique, régulière et équipée. On note un peu partout, une diminution du niveau d'équipement et de la qualité du cadre de vie.

Les parties périphériques sont disparates. Dans les espaces interstitiels et dans les zones inondables ou à topographie accidentée, se placent les zones d'habitat plus ou moins précaire. Deux types de constructions se distinguent :

- d'abord, les maisons de type rural, en matériaux traditionnels pisé, en poto-poto ;

- ensuite, on trouve les bidonvilles classiques de toutes les villes, construits en matériaux de fortune. Dans les deux cas, ces quartiers regroupent de l'habitat mais aussi des activités artisanales, des marchés. Ce sont presque des villes autonomes. On y trouve les populations les plus défavorisées.

Enfin, la fragmentation, en secteurs aux frontières visibles ou invisibles, est un des éléments sans doute le plus caractéristique des villes des pays en développement. À quelques nuances et exceptions près, les villes des PED sont constituées globalement de deux zones :

- une zone formée de tissus structurés, relativement bien équipée en infrastructures et superstructures, où résident les riches ;

- une zone d'habitat spontané, généralement sous-équipée où habitent les populations pauvres et à revenus modestes.

L'absence de mixité ou plus exactement la dualité sociale est acceptée dans la mesure où elle n'est nullement synonyme de ségrégation. Cette spécificité est un des éléments les plus importants à prendre en compte dans la définition des enjeux urbains futurs des PED que nous abordons dans le paragraphe ci-après.

1.1.3 LE CONTEXTE ACTUEL ET LES ENJEUX FUTURS DES VILLES DES PAYS EN DÉVELOPPEMENT

Pour mieux appréhender les défis urbains qui se posent dans les PED, il est indispensable de caractériser le contexte de ces villes, opération qui permettra notamment de mettre en relief les enjeux à venir.

1.1.3.1 Les caractères généraux des villes des PED

Le contexte urbain des PED est caractérisé par deux phénomènes majeurs :
- une explosion démographique avec un taux d'accroissement annuel sans précédent : il est par exemple de 5 % en Afrique subsaharienne, 4,2 % en Asie de l'Est contre 0,8 % dans les pays développés [1 - W. BANK].
- une crise urbaine et un développement des bidonvilles et de l'habitat informel, ayant pour corollaires l'accroissement du chômage, du grand banditisme et de l'insécurité urbaine.

a) Modalité de la croissance urbaine

La croissance est 2 à 3 fois plus rapide que dans les pays industrialisés. Elle provient de l'accroissement naturel de la population et de l'exode rural. La croissance naturelle de la population est liée à l'amélioration des conditions d'hygiène et d'accès aux soins de santé. Son niveau correspondant à un doublement de la population en un quart de siècle. Quant à l'exode rural, mouvement à peu près achevé dans les pays développés, atteint ici un maximum à la fois dans son ampleur, en chiffres absolus et en vitesse.

La "mégalocéphalie urbaine" s'intensifie au détriment des autres villes : En 1990 les PED comptaient 125 villes de plus d'un million d'habitants contre 102 villes dans les pays développés. En l'an 2000, 268 centres urbains des PED franchiront le cap d'un million d'habitants, contre 123 dans les pays développés ; à cette date, 21 agglomérations auront dépassé la barre de 10 millions de personnes dont 17 dans les PED soit 81% [2 - ONU][4 - COHEN].

b)   Les problèmes de croissance

La croissance urbaine engendre des problèmes sociaux et économiques considérables. Ceux-ci sont caractérisés par la pénurie ou l'insuffisance des services et/ou des équipements urbains.

Sur le plan socio-économique

L'afflux de population en ville répond à l'espoir d'y trouver du travail, mais force est de constater que la moitié de la population active se trouve sans emploi ou sous-employée. C'est l'hypertrophie du tertiaire et le triomphe du secteur informel qui prédominent dans la ville au détriment de l'industrie. On y retrouve également une proportion considérable des activités agricoles. Le dualisme des commerces et des petits métiers apparaît clairement : à côté des magasins du type occidental, prolifèrent les étals en plein vent, les marchés permanents, les petits métiers.   La pénurie de logements décents est immense dans les quartiers populaires qui sont le plus souvent surpeuplés. Les équipements, l'assainissement, l'adduction d'eau, les réseaux d'électricité, la desserte en voirie, les équipements sociaux (écoles, hôpitaux,...) sont mal entretenus s'ils ne font pas cruellement défaut. Le type de construction des maisons d'habitation pratiqué par des populations ayant une capacité d'investissement souvent très faible donne des villes horizontales : peu de constructions en hauteur et des périphéries très étendues. La plus grande partie de l'habitat échappe au contrôle public. Il en est de même de l'usage du sol.

Sur la dimension socioculturelle

Progressivement, la société se divise entre une minorité aisée et des catégories pauvres. La différence éclate aussi entre les modes de consommation. Cette dualité dans les modes de vie se retrouve dans l'espace entre la ville des riches et celle des pauvres, entre les quartiers centraux dotés de logements et d'équipements modernes et la zone périphérique en général sous-équipée.   Plusieurs études dont celles de P. Laborde confirment ce clivage [119 - LABORDE].

1.1.3.2 Les enjeux du développement urbain dans les PED

Pour faire face aux problèmes ci-dessus décrits, les PED se sont efforcés de maîtriser la croissance urbaine et ses conséquences. C'est ainsi que des outils de planification urbaine : plans d'urbanisme directeurs, schémas directeurs d'aménagement et d'urbanisme,... ont été réalisés à l'instar de ceux utilisés dans les pays développés. Ces outils se sont avérés inefficaces pour deux types de raison : une inadaptation des moyens et des carences institutionnelles. En effet, pour les premiers, nous rappellerons qu'ils sont confectionnés à l'instar de ceux utilisés dans les pays développés sans tenir compte des ressources mobilisables,..., Pour les seconds, on citera ici le manque de personnel technique qualifié dans les collectivités, un faible taux d'approbation des documents officiels (au Cameroun 16 % des plans d'urbanisme ont été approuvés depuis l'indépendance), des procédures foncières trop longues et complexes (au Cameroun elles durent 2 à 7 ans et moins de 20 % des terrains urbains sont nantis d'un titre foncier) [6 - CANEL].

Pour être fiable, toute stratégie de gestion et de planification urbaine devrait intégrer ces deux aspects de la question urbaine tout en s'appuyant sur la connaissance du milieu concerné. Cette exigence est justifiée par le fait qu'aucun indicateur ne permet d'envisager une amélioration significative des ressources économiques et financières tant des pouvoirs publics que des populations; de plus, il est démontré que le taux d'accroissement urbain demeurera encore élevé pendant longtemps.

Dans un tel contexte, nous avons choisi d'aborder le problème de développement urbain des PED sous l'angle des réseaux techniques urbains. Mais auparavant la mise en évidence des interactions entre les réseaux techniques urbains et ledit développement constitue une étape logique de notre méthode d'approche.

1.2 LE DEVELOPPEMENT URBAIN ET LES RESEAUX TECHNIQUES URBAINS

Le degré de développement des réseaux techniques urbains a incontestablement une incidence sur l'amélioration du cadre de vie des populations. La contribution des réseaux techniques urbains à l'amélioration de la qualité de vie varie selon le type de réseau. C'est ainsi que l'augmentation du taux de desserte de la population par les réseaux d'alimentation en eau potable et d'évacuation des eaux usées apporte une contribution évidente et directe au recul de la mortalité et de la morbidité. Les télécommunications, l'électricité et l'eau interviennent dans l'accroissement de la productivité de la quasi totalité des secteurs d'activité.

Avant de définir le cadre de notre recherche, nous examinons dans ce paragraphe les relations et les interactions, existantes ou virtuelles, entre le développement urbain et les réseaux techniques urbains dans les PED.

1.2.1 LA DESSERTE EN INFRASTRUCTURE DANS LES PED

Les taux de desserte par les services d'infrastructures sont parmi les principaux indicateurs de bien-être d'une population.

Nous avons vu qu'à l'aube du XXIe siècle, environ 51 % de l'humanité vivra dans les zones urbaines. Dans les pays en développement, ce processus d'urbanisation se déroule à un rythme très élevé. Contrairement à ce qui a été constaté dans les pays industrialisés, l'urbanisation est un facteur exogène du développement dans les PED ; elle résulte d'une pression démographique très forte et de l'incapacité des économies agraires à absorber le surplus de population [7 - DEBOUVERI] ; ce dernier facteur explique aussi l'importance de l'exode rural.

Les populations s'installent spontanément, occupent presque irrationnellement les sites sans contrôle, ni respect des plans d'urbanisme lorsque ceux-ci existent. Ce qui se traduit par des bidonvilles et autres quartiers inaccessibles, non desservis par les réseaux urbains. Ils sont pour la plupart sous-équipés en superstructures.

Cette croissance démographique n'est pas le plus souvent précédée ou tout au moins suivie par le développement des infrastructures. La littérature montre que le taux de desserte croît moins vite que la croissance urbaine. Par exemple, les taux d'accroissement annuel de l'accès à l'eau potable et à l'électricité sont respectivement de 2,4 % et de 3,9 % [1 - W. BANK].

Les villes des PED accusent un retard d'équipement considérable en matière d'infrastructures urbaines : les voiries font défaut, les points d'eau potable sont rares ; il y a peu de distribution d'énergie électrique et encore moins de points lumineux pour l'éclairage public ; les réseaux d'assainissement sont quasi inexistants et l'acquisition d'une ligne téléphonique est perçue comme un luxe réservé aux plus riches.

Comme on peut le constater dans les figures 3 et 4, l'accession des ménages aux réseaux d'eau potable et d'électricité est encore limitée dans les PED. 68 % des ménages consomment de l'eau potable et 70 % ont accès au réseau électrique.

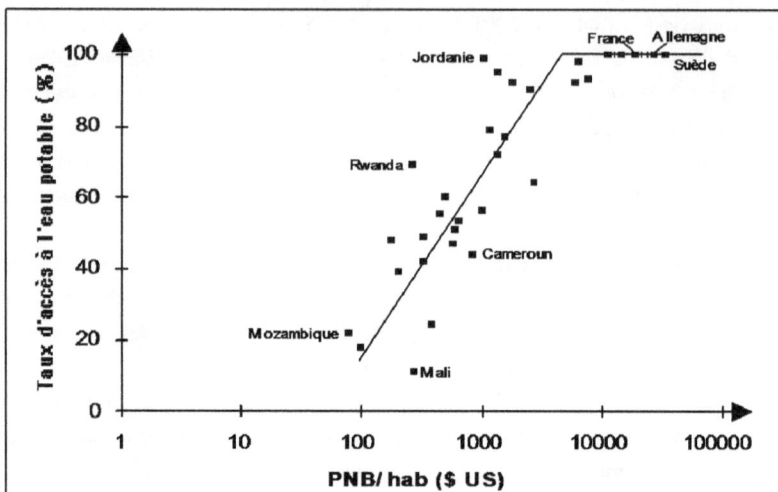

PNB (source : rapport Banque Mondiale 1994) ; AEP (source : rapport Banque Mondiale 1993).

Figure 3 : Taux d'accès au réseau d'eau potable dans quelques pays développés et en développement suivant le PNB

      Ces données (PNB et AEP) caractérisent la situation de la desserte en eau potable en 1992. La figure 3 montre qu'il existe un lien entre le taux d'accès à l'eau potable et le Produit National Brut (PNB). Ce dernier désigne la somme des valeurs ajoutées, c'est-à-dire la richesse totale en biens et services créée au cours d'une année. Il est souvent interprété comme un indicateur de bien-être (cf. annexe 1). On remarque que dans les pays dont le PNB annuel par tête d'habitant est supérieur à 8000 $ US, c'est-à-dire les pays développés, tous les ménages sont desservis par le réseau d'eau potable. Le taux d'accès est en effet de 100 %. Pour les PED, la même courbe montre qu'il existe une corrélation entre le taux d'accès au réseau d'eau potable et le PNB annuel par tête d'habitant. Cette analyse explique en partie l'inadaptation, des méthodes et modèles de conception et de gestion des réseaux d'eau potable en vigueur dans les pays développés, au contexte des PED. Les ménages ont d'autant plus d'équipements sanitaires que leurs pouvoir d'achat est important. Celui-ci leur permet de payer aussi bien les frais de raccordement au réseau que leur consommation en eau potable. Le niveau d'équipements sanitaires implique une certaine consommation, laquelle nécessite l'implantation d'un réseau où doit circuler une certaine quantité d'eau pour un temps donné, à une certaine pression (ce qui influence notamment les diamètres des canalisations). De plus, en amont, ce débit doit être produit, traité et injecté dans le réseau, ce qui pose le problème d'exploitation du dit réseau (régulation du pompage, quantités à traiter et capacités des réservoirs). On comprend dès lors pourquoi l'utilisation des standards occidentaux dans la conception et la gestion des réseaux d'eau potable aboutit généralement au surdimensionnement de ce dernier.

Pour ce qui concerne l'alimentation en énergie électrique, la situation est à peu près similaire à celle observée pour le réseau d'eau potable.

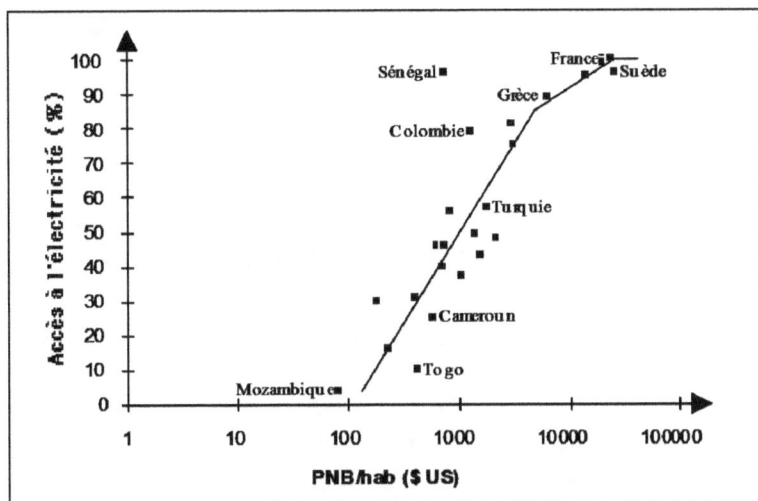

(source : rapport de la Banque Mondiale 1994).

Figure 4 : Taux d'accès au réseau d'électricité dans quelques pays développés et en développement suivant le PNB

Ces données (PNB et AEE) caractérisent la situation de la desserte électrique en 1984. Dans les pays occidentaux, les taux d'accès au réseau électrique ne sont pas de 100 % en 1984. À cette même époque, ils sont inférieurs à 50 % presque partout dans les PED. En dépit du fait qu'il y ait eu une amélioration du niveau de desserte dans les PED, environ 30 % des ménages urbains (en 1992), n'ont pas accès à l'électricité alors que dans les pays développés, pratiquement tous les ménages sont desservis par le réseau. Si l'on s'intéresse au cas particulier de l'Afrique subsaharienne, on constate que les taux d'accès aux réseaux d'eau potable sont en général plus faibles que dans les autres régions des PED. La figure ci-après présente une image de la desserte en eau potable dans cette région du globe.

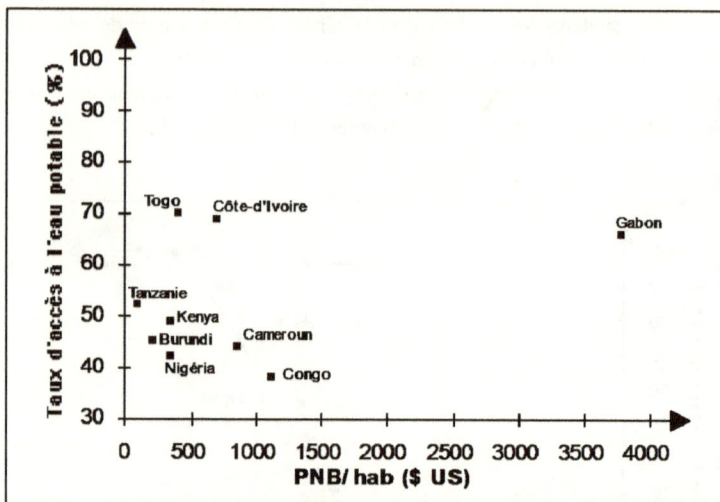

Figure 5 : Taux d'accès au réseau d'eau potable dans quelques pays d'Afrique
subsaharienne suivant le PNB

Cet échantillon est assez représentatif (économie, population, géographie, ...) de l'état d'alimentation en eau potable des populations urbaines des pays d'Afrique subsaharienne. Le niveau de desserte en énergie électrique est encore plus faible que celui d'accès à l'eau potable.

Par rapport à l'exploitation, les PED se caractérisent par l'insuffisance d'une politique d'entretien des réseaux. L'exploitation inefficace des équipements d'infrastructure va souvent de pair avec leur défaut d'entretien. Les routes se détériorent et les lignes téléphoniques sont constamment en dérangement. Quant aux réseaux d'eau potable et d'électricité, l'inefficacité de leur exploitation augmente considérablement les pertes ; elles comprennent les pertes techniques, causées par les fuites, ..., et les pertes commerciales, dues aux branchements pirates, aux non paiements et à l'inefficacité de la gestion. Ces pertes sont 2 à 3 fois plus élevées sur les réseaux d'eau potable des PED que sur ceux des pays développés tandis que les pertes enregistrées au cours de la distribution d'énergie électrique sont deux fois plus importantes que si ces réseaux avaient été convenablement exploités.

Quelques chiffres qui bien que portant sur peu de cas, donnent une idée de la réalité qui n'est pas singulière aux pays cités :

- Au Cameroun, seuls 33 % des ménages d'Obala , ville moyenne type d'environ 16 000 habitants, ont accès au réseau d'eau potable, et 60 % sont abonnés à la SONEL (Société Nationale de l'Électricité) et aux "redistributeurs" [13 - TAMO T.] ;
- Au Zaïre (RDC), 14 % des ménages de Kinshasa sont raccordés à l'électricité en 1984 [15 - BEAU] ;
- Au Burundi en 1984, 13,6 % des ménages de Bujumbura sont raccordés au réseau d'AEE et on note seulement 1,5 % d'abonnés pour les 20 centres urbains secondaires [14 - DEGRAND] ;
- Au Togo, 54 % de la population de Lomé en 1981, a accès à l'eau potable ;
- Au Congo, 46,1 % de la population de Pointe Noire en 1979, a accès à l'eau potable [17 - MOREL].

Si l'urbanisation n'est pas synonyme de développement urbain comme nous venons de voir, il existe, en revanche, des liens étroits entre l'essor des réseaux techniques urbains et l'aménagement du cadre de vie. Facteurs de sécurité, les réseaux sont aussi facteurs de risques en raison de leur vulnérabilité.

Les interactions entre le *développement urbain* et les *réseaux techniques urbains* sont multiples. Un isomorphisme peut être mis en évidence entre la ville, dotée d'une structure et de fonctions évolutives, et l'impact des réseaux sur ces fonctions du fait des caractéristiques topologiques, cinétiques et adaptatives des dits réseaux. Ces caractéristiques sont d'ailleurs les critères d'évaluation des réseaux proposés par Dupuy [3 - DUPUY]. Ces deux notions *développement urbain* et *réseaux techniques urbains* ne sont pas indépendantes: les seconds conditionnent la fonction urbaine, tout comme cette dernière imprime sa marque à la structure des réseaux. L'une peut précéder l'autre, induisant ainsi des déséquilibres et des risques de dysfonctionnement.

1.2.2 RÉSEAUX ET STRUCTURATION DE LA VILLE

Les réseaux jouent un rôle capital dans la structuration des villes. Il s'agit notamment des réseaux hydrographique, viaire et d'eau potable ; le tracé et l'évolution des autres réseaux sont plus conditionnés par la structure de la ville qu'ils ne la conditionnent. C'est ainsi que :
- La topographie du site en particulier est déterminante dans la structuration voire l'organisation de la ville (alternance des "bas quartiers", inondables parfois nauséabonds et de "hauts quartiers" dominant la ville) ;
- Les voiries sont également conditionnées par le relief et le réseau hydrographique. Le tracé des axes routiers principaux est resté très lisible dans l'organisation générale des villes ;

- Les réseaux d'eau potable sont considérés comme des réseaux structurants car ils jouent un rôle très important dans la viabilisation des quartiers ; En les structurant, ils ordonnent l'espace. Ces réseaux participent à la constitution de la ville définie comme un espace physique différencié.

Cette structuration induite par les réseaux techniques présente deux spécificités majeures. D'abord, la topologie urbaine caractérisée par une trame constitutive des réseaux urbains linéaires et continus par opposition aux autres trames (bâtiment, parcellaire) qui sont discrètes et ponctuelles. Ensuite le statut foncier du sol : les réseaux techniques et en particulier le réseau de voirie divisent l'espace en deux domaines : domaine privé et domaine public relevant de deux logiques de gestion différentes.

Ces particularités sont importantes du fait de leur implication immédiate et de leur conséquence sur l'évolution de l'espace. Par exemple, l'accroissement (extension et/ou densification) des linéaires de voirie dans une ville donnée, traduit la connectivité du dit réseau et celle des trames urbaines correspondantes. Ceci engendre le développement urbain c'est-à-dire l'organisation de l'espace et l'amélioration du niveau de desserte du périmètre considéré. Ce sont les relations fonctionnelles qui marquent la différence entre l'urbain et le rural.

1.2.3 RELATIONS FONCTIONNELLES ENTRE DÉVELOPPEMENT URBAIN ET RÉSEAUX TECHNIQUES URBAINS

La ville assure plus de 60% du produit national brut dans les PED [4 - COHEN] [52 - UNITED NATIONS]. Elle constitue un élément majeur dans la production des richesses nationales. Son aptitude à remplir cette fonction motrice et à contribuer à l'amélioration des niveaux de vie dépend fortement de l'adéquation des infrastructures et des services urbains qu'elle peut offrir. En ce sens, les réseaux "urbanisent" la ville. C'est la raison pour laquelle l'analyse du type de relation entre le développement urbain et les réseaux techniques urbains doit prendre en considération les services rendus par les réseaux et non les infrastructures qui leurs servent de supports. Ici, les indices topologiques issus de la structure seront combinés aux indices de performance cinétiques décrivant les fonctionnalités des réseaux en termes d'accessibilité, de fiabilité, de connexité. Ces indicateurs de performance cinétiques, pris dans leur globalité, expliquent la dynamique urbaine et, par ricochet, la productivité de la ville considérée.

Vus sous cet angle, les réseaux techniques urbains, supports de ces services (alimentation en eau potable et en électricité, éclairage public, téléphone, assainissement, voirie, transport, traitement des déchets) sont plus que l'accompagnement de l'urbain ; ils font de l'urbain. L'amélioration du cadre de vie passe par le développement des services dont les réseaux techniques urbains en sont les supports. De même la création et la gestion de ces infrastructures peuvent être l'émanation du développement de la localité concernée.

La conception, la gestion de ces réseaux et l'aménagement des espaces urbains relèvent de divers systèmes dont la complexité est due notamment à la multiplicité des acteurs, des techniques et à la complexité du pilotage.

Dans les villes des pays en développement, les défaillances de gestion publique et le manque de moyens financiers et techniques, ont entraîné des carences dans les services urbains de l'alimentation en eau potable, de l'alimentation en énergie électrique, du transport, des communications, de la gestion des déchets solides, etc. ... Ces lacunes pèsent sur les activités productives des ménages et des entreprises de la ville. Une étude menée en 1988 par A. Schauer confirme que 80% de la baisse de productivité est directement liée à l'insuffisance d'investissements consacrés aux réseaux techniques urbains [10 - SCHAUER].

Par ailleurs, l'exemple des fabricants de Lagos au Nigeria est également significatif : la quasi-totalité des entreprises de Lagos disposent d'un générateur pour suppléer aux carences de la compagnie d'électricité. Ces entreprises investissent ainsi 10 à 35% de leur capital dans la seule production d'énergie électrique [4 - COHEN].

En définitive, la fonction et la structure ne sont pas des notions indépendantes ; la structure conditionne la fonction, de même la fonction imprime sa marque à la structure.

1.2.4 RELATIONS ÉVOLUTIVES ENTRE DÉVELOPPEMENT URBAIN ET RÉSEAUX TECHNIQUES URBAINS

Les réseaux techniques urbains réalisés doivent fonctionner correctement, mais ils doivent surtout s'adapter à l'évolution de la demande inhérente au développement. La modification du paysage urbain entraîne celle de l'organisation sociale et du mode de vie. Le développement des réseaux techniques a un impact certain sur le coût du foncier. Par exemple le mètre carré d'un terrain viabilisé (voies de desserte, eau potable, électricité, éclairage public, égout) coûte 3 à 10 fois plus cher qu'un terrain non aménagé [5 - GAPYISI].

Si le développement urbain consiste essentiellement en un processus de concentration spatiale d'activités et d'habitat, il favorise l'installation des populations là où existent les infrastructures de transport, l'eau, l'électricité, les banques, l'administration, des activités non agricoles, les services et industries. La concentration d'activités se justifie notamment par la nécessité de réduire les coûts des réseaux. Elle engendre par ailleurs des économies d'échelle qui permettent de réduire les coûts de production.

La collectivité locale pilote parmi d'autres acteurs, la gestion et l'évolution urbaine ; elle dispose de moyens pour contrôler le développement de la ville et notamment :

- les moyens réglementaires : ce sont en particulier des documents d'urbanisme, inefficaces à cause de leur inadaptation et des carences institutionnelles.

- les moyens fiscaux ou financiers :

L'utilisation des réseaux techniques urbains comme outils de planification urbaine est souvent dangereuse. Si elle est généralement efficace en ce sens qu'elle a effectivement des conséquences sur l'évolution de la ville, elle n'est pas toujours efficiente. Ce qui signifie que l'évolution obtenue n'est pas toujours celle recherchée.

Nous venons de rappeler qu'il n'y a pas d'amélioration du cadre de vie des populations sans le développement des services urbains de base dont les réseaux techniques sont les supports. De même, le développement des réseaux urbains a une influence considérable sur le développement de l'agglomération considérée ; outre l'accès aux services, il faut noter la redynamisation de certaines activités économiques telles que les constructions, les transports, le commerce, l'artisanat,... Autrement dit, l'économie urbaine est fortement tributaire des réseaux d'électricité, d'eau et de voirie.

L'aménagement des espaces urbains est aussi l'expression de l'évolution et/ou de la transformation de l'architecture urbaine, perçue comme la juxtaposition des tissus urbains ; ces derniers étant caractérisés principalement par les bâtiments à usage d'habitation et de services, les équipements de superstructures et les dessertes d'infrastructures. Dans les pays en développement, l'accessibilité des citadins à ces infrastructures urbaines est l'un des problèmes majeurs ; P. Vennetier a opportunément remarqué que l'organisation de l'espace et le paysage urbain trahissent également l'incapacité des pouvoirs publics à maîtriser une croissance spatiale qui est pour l'essentiel le fruit de l'initiative privée "productrice " de quartiers périphériques sous-équipés en extension permanente où les conditions de vie sont difficiles [117 - VENNETIER].

En conclusion, le développement urbain est indissociable du développement des réseaux techniques.

1.2.5 LE CADRE DE LA RECHERCHE

Les différences profondes entre les PED et les pays industrialisés examinées sous l'angle de la desserte en infrastructures urbaines, découlent principalement de trois facteurs :
- le niveau socio-économique des populations,
- le type et le taux d'urbanisation,
- les normes d'équipement en réseaux techniques urbains.

Ces facteurs conduisent à des coûts d'investissement beaucoup plus faibles. En effet, on note que :
- les ressources financières des États et des particuliers sont limitées, c'est ainsi que par exemple le PNB annuel moyen par habitant est égal à 1040 $ US en 1992 dans les PED. Dans les pays industrialisés, il est de 22 160 $ US à la même époque.
- la dualité sociale est marquée par la coexistence des quartiers des riches et ceux des pauvres ;
- l'urbanisation très rapide des PED crée entre autres des besoins en infrastructures qui nécessitent une mobilisation importante des ressources en très peu de temps ;
- le niveau d'équipements (appareils électrodomestiques, équipements sanitaires et de télécommunication) est très faible dans les PED.

Ces facteurs de différenciation peuvent être interprétés comme des contraintes qu'il faut intégrer dans le processus de développement des infrastructures en vue de la réalisation des réseaux urbains fonctionnels et évolutifs. C'est en principe dans cette optique que se situe l'objectif central des documents d'urbanisme, à savoir : créer un cadre de vie décent pour les populations. Ainsi, la viabilisation d'un terrain consiste à le doter d'infrastructures telles que voirie, assainissement, eau saine, électricité, ... ; son niveau de service correspond à la qualité de la desserte par les infrastructures et peut varier du "rudimentaire" au "confortable". Le niveau confortable est souvent défini par les normes empruntées à des pays riches et considéré comme le seul niveau réglementaire [8 - GROUPE HUIT]. Or la faiblesse des ressources disponibles dans les PED limite souvent ce type d'aménagement coûteux à quelques quartiers privilégiés. Étant donné que les ressources des PED croissent moins vite que leurs populations, l'équipement d'un site à aménager ou à restructurer devrait être conçu en fonction des ressources mobilisables, que celles-ci proviennent des ménages ou des collectivités. Pratiquement, cette finalité ne peut être que le résultat logique du développement harmonieux et cohérent auquel participent entre autres les infrastructures et les superstructures.

Parmi les réseaux techniques urbains, les réseaux d'eau potable et d'électricité constituent incontestablement avec le drainage et la trame viaire, une urgence et une priorité d'aménagement dans les villes des PED. En effet, l'évaluation de certains projets de la Banque Mondiale en Inde vient de prouver que la hiérarchie des priorités populaires ressenties allait d'abord à l'alimentation en eau potable, puis à l'amélioration de l'habitat, à l'électrification et au drainage des voiries, enfin à une meilleure évacuation des eaux usées [7 - DEBOUVERI].

1.2.5.1 Choix des réseaux

Compte tenu de l'ampleur du problème, nous avons choisi de limiter la suite de ce travail aux seuls réseaux d'eau potable et d'électricité. Pourquoi le choix de ces réseaux ?

1.2.5.2 Motifs du choix des réseaux d'eau potable et d'électricité

Trois catégories de raisons ont prévalu sur notre sélection : similitudes et divergences, considérations socio-économiques et financières et, impact sur la santé du réseau eau potable. Ces trois points sont développés dans les paragraphes ci-après.

1°/ Similitudes et spécificités des réseaux d'eau potable et d'électricité

L'approche technique montre que bien des similitudes existent entre les réseaux d'alimentation en eau potable et les réseaux d'alimentation en énergie électrique du point de vue topologique, cinétique et adaptatif. Les principales similitudes sont résumées dans le tableau 1.

Courant hydraulique	Courant électrique
un sens	un sens
une puissance	une puissance
un débit	une intensité
une pression	une tension

Tableau 1: Similitudes entre courant hydraulique et courant électrique

Ces réseaux présentent en outre la même typologie (maillé ou ramifié, arborescent), avec les mêmes séquences de fonction "production - transport - distribution".

Les principes de dimensionnement sont identiques pour les deux réseaux. Le calcul d'un réseau ramifié d'eau potable est similaire à celui d'un réseau électrique, la différence essentielle étant que les chutes de pression dans les branches d'un réseau hydraulique varient comme le carré du débit qui les traverse, alors que les chutes de potentiel dans les branches du réseau électrique sont directement proportionnelles à l'intensité. Dans l'un et l'autre cas ce sont les lois de Kirchoff qui sont appliquées. C'est ainsi que pour effectuer les calculs, il faut préciser la relation entre les pertes de pression (ou perte de potentiel) et les débits (ou intensités).En électricité cette relation est linéaire. Pour un réseau hydraulique, les formules de Bazin ou de Nikuradse donnent les pertes de pression proportionnelles aux carrés des débits.

Par ailleurs, chaque type de réseau a une composante qui fait doubler ou quintupler les dépenses d'investissement ; ce sont la station de captage et de traitement et/ou les réservoirs pour le réseau d'AEP et, la centrale et/ou le poste de transformation en ce qui concerne le réseau d'AEE. L'énergie électrique et l'eau potable ont le même principe de facturation ; le problème des réseaux de "redistribution" ou revente clandestine se pose de la même manière.

Dans plusieurs quartiers, les clients abonnés aux sociétés de distribution d'eau potable et d'électricité se sont constitués en "redistributeurs illégaux". Ils construisent à partir de leurs compteurs, des réseaux de fortune ne respectant pas les normes et ne garantissant pas la sécurité des usagers raccordés par ce moyen. A Yaoundé 44% des ménages se procurent de l'eau chez les voisins abonnés ; ce taux est de 52% pour l'électricité [38 - ENSP]. Ces redistributeurs appliquent des tarifs d'énergie et d'eau très élevés et limitent l'utilisation à quelques ampoules pour ce qui est de l'énergie électrique et à quelques seaux d'eau en ce qui concerne l'eau potable.

La consommation d'électricité et l'abonnement à l'eau potable sont d'excellents indicateurs de croissance et de critères d'accès au bien-être dont il faudrait déterminer un "plafond" sinon on dérape !Chacun de ces réseaux joue des rôles spécifiques dans l'amélioration des conditions de vie des ménages.

Pour le réseau d'électricité, nous noterons :
- L'électricité procure plusieurs atouts par son multiusage : son utilisation incontournable dans les industries et l'artisanat ; l'usage domestique de l'énergie électrique devient de plus en plus perçu comme un impératif au sein des ménages compte tenu de ses nombreuses fonctions ;
- L'électricité apporte l'éclairement indispensable pour la lecture : diminution de la fatigue des yeux , régression des problèmes causés par l'insuffisance de la luminosité, baisse de "la myopie du travail" qui est presque toujours due à un mauvais éclairage [16 - BONNAFOUS], augmentation du confort,... ;

- L'énergie électrique alimente la quasi-totalité des appareils électroménagers, (poste radio, magnétoscope, téléviseur, fer à repasser, mixeur à écraser, réfrigérateur, congélateur, cuisinière, cafetière, ventilateur, ...) ;
- L'énergie électrique alimente les moteurs des climatiseurs ;
- L'électricité est une énergie de base qui permet le développement des entreprises des secteurs secondaire et tertiaire ; elle favorise en particulier le développement des activités artisanales ;
- L'éclairage des principales rues permet le développement des activités nocturnes et confère surtout plus de sécurité.

Les usages ont évolué, d'autres demandes sont apparues et surtout, de nouveaux enjeux ont émergés. Ainsi, les principales pratiques de l'eau sont les suivantes : assainissement, transport fluvial et maritime (le niveau d'activités portuaires souligne le rôle capital que l'eau peut jouer dans l'essor de l'agglomération considérée), matière première de base pour l'artisanat, les manufactures, l'arrosage, source primaire d'énergie électrique : plus de 80% de l'énergie électrique des pays africains est produite par des centrales hydrauliques [9 - ALBERT] et alimentation en eau potable.

En ce qui concerne l'eau potable, on peut dire que compte tenu de la complexité des phénomènes climatiques urbanistiques, sociologiques, et institutionnels mis en jeu, les termes de "gestion de l'eau" et "développement urbain", ont pris récemment une dimension nouvelle.

2°/ Considérations socio-économiques et financières :

L'impact des carences en alimentation en eau et en électricité sur les finances des collectivités du Cameroun est considérable. Le Fonds spécial d'intervention et d'équipement Communaux (FEICOM), à travers une enquête récente, effectuée auprès des communes camerounaises [64 - FEICOM], montre que 75% de celles-ci n'ont ni électricité, ni éclairage public. Les arguments socio-économiques résultent des éléments suivants :

- Les réseaux d'électricité, de voirie, d'eau et d'éclairage public sont à la base des activités économiques. En particulier, il est très difficile sinon onéreux de créer et/ou développer un tissu industriel sans électricité.

- La santé des populations qui a une influence notoire sur le rendement de celles-ci, dépend de l'approvisionnement en eau potable.

- L'éclairage domestique ou public offre non seulement les conditions de confort optique pour la lecture, la vision, mais favorise le développement des activités économiques nocturnes et créé une ambiance sécuritaire des populations urbaines.

32

- Le drainage des eaux et le traitement des ordures ménagères procurent une protection de l'environnement urbain.

- La voirie structure l'espace et facilite les échanges urbains.

Enfin au plan financier, nous noterons ici que les coûts du linéaire d'eau, d'électricité, de drainage sont beaucoup plus faibles que ceux de la voirie. En effet, les coûts du linéaire de voirie urbaine dépendent notamment de la topographie, de la nature du sol, du statut foncier, de l'occupation du sol et des caractéristiques géométriques et fonctionnelles de la voirie (profils, type de chaussée, trafic, ...). Ainsi, les coûts du kilomètre des voies réalisées dans le cadre des travaux de projet de développement urbain N°2 au Cameroun varient de 248 millions à 993 millions de francs CFA. Les coûts varient pour les marchés intérieurs de 276 millions à 906 millions de FCFA [11 - MINUH]. La moyenne se situe à 340 millions de FCFA ; elle est 5 à 30 fois plus élevée que les coûts kilométriques des réseaux d'eau potable et d'électricité (1 € = 655FCFA).

Les coûts du linéaire d'eau potable varient de 22 millions à 89 millions au kilomètre ; la moyenne étant de 54 millions de FCFA/km. Ceux-ci tiennent compte de la station de captage et de traitement ; (la distribution reviendrait 10 fois moins chère sans la prise en compte de ces ouvrages) [12 - IGIP].Les coûts moyens du linéaire issus des prix de référence des appels d'offres des projets d'électricité sont de l'ordre de 13 millions le kilomètre de réseaux. Ils tiennent compte des coûts de transformateurs (en cabine ou sous poteaux).Les coûts de drainage sont généralement inclus dans ceux de la voirie, sauf dans le cadre des travaux spécifiques des grands drains ; le coût moyen linéaire ici atteignant 686 millions de FCFA par kilomètre. Toutefois, les coûts récupérables des projets sont relativement faciles à recouvrer pour les services marchands : eau potable, électricité, et téléphone ; tel n'est pas le cas pour les réseaux d'assainissement, de voirie, d'ordures ménagères.

En matière de gestion, ces réseaux supports des services urbains marchands sont gérés par des sociétés parapubliques alors que la gestion des réseaux à services non marchands incombe aux pouvoirs centraux et aux collectivités locales.

On peut donc conclure que les réseaux d'eau et d'électricité présentent beaucoup de similitudes : i) ils sont parmi les infrastructures jugées prioritaires par les populations des villes des PED, ii) ce sont des réseaux à services essentiellement marchands, iii) ils ont sensiblement la même topologie, iv) les techniques de conception et de dimensionnent sont voisines. Leurs spécificités par rapport au développement urbain ont constitué également des éléments décisifs de leurs choix.

L'impact de l'eau sur la santé mérite d'être analysé pour appuyer le choix du réseau d'eau potable.

3°/ Santé et alimentation en eau

L'eau contenue dans l'organisme humain représente 70% du poids corporel. D'après l'Organisation Mondiale de la Santé (OMS), la quantité minimum indispensable pour assurer le renouvellement de l'eau dans l'organisme est de 5 litres par jour et par habitant. Ces aspects quantitatifs ne doivent pas faire relayer au second plan le problème de qualité de l'eau de boisson. Elle est au moins aussi importante pour la santé individuelle ou publique que l'insuffisance quantitative : en effet selon l'OMS, plus de 80% des maladies qui sévissent à la surface de la terre sont d'origine hydrique ou liées au milieu aquatique [65 - VILAND]. En particulier près de la moitié de l'ensemble de la pathologie des PED provient des maladies hydriques [73 - WHO] [72 - ROMANN].

Des millions de citadins sont victimes des conséquences de l'insuffisance de la desserte en eau potable. Une personne sur cinq dans le monde ne dispose pas d'eau salubre et d'un système d'assainissement fiable ; 200 millions de citadins sur la planète n'ont pas accès à l'eau potable. Cette situation a pour conséquence la recrudescence des maladies d'origines hydriques, dont les principales sont présentées dans le tableau 2.

Origine	Maladie
Bactérienne	Fièvre typhoïde
	Fièvre paratyphoïde
	Choléra
	Dysenterie bacillaire
	gastro entérite (diarrhée)
Parasitaire	Amibiase
	Gardiase
	Ascaridiose
	Ankylostomiase
	Oxyurose
	Trichocéphalose
	Anguillulose
Virale	Hépatite A
	Poliomyélite

Tableau 2 : Tableau des principales maladies hydriques

Ces maladies sont essentiellement liées à la consommation de l'eau souillée. Il existe d'autres pathologies qui sont dues au contact avec l'eau.

La malaria se propage par la présence des gîtes à moustiques qui favorisent la prolifération de ces insectes. Les maladies diarrhéiques affectent environ 900 millions de personnes et font 3 millions de victimes chaque année [18 - PHILOGENE]. Par ailleurs, on évalue à 500 millions, le nombre de personnes qui souffrent du trachome, 200 millions de bilharziose et 900 millions d'ankylostomiase. Selon l'OMS, dans les PED un enfant sur deux meurt de diarrhée avant l'âge de 5 ans et ces enfants passeraient jusqu'à 15% à 20 % de leurs 2 premières années d'existence à souffrir de la diarrhée [19 - OMS].

Des millions de personnes en Afrique Centrale et de l'Ouest sont victimes de la cécité des rivières, maladie transmise par la simulie, un insecte qui se reproduit dans l'eau. Ces maladies hydriques ont des répercussions sur les activités des populations :

• certaines familles consacrent 10 % de leurs revenus à l'achat des médicaments destinés à combattre ces maladies [82 - SMUH], ce qui élimine les symptômes sans supprimer évidemment les causes ;

• une perte de temps liée à la quête de l'eau au détriment d'activités productives. En l'absence de branchement de proximité ce temps est estimé à 30 minutes en moyenne à Obala d'après nos enquêtes et il faut ajouter la durée du trajet, ce dernier est souvent au moins aussi élevé le temps d'attente ;

• l'énergie humaine dépensée pour l'approvisionnement en eau représente en moyenne 5 % de l'énergie consommée, c'est-à-dire de la nourriture consommée [83 - WHITE].

C'est pour apporter une réponse à cette insuffisance quantitative et qualitative de l'eau de boisson que l'OMS a lancé en 1978 une opération dénommée "Santé pour tous en l'an 2 000" dont l'un des objectifs est de réduire la mortalité et la morbidité dues aux maladies d'origine hydrique. Cet organisme a élaboré des normes indicatives de qualité pour l'eau de consommation auxquelles les États devraient se référer dans l'optique de les adapter. Une eau d'alimentation doit remplir les conditions suivantes :

- caractéristiques bactériologiques : elle ne doit contenir aucun germe pathogène.
- caractéristiques physiques (odeur, saveur, température, turbidité, pH 6,5) ;
- caractéristiques chimiques (Se référer à l'annexe 4 pour les détails).

La situation camerounaise n'est pas meilleure. 42% des populations urbaines ont accès à l'eau potable chez des concessionnaires ou à des points d'eau autonomes. Des contrôles effectués par le Centre Pasteur de Yaoundé, organisme agréé et compétent en la matière, révèle que 70 % des échantillons d'eau de boisson examinés en 91/92 sont impropres à la consommation tandis que les 62% des 557 échantillons analysés pour le compte de l'exercice précédent 90/91 sont de qualité médiocre. 91 % des échantillons d'eau de puits et de sources analysés pendant l'exercice 91/92 sont de qualité médiocre

[20 - PASTEUR]. Par ailleurs 36 % des malades enregistrés dans les hôpitaux du pays, souffrent des maladies d'origines hydriques ; ce ratio est de 33 % à Obala, une des villes étudiées dans le cadre du présent travail. D'après les sources du Ministère de la Santé (Service de la statistique sanitaire), ce ratio (36 %) correspond à 2 766 613 patients pour un total d'environ 7 701 680 malades recensés au cours de la même période. Des investigations dans les hôpitaux, montrent que les malades infectés par voie hydrique consacrent pour leur guérison en moyenne et par cas, une somme dont le montant est de 3 à 20 fois plus élevé que le coût moyen de l'eau pour un ménage de taille moyenne de 5,2 personnes [21 - DEMO 87]. Les statistiques en annexe présentent la morbidité et la mortalité liées à l'eau du Cameroun ; elles détaillent les coûts de traitements.

En conclusion, la fréquence d'apparition de ces maladies fait comprendre qu'une action urgente doit être engagée. Il a été établi dans les paragraphes précédents que tous les réseaux retenus ont un apport considérable dans l'amélioration du cadre de vie des populations notamment en qui concerne leur santé, leur productivité et leur confort. L'étude détaillée de la problématique du développement des réseaux d'eau et d'électricité des villes du Cameroun met en relief l'intérêt de cette recherche. Cette étude fait l'objet du chapitre 2.

CHAPITRE 2

PROBLÉMATIQUE DU DÉVELOPPEMENT DES RÉSEAUX D'EAU POTABLE ET D'ÉLECTRICITÉ DANS LES VILLES DU CAMEROUN

Le chapitre précédent a permis de cerner les contours de la problématique de la mise en place et de la gestion des réseaux techniques urbains dans le contexte plus large des villes des pays en développement. Le recentrage de cette problématique, limitée aux réseaux d'eau et d'électricité du Cameroun, constitue l'objectif majeur de l'analyse qui suit. Près de 45 % des 13,3 millions d'habitants que compte le Cameroun en 1995 vit en milieu urbain. Actuellement 391 599 abonnements aux réseaux d'alimentation en électricité (SONEL) sont recensés à raison de 1 065 abonnés MT, 390 534 abonnés BT parmi lesquels 1 106 pour l'éclairage public. Le taux de desserte des populations urbaines en électricité est de 64 % [39 - DHS]. Ces données traduisent l'importance de la "revente" de l'électricité puisque selon la SONEL, seuls 42 % des ménages urbains ont souscrit à la même date un abonnement. Le différentiel étant alimenté par les réseaux de "redistribution" [66 - SONEL].La société nationale des eaux du Cameroun (SNEC) a enregistré au 30 mars 1995, 149 369 abonnements dont 137 533 branchements particuliers, et 1 582 bornes fontaines alimentant 28% des populations urbaines.

Cette problématique va aborder les aspects institutionnels, les méthodes de conception des réseaux et les ressources financières nécessaires à la mise en œuvre des projets d'alimentation en eau potable et en énergie électrique.

2.1   DÉFINITIONS ET RAPPELS

La suite de cet ouvrage va nous amener à parler des systèmes d'alimentation en eau potable et en énergie électrique. Le concept système a fait l'objet de plusieurs approches dans des domaines très variés tels que la sociologie, la biologie, la philosophie, l'économie, les mathématiques, la technique,[26 - LESOURNE] [27 - DE ROSNAY] [28 - POPE].L'auteur de la "Théorie du système général" complète la définition précédente par l'introduction de l'aspect dynamique du système [24 - LEMOIGNE] ; le système serait une résultante de cinq concepts : structure, activité, évolution, environnement et finalité.

Le concept "système" utilisé dans le cadre du présent travail se rapporte à cette définition et désigne :

- **le réseau technique "classique"** proprement dit ; en l'occurrence, il s'agit de sa structure et de son état fonctionnel d'une part, des techniques alternatives d'alimentation en eau et en électricité dans le cas des réseaux non connexes d'autre part ;

- **l'environnement des réseaux concernés ;** il comporte le territoire desservi (cadre physique et socio-économique) et le contexte institutionnel décrivant les attributions des principaux acteurs qui ont un rôle dans la définition des finalités, pour leur évolution spatio-temporelle et surtout en matière de gestion (cadre réglementaire et régime financier du service considéré).

Ainsi, le système d'alimentation en eau potable inclue outre le réseau lui-même, les bornes fontaines, les points d'eau autonomes, les "reventes", mais aussi leur cadre institutionnel et financier. La fonction d'un système d'alimentation en eau potable peut se résumer en une seule phrase : assurer la production, le transport et la distribution de l'eau consommable aux populations. En d'autres termes, le système d'alimentation en eau potable produit de l'eau consommable (production), relie les hommes et les machines (transport et distribution) et, maintient la continuité de l'urbain en assurant celle du service (utilisation).Sa fonction globale s'assure dans un environnement qui revêt plusieurs caractéristiques dont :

- un environnement social caractérisable par les consommations et des exigences de qualité (aspect, goût, odeur), de pression et surtout de régularité de l'alimentation (peu de coupures intempestives en fréquence et en durée,...),

- un environnement des champs captants,

- un environnement de contraintes (canalisations superficielles ou en sous-sol où cohabitent d'autres réseaux),

- un environnement de ressources financières et énergétiques.

Le système d'alimentation en énergie électrique permet quant à lui de transmettre la puissance issue des générateurs aux utilisateurs par l'intermédiaire des lignes électriques. Le but essentiel du réseau électrique est d'apporter aux consommateurs (ménages, services, industries,...), l'énergie dont ils ont besoin à n'importe quel moment et en quantité suffisante. La continuité de la fourniture de l'énergie disponible à tout instant constitue la qualité primordiale du service rendu à l'utilisateur.

2.2   LE CONTEXTE INSTITUTIONNEL

Au Cameroun, comme dans la plupart des pays en développement, c'est l'État qui définit la politique d'investissement et de gestion des systèmes d'alimentation en eau et en électricité. A travers ses moyens financiers et matériels, ses ressources humaines appartenant à ses différents services spécialisés, l'État élabore la planification, finance la réalisation des projets notamment en milieu urbain. Il est le maître d'ouvrage des équipements et des infrastructures ainsi réalisés. La gestion des réseaux étant confiée aux sociétés parapubliques qui en assurent l'entretien, les extensions et la récupération des coûts.

L'alimentation en eau potable ainsi que les régimes de production, le transport et la distribution d'énergie électrique sont régis par un ensemble de textes réglementaires : lois, décrets, ordonnances, arrêtés auxquels il faudrait ajouter les documents de planification au rang desquels les plans quinquennaux de développement, les plans d'urbanisme et les schémas directeurs des infrastructures.

2.2.1 Des difficultés d'ordre institutionnel

Les difficultés institutionnelles se traduisent par la vétusté des textes réglementaires généralement inadaptés au contexte socio-économique. Les conséquences les plus marquantes sont au niveau des acteurs, le manque d'autonomie réelle des entreprises publiques (concessionnaires des réseaux), le rôle négligeable des collectivités locales à toutes les phases du projet, la marginalisation du ménage dans tout le processus, et des blocages dus à l'application de la réglementation. Prenons l'exemple de l'entretien et de la gestion des bornes fontaines, dont les charges sont assurées par les municipalités [30 - CONVENTION] [31 - LOI N° 74/23]. Ces dernières perçoivent par ailleurs une taxe sur l'eau auprès de tous les salariés y compris les non abonnés : elle varie de 150 à 10 000 FCFA/an/contribuable avec une moyenne d'environ 1000 FCFA [74 - DECRET N° 80/17]. Les montants de cette taxe ne parviennent pas recouvrir les frais réels de dépenses d'eau des bornes fontaines et les collectivités n'ont pas le droit de vendre l'eau distribuée aux bornes fontaines ; cependant les enquêtes menées dans deux agglomérations (Obala et Yaoundé) montrent qu'une telle récupération des coûts serait envisageable.

À Guider 70% des ménages de cette ville utilisent l'eau des bornes fontaines contre moins de 11% d'abonnés au réseau d'eau potable [34 - ENSP]. La situation des impayés des bornes fontaines et des frais d'éclairage public représente des dépenses de l'ordre de sept millions trois cents soixante-dix mille (7 370 000) FCFA, soit 172 % des recettes prévues pour y faire face au cours de l'exercice 1986/1987.Les statistiques des impayés d'eau et d'électricité des Collectivités publiques à l'échelle nationale (cf. tableau 5) confirment les lacunes institutionnelles évoquées dans l'exemple ci-dessus : en 1992 la somme dépassait déjà plusieurs milliards de francs CFA (1 € = 655 FCFA).

Les investissements non justifiés, les tarifications ne traduisant pas le coût réel de l'eau/d'électricité, le cumul des impayés sans possibilité pour les gestionnaires de suspendre l'alimentation, sont d'autres manifestations fréquentes et palpables des incursions de l'État dans la gestion des entreprises publiques d'eau/d'électricité. Aussi, le constat mis en relief en 1993 lors du 11ème congrès de l'Union des Producteurs, transporteurs et Distributeurs d'Énergie Électrique en Afrique (UPDEA) se résume à une contradiction entre deux logiques :

- la logique du contrôle public qui explique les diverses incursions intempestives de l'État dans la gestion, le cumul des impayés, les recrutements imposés;

- la logique des relations marchandes pour laquelle l'équilibre financier et la santé de l'entreprise en tant qu'unité à caractère industriel et commercial sont recherchées.

Toute tentative de solution à cet état de fait exige l'analyse des attributions des différents acteurs dans le processus de développement des réseaux d'eau et d'électricité.

2.2.2 Les intervenants

La décision d'améliorer les conditions de vie des populations par le biais du développement des RTU implique un ensemble d'acteurs dotés d'aptitudes cognitives de systèmes de valeur, de stratégies personnelles. Ces acteurs doivent en assurer la prise en charge. Au Cameroun, comme dans la plupart des PED, et en nous inspirant des travaux de B. Roy [127 - ROY], on peut regrouper ces intervenants en trois pôles : le pôle politique, le pôle technique et le pôle usagers.

a) Pôle politique

Il est constitué des décideurs, c'est-à-dire ceux qui interviennent directement en phase de sélection. Il s'agit de l'État à travers ses ministères ou services rattachés à la Présidence de la République ou à la Primature (Agence de Régulation des Marchés Publics (ARMP)), ou du Conseil Municipal selon l'envergure du projet [68 - MINMEE].

b) Pôle technique

Ce pôle comprend : des hommes d'études (maîtrise d'œuvre), des réalisateurs (maîtrise d'œuvre) et des gestionnaires (concession, affermage).

1° Les Hommes d'études

Ce sont les principaux acteurs, intervenant dans la phase de conception du projet. La complexité des phénomènes à prendre en compte impose que soit constitué un groupe pluridisciplinaire susceptible d'analyser le problème de recherche de données, de faire la formulation et le traitement des informations. Qu'ils soient ingénieurs ou techniciens, urbanistes ou économistes, sociologues ou juristes, on les retrouve dans les Bureaux d'études, les entreprises, la Société Nationale de l'Electricité du Cameroun

(SONEL), la Société Nationale des Eaux du Cameroun (SNEC), la DGTC, les ministères. Leur rôle est la préparation des décisions par :
- les études de l'approvisionnement en eau et en énergie électrique des établissements humains et individuels ;
- la planification de l'électrification et de l'adduction d'eau ;
- l'élaboration d'une politique en matière d'eau, d'énergie électrique ; la planification d'adduction d'eau, de production d'électricité ;
- les études et applications des conventions des cahiers de charges d'AEP, d'AEE ;
- les études des règlements et normes administratives en matière d'eau et d'électricité ;
- le contrôle de la production du transport et de la distribution d'eau potable et d'énergie électrique.

2° Les Réalisateurs

Il s'agit essentiellement de la maîtrise d'œuvre. Les réalisateurs sont les entreprises répondant à un appel d'offre, qui construisent les ouvrages de production et/ou de transport et/ou de distribution d'eau potable et d'énergie électrique. Ils sont principalement chargés de l'exécution des projets préparés et conçus par des hommes d'études. Le rôle des sociétés concessionnaires (SONEL, SNEC) est prépondérant dans ce pôle technique [76 - LOI N° 84/013] [74 - DÉCRET N° 90/1241]:
- elles élaborent, au cours de la phase préparatoire des plans quinquennaux, des grandes options et programmes dans les domaines d'eau potable et d'électricité avec le concours du ministère concerné (MINMEE).
- elles assurent, entre autres, l'ingénierie définitive des ouvrages et des plans d'exécution, la coordination des chantiers et le contrôle des travaux, la construction (réalisation des branchements particuliers).

3° Les Gestionnaires

Ce sont les responsables de la gestion technique (production, transport, et distribution) et financière (exploitation financière, perception des redevances, marketing). Dans l'un ou l'autre cas, tout se passe sous le régime de concession.

• Alimentation en eau potable (AEP) :

C'est le concessionnaire SNEC, organisme parapublic sous tutelle du ministère chargé de l'eau (MINMEE) qui détient l'exclusivité de la gestion des réseaux d'eau potable en milieu urbain sur l'ensemble du pays. Elle assure la production, le transport et la distribution de l'eau ainsi que la perception des redevances auprès des abonnés.

• Alimentation en énergie électrique(AEE) :

Créée en 1974, la SONEL est le produit de la fusion - absorption des sociétés ENELCAM et EDC (dans l'ex Cameroun oriental), et la reprise en 1977 des activités de l'ex POWERCAM (dans l'ex-Cameroun occidental). La SONEL, société anonyme de droit privé est un organisme sous tutelle du ministère chargé de l'électricité (MINMEE). Elle jouit d'un quasi-monopole du service public de l'électricité. Elle est titulaire des concessions de production, de transport et de distribution d'énergie électrique ainsi de la perception des redevances auprès des clients.

Le constat qui s'impose à l'issue de cette rapide présentation du pôle technique est le suivant : plusieurs administrations et organismes (Présidence de la République, la Primature, la DGTC), le ministère chargé de l'eau et de l'électricité (MINMEE) et les Concessionnaires (SNEC, SONEL) interviennent sous l'angle technique avec une absence remarquable de véritables structures de coordination.

c) Pôle usagers

Les usagers sont les destinataires de la production en eau et en électricité. Il s'agit notamment des ménages (consommations domestiques), des industries (grands consommateurs d'énergie électrique), des services, des petits commerces et des artisans.

Parmi les ménages, on distinguera les ménages abonnés, les usagers non abonnés et les non usagers.

1°/- Les usagers abonnés sont les ménages qui possèdent un raccordement sur le réseau moyennant le versement des redevances au gestionnaire du réseau.

2°/- Les usagers non abonnés sont les ménages qui sont desservis par le "réseau de redistribution" ou "réseau de revente" ; ils paient leurs frais de consommations à ceux qui leur offrent ce "service". Il existe également des abonnés frauduleux qui sont raccordés directement sur le réseau sans passer par un compteur d'abonné.

3°/- Les non usagers sont des ménages qui ne versent pas, directement ou indirectement, de l'argent au gestionnaire. Ils utilisent d'autres sources d'eau (bornes fontaines, rivières, puits,...) ou d'énergie (pétrole, gaz, bois, groupes électrogènes, ...). Ce sont ces deux dernières catégories qui constituent les principales cibles du présent travail.

2.2.3 La politique tarifaire et l'accessibilité aux consommations d'eau et d'électricité

Au niveau institutionnel, la tarification de l'électricité ou de l'eau relève théoriquement du ministère chargé de l'électricité et de l'eau (MINMEE). Dans la pratique, les tarifs de l'électricité et de l'eau potable sont fixés par la Présidence de la République sur recommandation du ministère chargé du commerce (MINDIC).C'est cette structure tarifaire (raccordement et coûts unitaires du m^3 d'eau et du KWh d'énergie électrique) qui explique en partie l'accès modeste aux consommations d'énergie électrique et d'eau potable dans les villes/zones et quartiers desservis par les réseaux.

a) Niveau de desserte et de vente

Les enquêtes ménages, qui ont été effectuées à Obala et Yaoundé et qui seront présentés plus en détail dans le chapitre huit, montrent qu'un compteur d'eau dessert respectivement 2,3 ménages et 2,5 ménages. Cependant, dans les quartiers structurés (haut standing et moyen standing) ces ratios tendent vers 1 alors qu'ils sont nettement plus élevés dans les quartiers spontanés et semi-ruraux. Globalement, la situation se présente (en janvier 1995) comme l'indique le tableau ci-dessous [115 - SONEL] [116 - SNEC].

Réseaux	Abonnés	Taux de desserte
AEP	144 725	42 %
AEE	381 599	64 %

Source : SNEC, SONEL et nos propres calculs

Tableau 3 : Les abonnements aux réseaux d'eau potable et d'électricité au Cameroun

Ce tableau dissimule l'apport financier des différents abonnés aux chiffres d'affaires des sociétés chargées de la gestion des réseaux concernés. Par exemple, les clients spéciaux de la SONEL (ALUCAM consommant à elle seule 50 %, SOCATRAL, CIMENCAM,....), consomment 55 % de l'énergie électrique mais ne génèrent que 12 % des recettes de la SONEL, soit un prix de vente moyen d'environ 5 francs CFA le KWh. En revanche, la distribution publique (BT et MT) absorbe 44 % de l'énergie livrée par la SONEL ; les clients MT et BT contribuent pour plus de 80% des recettes de la société, avec le prix unitaire moyen le plus élevé. C'est ainsi qu'au cours de l'exercice 1991/1992, 31,4 milliards de francs CFA, équivalent à 51 % du chiffre d'affaire, proviennent de la consommation des clients BT, composés majoritairement des ménages qui n'utilisent que 24 % de l'énergie consommée.

2.3   LE CONTEXTE TECHNIQUE : LES MÉTHODES DE CONCEPTION DES RÉSEAUX

Les méthodes de planification et de dimensionnement d'un réseau d'eau potable et d'un réseau électrique sont similaires dans leurs principes de base (lois de Kirchoff (AEP, AEE), théorème de Bernoulli (AEP), loi d'Ohm (AEE),...). L'application intégrale des modèles occidentaux dans les villes des PED, met en relief des lacunes qui ont une influence certaine sur l'évolution du nombre de ménages abonnés aux sociétés chargées de la distribution de l'eau et de l'énergie électrique.

2.3.1 Rappel succinct des méthodes

L'approche visant la création, l'extension et/ou le renforcement des réseaux d'AEP et d'AEE comporte plusieurs phases : la planification, la réalisation et l'exploitation.

a)- la Planification : elle consiste à programmer la mise en œuvre des réseaux dans le temps suivant les étapes suivantes :
- choix des hypothèses ou scénarios de croissances,
- choix des échéances court, moyen, long terme,
- prévision des sources d'approvisionnement et ouvrages y afférents ainsi que les équipements des autres composants des réseaux.

b)- Conception de réseau : Il s'agit du dimensionnement des réseaux, notamment du sous-système de distribution. Les ouvrages de production (centrales, stations de captage et de traitement) et de transport/adduction, compte tenu de la complexité du système, abordés rapidement dans l'approche systémique, sont supposés réalisés, fiables, efficients. La conception du réseau pour chaque type d'alimentation comporte diverses étapes que nous rappelons brièvement.

• Alimentation en énergie électrique :
- estimation des besoins : calculs des puissances appelées et puissances à installer (6 à 9 KVA/logement) [72 - ROMANN] [89 - REMOND] [90 - BOURGEOIS] [92 - AGUET] [93 - INSTITUT];
- choix de la structure de réseaux (maillée, bouclées arborescente ou radiale) ;
- détermination du nombre et type de transformateur, implantation ;
- dimensionnement des conducteurs (nature et section de câbles et lignes aériennes) ;
- définition du dispositif de protection ;
- tracé du réseau.

• Alimentation en eau potable :
- estimation des besoins (nombre d'abonnés, consommations spécifiques des personnes et consommation des activités) ;
- calcul du réservoir ;
- choix de la structure de réseau (maillé, ramifiée,......) ;

- dimensionnement des canalisations (natures et diamètres) ;

- définition du dispositif de sécurité et d'entretien (bouche d'incendie, vannes, ...).

2.3.2 Limites des méthodes de conception des réseaux d'eau et d'électricité

Au plan technique, c'est la phase dite de conception qui fera l'objet de propositions dans la suite de ce travail. La transposition des méthodes de conception des réseaux utilisées dans les pays développés présente des inadéquations au contexte des PED qui expliquent en partie le dysfonctionnement des services urbains considérés.

Nous ne remettons pas ici en question les modèles utilisés pour la planification et la conception des réseaux d'eau potable et d'électricité car dans leurs principes, ces derniers sont globalement satisfaisants et scientifiquement fiables. Mais la difficulté réside au niveau des paramètres utilisés pour le dimensionnement des dits réseaux. Il s'agit en fait d'un problème de calage des modèles, c'est-à-dire de l'évaluation des paramètres locaux qui caractérisent le phénomène étudié.

Les schémas directeurs de l'eau et d'électricité ou toute autre approche visant la programmation des équipements prennent rarement en compte le développement du secteur informel et les phénomènes de revente,...Les défauts des méthodes de dimensionnement sont les suivants :

- l'absence d'évaluation des priorités des ménages ;
- la non adaptation des normes relatives aux bouches d'incendies dont l'application concourt au surdimensionnement des réseaux ;
- l'inadéquation de l'éclairage public ;
- l'inadaptation de certains paramètres tels que le coefficient de pointe (eau potable), le coefficient de foisonnement (électricité) ; le nombre de ménages abonnés est toujours inférieur au nombre de ménages réellement desservis ;
- la non pertinence des méthodes de calcul vis à vis du type d'habitat desservi ;
- la mauvaise estimation de la demande.

Les quantités consommées dépendent en effet de nombreux facteurs dont le taux de raccordement, la densité, le niveau d'équipement, la consommation unitaire qui sont en général mal estimés. La littérature recommande une consommation spécifique d'eau variant de 100 l/j/hab. à 300 l/j/hab. [84 - BONNIN] [85 - DUPONT] [86 - GOMELLA] [87 - MONITEUR] [88 - HAMOU] [91 - OVERMAN]. Cette consommation spécifique est élevée. Les autres causes de l'échec de l'expansion des réseaux d'eau et d'électricité tiennent à des carences de gestion et à des considérations d'ordre institutionnel (inadaptation des structures) sont abordées au paragraphe 2.4.

Sont proposés en annexes deux *organigrammes de conception des réseaux*, l'un pour le réseau d'eau potable, présenté à l'annexe 6 et l'autre pour le réseau d'électricité, présenté à l'annexe 7. Ils formalisent la méthode de conception décrite ci-dessus.

2.3.3 Problèmes relatifs à la carence des données

Le manque des données est l'une des causes des carences relevées dans les méthodes de conception couramment utilisées en matière d'AEP et d'AEE dans les PED. Ceci concerne :

a) les supports cartographiques : plans topographiques et caractéristiques d'occupation spatiale quand ils existent.

b) les données démographiques telles que le nombre d'habitants, la densité de la population, le taux d'accroissement font cruellement défaut.

c) les documents d'urbanisme récents, datant de moins de 15 ans, sont rares.

d) les statistiques fiables sur les consommations réelles en eau et en électricité, sont presque inexistantes, car elles ne constituent pas une préoccupation majeure des gestionnaires.

e) les statistiques ou les études économiques sur les revenus de ménages, leurs dépenses, leurs priorités d'équipement en matière d'infrastructures sont quasiment indisponibles.

Les ingénieurs qui conçoivent les projets d'alimentation en eau potable ou en énergie électrique concentrent généralement leurs efforts sur les composants majeurs du système que sont : les barrages, les travaux d'exhaure, les usines de traitement, les équipements d'adduction (réseau primaire AEP), les centrales hydroélectriques, les réseaux THT ou HT et les centres de transformation HT/MT. Les systèmes de distribution secondaires retiennent beaucoup moins leur attention. Ces concepteurs se contentent de reproduire intégralement des pratiques courantes, d'appliquer des techniques qui ont fait leurs preuves dans les pays développés ; ces dernières impliquent presque invariablement un sur/sous- dimensionnement par rapport aux besoins vitaux des quartiers moins nantis. En effet, les réseaux sont en général surdimensionnés du fait d'une surestimation de la demande, alors que dans les quartiers pauvres, ils sont souvent inexistants. C'est le sous-dimensionnement. Pour le cas particulier du réseau d'eau potable, les études ont montré qu'en milieu urbain la distribution atteint 50% du coût d'équipement d'une installation d'approvisionnement en eau [53 - Banque Mondiale].

L'élaboration des schémas directeurs d'AEP et d'AEE dans les PED repose sur une approche classique ayant fait ses preuves dans les pays développés (PD) ; elle nécessite la connaissance de plusieurs paramètres dont : l'identification et la prévision des besoins, la recherche des ressources financières et le choix des techniques de mise en œuvre et de gestion.

2.3.4   Identification et prévision des besoins

L'objectif est de définir les sources d'approvisionnement, les volumes d'eau traitée, les quantités d'énergie électrique à produire, les jours et heures de pointe, la courbe de charges à différents horizons. Les hypothèses prises en compte, sont notamment :

- L'évolution passée des consommations mais les données statistiques sont peu fiables ;
- Les données sociologiques, les prévisions d'urbanisme et les études disponibles : elles ne sont généralement pas mises à jour, et sont de ce fait, dépassées par rapport à la croissance urbaine ;
- Les hypothèses de croissance "volontariste" : elles traduisent souvent beaucoup plus les désirs des hommes politiques qu'un souci de choix judicieux articulant impératifs techniques, financiers, développement urbain et satisfaction des besoins essentiels.

2.3.5   Recherche des ressources financières mobilisables

En l'absence d'une véritable étude de faisabilité du projet, la recherche de financements pour les investissements s'effectue pour l'essentiel au niveau des pouvoirs publics et des bailleurs de fonds extérieurs. La nécessité d'utiliser des technologies plus appropriées s'impose.

2.3.6   Choix des techniques

Dans cette phase, il est principalement question de définir les grandes orientations de développement des projets d'AEP et d'AEE et de faire une programmation dans le temps et l'espace, des équipements des réseaux d'AEP et d'AEE

Parmi les insuffisances les plus flagrantes, l'absence de méthodes pertinentes d'aide à la décision susceptibles d'éclairer les différents acteurs (Maîtrise d'ouvrages, maîtrise d'œuvre et usagers), et surtout la non prise en compte des données reflétant au mieux la réalité locale.

2.3.7   Conception des réseaux techniques urbains : paramètres, variables de contrôle et de décision

Les variables de contrôle indiquent les seuils ou les limites à ne pas dépasser dans le cadre de conception des RTU. Dans sa tâche de conception des réseaux d'AEP et d'AEE, le concepteur dispose d'un contrôle sur les variables suivantes :

1° Variables liées à l'eau potable :
    - accessibilité des ménages à l'eau potable : nombre de bornes fontaines, leurs densités ou leurs rayons de couverture, nombre d'abonnés,
    - coefficient de pointe,
    - débit délivré,
    - sécurité de l'approvisionnement (nombre et capacité des réservoirs de stockage, maillage, nombre de valves),
    - pression minimale, ...

2° Variables liées à l'énergie électrique :
    - accessibilité des ménages à l'électricité,
    - coefficient de foisonnement,
    - facteur de simultanéité,
    - puissance de pointe,
    - chute ou augmentation due aux variations de tension,
    - nombre et type de transformateurs, leurs rayons de couverture,
    - appareillage de protection contre les surintensités et les surtensions.

En revanche, le concepteur n'a aucun contrôle sur certaines variables telles que :
- population effectivement desservie (réseau de redistribution,....) ;
- population à desservir ;
- niveau de priorité (eau, électricité, téléphone, rien, ...) ;
- niveau de service (quantité, qualité) ;
- ménages potentiellement solvables (faisabilité économique du projet) ;
- taux d'accroissement de la population, leurs besoins futurs, ...

La maîtrise de ces variables permet non seulement de déterminer les principales caractéristiques des réseaux mais aussi d'appréhender leur faisabilité.

En résumé, on conclut que le problème est dynamique. En effet, la surestimation de la demande en raccordements individuels peut aboutir à un surdimensionnement inutile et fort coûteux du réseau. De plus la non prise en compte des paramètres tels que la capacité contributive des ménages et le taux d'accroissement de la population, peut conduire à la sous-évaluation des besoins futurs, ce qui constituerait un blocage à l'évolution d'un réseau. Le principal corollaire qui en résulte est l'inadéquation entre les moyens et les niveaux de services à assurer. Ceci se traduit par la coexistence des zones sous-équipées, qui présentent parfois des capacités contributives élevées, contrastant avec des zones suréquipées où on constate une demande limitée en dépit de son caractère solvable.

2.4   LE CONTEXTE ÉCONOMIQUE ET FINANCIER

Pour mettre en relief le problème économique et financier, nous étudions d'abord un échantillon d'une dizaine de villes camerounaises, ensuite nous analysons les enjeux de l'alimentation en eau et en électricité à l'échelle nationale singulièrement en termes de rendements commerciaux et d'impayés communaux liés à la gratuité d'eau des bornes fontaines ; enfin, le dernier paragraphe rend compte du problème de financement des réseaux de distribution d'eau et d'électricité ainsi que des écueils que nous avons observés en matière de tarification.

2.4.1   Synthèse des résultats sur les villes étudiées

L'analyse des effets socio-économiques des politiques de planification et de conception des réseaux d'AEP et d'AEE a été menée grâce à une étude rapide à partir d'un échantillon d'une dizaine de villes camerounaises. Les principales conclusions de cette analyse en mettant l'accent sur les utilisations publiques portent sur les bornes fontaines pour l'eau potable et sur l'éclairage public en ce qui concerne l'électricité.

• **Critères de l'échantillonnage :** les 12 villes retenues présentent une large gamme de taille et une bonne répartition géographique et administrative. Suivant les critères démographique et administratif nous avons mis en évidence 3 catégories de villes : grandes villes, villes moyennes, petites villes. Leurs taux d'accroissement mesurés entre les deux derniers recensements (1976 et 1987) sont variables. La caractérisation de cette typologie des villes du Cameroun est présentée à l'annexe 3.

Les villes déjà étudiées par l'ENSP dans le cadre du stage "maîtrise d'ouvrages en aménagement urbain", ont été privilégiées (Mbalmayo, Guider, Melong, Akonolinga, Yaoundé, Obala) [32 à 37 - ENSP].
La carte ci-après donne la localisation de ses villes et situe la position géographique du Cameroun en Afrique.

49

Figure 6 : Position géographique du Cameroun et localisation des villes étudiées

Les résultats essentiels de l'étude expérimentale, menée dans le cadre de cette recherche, sont présentés dans la troisième partie de ce livre. Le tableau ci-après résume la quintessence des questions.

Ville	Accroissement de la population		Budget communal	Taxe communale directe	TCD /BC	AEP		AEE	BF /1000
	taux %	Populatio n 1993	(BC) KFCFA	(TCD) KFCFA	(%)	NbB F	Impayés BF	Impayés éclairage public	habi-tants
Obala	3,6	16 862	95 419	1 042	1,1	2	13 399	nd	0,12
Yaoundé	6,8	965 097	1 984 748	nd	nd	33	74 901	701 767	0,03
Bandjoun	5,0	14 810	nd	nd	nd	3	nd	nd	0,04
Douala	5,3	1 104 507	8 463 308	808 686	9,6	237	400 940	1 549 742	0,21
Melong	6,1	23 876	71 848	146	6,5	14	26 712	nd	0,19
Bertoua	10,1	77 494	168 684	37 202	22	3	18 828	3 570	0,04
Mbouda	8,2	57 663	89 281	638	0,7	40	60 106	8 738	0,69
Kumba	4,3	90 912	153 227	8 289	5,4	28	156 662	33 877	0,31
Guider	6,0	46 576	96 786	6 234	6,4	46	109 642	nd	0,99
Ngaound éré	1,8	114 180	177 779	21 105	11,9	27	79 504	13 732	0,24
Mbalmay o	4,4	45 788	123 984	10 785	8,7	4	9 652	133	0,09
Akonolin ga	4,8	18 708	48 059	1 145	2,4	10	25 981	154	0,53

nd : non determine;   Nb : nombre ;   BF: borne fontaine ;   1€ =655 FCFA

Tableau 4 : Synthèse des résultats sur l'échantillon analysé

Les taxes communales directes (TCD) sont les recettes communales qui permettent de couvrir entre autres les dépenses d'eau des bâtiments communaux et des bornes fontaines, les dépenses d'éclairage public et d'enlèvement d'ordures ménagères [31 - LOI N° 74/23] : elles représentent en moyenne 7,5 % du budget communal pour l'exercice considéré. Au cours de la même période les charges pour lesquelles ces ressources sont allouées sont supérieures au tiers du budget et entraînent une accumulation des impayés. De plus, il en ressort du tableau 4 que les impayés dus aux consommations d'eau des bornes fontaines sont en moyenne 35 fois supérieurs aux recettes TCD ; c'est le lieu de rappeler que cette eau est fournie gratuitement aux populations. On constate aussi que les impayés ne sont proportionnels ni au budget communal, ni à la taille de la ville ; leur niveau dépend du nombre de bornes fontaines et du taux d'abonnement à la SNEC. Cette analyse de l'échantillon confirme les tendances générales observées sur l'ensemble des villes du Cameroun et qui sont mises en exergue au paragraphe (2.4.2). Le tableau 5 en constitue une synthèse.

2.4.2 Caractéristiques à l'échelle nationale

L'usage gratuit de l'eau des bornes fontaines explique partiellement la différence avec l'abonnement à l'électricité ; l'habitat spontané freine le passage des canalisations d'eau alors que les réseaux électriques aériens y sont installés sans grande difficulté. Rappelons que c'est la commune qui prend en charge les frais de consommation d'eau que prennent les populations aux bornes fontaines.

On assiste à une diminution graduelle du nombre des foyers lumineux du réseau d'éclairage public ainsi qu'à celui des bornes fontaines (tableau 5). Parallèlement, le montant des impayés de l'État dus aux concessionnaires des dits réseaux ne cesse de croître. L'État camerounais honore difficilement ses engagements vis à vis de la SNEC et de la SONEL ; ces engagements ont été pris dans le cadre des "contrats de performance" signés avec ces sociétés pour fixer les conditions de productivité et de rentabilité.

	Énergie électrique (SONEL)		Eau potable (SNEC)	
	Autres usagers	Éclairage public	Autres usagers	Borne fontaine
Chiffre d'affaire (vente par exercice (92/93) (en millards de FCFA)	56,6		13,7	
Impayés de l'État (en millards de FCFA)	15,3	nd	21, 0	nd
Impayés des Communes (en millards de FCFA)	nd	2,8	0,6	5,2

Source : SNEC, SONEL ;   nd : non déterminé ; 1 € = 655 FCFA

Tableau 5 : Statistiques de gestion des sociétés camerounaises de distribution d'eau et d'électricité

En dépit de son budget annuel, constant depuis 2 ans, à 546 milliards de FCFA en 1993/1994, l'État Camerounais a des impayés vis à vis des concessionnaires SONEL de l'ordre de 27% des ventes annuelles de cette société. Les arriérés des communes pour l'éclairage public représentent 5 % des ventes de la SONEL. La situation est moindre en ce qui concerne les impayés de l'État et des collectivités locales vis à vis de l'eau potable.

2.4.3   Les ressources financières

Les ressources financières que nécessitent l'installation et la gestion des réseaux ont une influence sur les rendements techniques des réseaux, les taux d'accès et les niveaux de consommation des usagers en général et en particulier des ménages.

a) Le problème du financement des réseaux d'eau et d'électricité

L'insuffisance des moyens financiers explique en partie l'équipement modeste des villes aussi bien en réseau d'eau potable qu'en réseau d'électricité. Cette lacune découle du fait que les planificateurs des projets d'eau et d'électricité n'ont pas toujours tenu compte des ressources financières potentiellement mobilisables : ils se contentent d'appliquer les modèles qui ont fait leur preuve dans les pays développés. En particulier les impayés cumulés des communes liés à la consommation d'eau des bornes fontaines représentent, en juin 1994, 38 % du chiffre d'affaire du concessionnaire SNEC. D'autre part, les diagnostics sur les mécanismes d'investissement et de gestion des projets d'AEP et d'AEE sont unanimes pour reconnaître que seuls les coûts d'investissement sont intégrés au cours de leur élaboration. Les coûts d'exploitation ont rarement fait l'objet d'une étude approfondie.

Schématiquement, les ressources financière peuvent être classées en 3 catégories : maître d'ouvrages, gestionnaires et bénéficiaires. Pour chacune d'elles, Il y a lieu de faire apparaître le degré de financement dans les deux phases du projet que sont l'investissement et le fonctionnement. L'avènement de la crise économique (1987) a créé une scission au regard de l'importance des contributions des différents acteurs ; on distinguera deux périodes : avant la crise économique (tableau 6) et depuis la crise économique (tableau 7).

i)- Avant la crise économique : les ressources financières destinées à l'investissement étaient composées essentiellement des financements de l'État et des bailleurs de fonds.

Phase du projet	Maîtres d'ouvrage et financiers			Gestionnaires	Bénéficiaires	
	État (1)	Bailleurs de fonds	Collectivités locales (1)	Sociétés d'eau d'électricité	Ménages	Sociétés privées
Investisse-ment	XXXX	XXXX	X	X		X
Exploitation	XXX	X	XXX	XX	XXX	XXXX

XXXX   apport financier important ;XXX   apport financier moyen ;XX faible apport financier ;
X apport financier négligeable ;
(1) l'État et les collectivités locales sont également des bénéficiaires (consommation d'eau et 'électricité).

Tableau 6 : Sources de financement pour l'AEP et l'AEE avant la crise économique.

ii)- Depuis la crise économique : l'État et les collectivités locales paient difficilement leurs quittances d'eau et d'électricité ; de plus, ils contribuent de moins en moins aux ressources d'investissement. Des efforts financiers considérables sont exigés implicitement des ménages.

Phase du projet	Maîtres d'ouvrage et financiers			Gestionnaires	Bénéficiaires	
	État (1)	Bailleurs de fonds	Collectivités locales (1)	Sociétés d'eau d'électricité	Ménages	Sociétés privées
Investisse-ment	XX	XXX	X	X	X	X
Exploita-tion	X	X	X	XX	XXXX	XXXX

Tableau 7 : Sources de financement pour l'AEP et l'AEE depuis la crise économique.

Les statistiques des gestionnaires de réseaux montrent qu'il y a eu un recrutement excessif de personnels pendant les deux périodes de croissance économique sans rapport avec des objectifs de rendement et de rentabilité et ceci malgré un faible taux d'extension des réseaux autofinancés par les gestionnaires. La restructuration mise en place depuis la crise a seulement empêché le naufrage de la société chargée de l'exploitation. Le développement financier grâce aux bénéfices dégagés sur les réseaux demeure faible. Par contre, les ménages sont plus sollicités qu'avant la crise. En effet les fermetures progressives des bornes fontaines sont effectuées en dépit du fait que les taxes d'eau soient toujours en vigueur. Ces ménages sont devant un choix à trois possibilités : le raccordement au réseau, l'approvisionnement chez le voisin contre paiement ou l'utilisation des sources traditionnelles. La situation d'éclairage public est similaire à celle des bornes fontaines. Ce mode de répartition des ressources financières reflète globalement la situation dans la plupart des pays en développement. Les indications ci-dessus sont assez révélatrices de la précarité des ressources financières classiques.

b) **Les aspects technico-financiers des secteurs de l'eau et de l'énergie électrique au Cameroun.**

La récupération des coûts à l'issue de l'exploitation des réseaux concernés est destinée au service de la dette contractée pour l'investissement, à la couverture des charges de la gestion des réseaux et à l'extension et/ou renforcement des réseaux. Le nombre d'abonnés au km est faible (tableau 8) pour les deux types de réseaux.

Réseau	Ville	Linéaire des réseaux (km)	Abonnés/Km
EAU POTABLE	GUIDER	21,3	27
	MELONG	Inexistant	nd
	AKONOLINGA	3	41
	MBALMAYO	15,6	94
	OBALA	9,3	46
ÉNERGIE ÉLECTRI QUE	GUIDER	67	15
	MELONG	26,2	16
	AKONOLINGA	nd	nd
	MBALMAYO	57	49
	OBALA	15,2	80

nd : non déterminé

Tableau 8 : Taux de desserte du linéaire du réseau

Pour l'ensemble du territoire camerounais, les ratios : nombre d'abonnés/longueur de réseau, que nous avons déterminé à partir des publications des gestionnaires [66 - SONEL] [77 - SNEC] sont les suivants :
- Eau potable : 39 abonnés au km du réseau de distribution.
- Énergie électrique : 34 abonnés au km du réseau de distribution MT et BT.

La politique tarifaire joue un rôle prépondérant dans le mécanisme de financement et d'entretien des réseaux.

c) **Système de gestion des réseaux d'eau potable**

Les sources d'approvisionnement en eau potable sont inégalement réparties au Cameroun avec une prédominance des eaux de surfaces par rapport aux eaux souterraines qui représentent moins du quart des capacités de production nationale. La pollution ou la salinité de certains cours d'eau et de la nappe phréatique, impose le recours à des sources lointaines, parfois à plus de 40 km de l'agglomération desservie. Tels sont les cas de Yaoundé et de Douala. Au terme de la décennie internationale d'eau potable et d'assainissement (DIEPA) les systèmes d'alimentation en eau potable disposaient d'une capacité de production de 327,6 milliers de m3/j avec un réseau de longueur égale à 3 142 km composé comme suit : 481 km de conduite de refoulement et de répartition et 2 661 km de canalisation de distribution ; il comporte en outre 854 bouches d'incendie [79 - DG-SNEC]. Dans les 87 centres urbains dotés d'un réseau d'eau, seuls 55% des ménages sont desservis avec 32 % par les branchements particuliers et 23 % par les bornes fontaines. Le ratio abonné par kilomètre de réseau se chiffrant à 39,4.Les financements pour l'ensemble des réalisations en matière d'AEP proviennent des ressources de l'État (budget d'investissement public), des bailleurs de fonds et de la SNEC grâce à la récupération des coûts. Depuis 4 ans, l'État participe de moins en moins au financement des travaux neufs notamment dans les centres non encore desservis. Les financements extérieurs sous forme de prêts remboursables ou non, sont prédominants dans ce type d'investissement. L'accroissement du nombre d'abonnés (figure 7) est en hausse en valeur absolue mais le taux d'accroissement est négatif. Le point d'inflexion étant 1990 : ce taux est passé de 11% (en 89/90-90/91) à 5% (en 91/92-92/93).

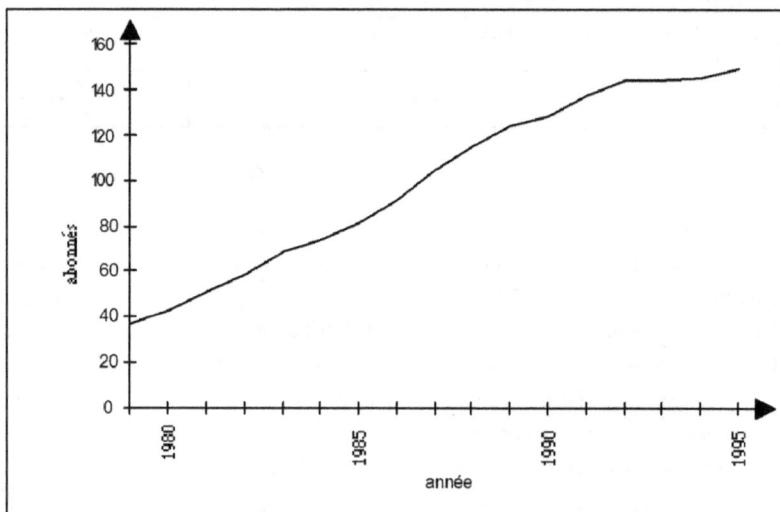

Nombre d'abonnés en milliers

Figure 7 : Évolution des abonnements en AEP, ensemble du réseau camerounais

Le rendement de distribution ne satisfait pas les objectifs d'efficacité, de productivité et de rentabilité assignés à la SNEC par le contrat de performance : il est de 69 % contre 82 %, valeur prévue pour l'exercice 91/92. Il y a donc des pertes dans le réseau de l'ordre de 31 %. Ces pertes sont dues : aux fuites car certains équipements du réseau sont obsolètes, aux branchements pirates, aux consommations d'eau non comptabilisés, aux consommations nécessaires à l'exploitation du réseau (rinçage du réseau, des conduites, purges,...) et aux consommations des bouches d'incendie.

C'est à partir de 1988 que la plupart des municipalités camerounaises ont cessé de financer la réalisation de nouvelles bornes fontaines, de payer les quittances d'eau des bornes fontaines existantes ainsi que d'assurer leur entretien. Ce phénomène s'est généralisé dès 1990 (figure 8).

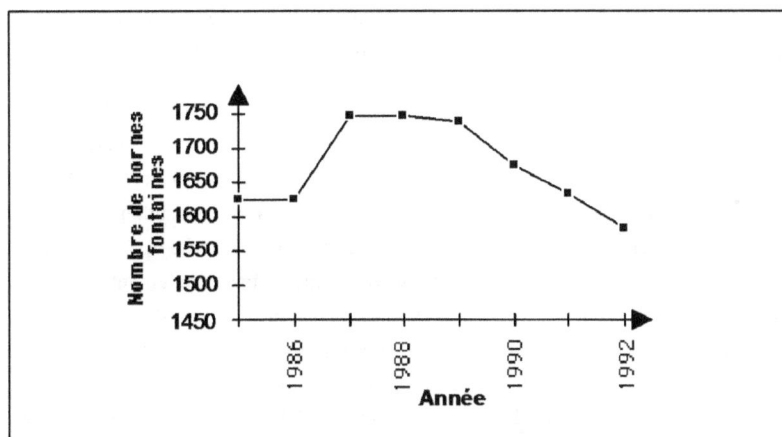

Figure 8 : Évolution du nombre des bornes fontaines, ensemble du réseau camerounais

Il faut ajouter à ces pertes matérielles, des manques à gagner liés aux factures impayées des pouvoirs publics et des municipalités ; le cumul représente environ le double du chiffre d'affaire de la société. Cette situation réduit la marge brute d'autofinancement. C'est par une tarification excessive au détriment des ménages que la SNEC assure son équilibre financier comme le montre le tableau ci-dessous.

Région	Coût moyen de l'eau au m^3(en FCFA)	% Pays où le tarif moyen excède le coût moyen
AFRIQUE	150	6
AMÉRIQUE LATINE	33	78
ASIE DU SUD-EST	48	17
PED	120	33
CAMEROUN	216	/

Source : Banque Mondiale, SNEC. 1 € = 655 FCFA
Tableau 9:Tarifs moyens de l'eau potable dans les PED et au Cameroun.

Cette figure montre que l'eau coûte relativement cher au Cameroun eu égard à la durée plus longue (20-50 ans) d'amortissement des ouvrages. La récupération des coûts d'investissement n'a pas permis une extension significative du réseau existant. C'est pourquoi les financements extérieurs sont particulièrement sollicités dans cette voie. Les ménages ne sont pas bien impliqués si l'on en juge les coûts de raccordement élevés ; de 60 000 FCFA minimum (exceptionnellement 40 000) à 300 000 FCFA exigés avant la pose du compteur. Plus précisément ni l'apport en main d'œuvre, ni la participation financière, encore moins les économies d'échelle, suite à l'augmentation des consommations, n'ont pas été intégrés dans le processus de développement des réseaux.

d) Réseau électrique :

Le système électrique camerounais est basé essentiellement sur l'hydroélectricité, avec 3 centrales et 3 barrages de retenue, représentant 90 % de la puissance électrique installée contre 10 % d'énergie électrique produite par les centrales thermiques dénombrées à 38 en 1994.Le taux d'accès à l'électricité au Cameroun est de 64 % en ville contre 5 % en milieu rural. Il ne traduit paradoxalement pas le niveau d'équipement électrique du Cameroun : le taux d'utilisation est de 38 % et la production pour l'exercice 1991/1992 s'élève à 2 6999 GWh [63 - MINMEE]. Le réseau électrique camerounais est long de 13 063 km répartis en 1725 km de transport (90 KV ; 110 KV ; 225 KV), et 11 339 km de réseau de distribution (220V ; 380V ; 5,5 KV ; 15 KV ; 30 KV), soit 26 abonnés au kilomètre de réseau [66 - SONEL]. Il a 4 696 postes de transformation.

La vente d'énergie constitue la composante principale de la récupération des coûts d'investissement. La politique tarifaire présente deux caractéristiques. Par ailleurs, les tarifs sont uniformes pour les clients MT et BT sur toute l'étendue du territoire et d'autre part, la tarification est de type dégressif : 63 FCFA/KWh pour l'éclairage et 47 FCFA/KWh pour les usages (alimentation des climatiseurs, chauffe-eau ...) à condition de mettre un autre compteur. Il faut signaler que lorsque la puissance souscrite est inférieure à 0,66 KVA, le prix unitaire est de 53 FCFA/KWh (éclairage par exemple).Il en résulte que l'énergie électrique coûte très cher au Cameroun. En effet, en 1990 le prix unitaire moyen à la vente du kilowattheure est de 0,188 US$ soit 56,32 FCFA ; il est 4,2 fois plus élevé que celui en vigueur dans les PED 0,045 US$ soit 13,5 FCFA [29 - MINMEE] [67 - W.BANK]. La tendance s'est maintenue en dépit du fait que le Cameroun est le deuxième pays africain en ressources hydrauliques après la RDC (ad Zaïre).

D'autre part, le chiffre d'affaire de la SONEL qui a plus que doublé en l'espace de 10 ans (de 28 milliards en 81/82 à 61 milliards en 91/92), ne correspond ni à une augmentation de rendement, ni à une amélioration substantielle de la desserte des ménages pendant la même période. La croissance du chiffre d'affaire est due essentiellement à l'augmentation du tarif d'électricité estimée à 4,06 %/an en BT et 6,6 %/an en MT [80 - MINMEE]. Par ailleurs sur le plan technique, les performances demeurent insatisfaisantes. De plus, les pertes en transport et distribution sont élevées. Les pertes sur le réseau sont évaluées à 24,5 % pour l'exercice 1991/1992. Ces pertes qui provoquent un manque à gagner d'environ 6,7 milliards de FCFA à raison de 15,26 FCFA/KWh le coût unitaire de production, soit 11,8 % de vente [80 - MINMEE]. Par rapport aux ventes (dont le prix moyen toute tension confondue vaut 24,35 FCFA/KWh) ces pertes équivalent à un déficit d'environ 10,7 milliards de FCFA, soit 19 % de ventes. Une évaluation rigoureuse tenant compte de la répartition des types de consommation ainsi que des tarifs moyens correspondants aboutit à des *pertes de l'ordre de 16,4 milliards de FCFA, soit à peu près 28 % du chiffre d'affaire de la SONEL.*

Les origines des pertes sont de trois ordres. D'abord les pertes d'origine non technique : les branchements illicites représentent près de 40 % de l'énergie produite d'après la SONEL. Ensuite, les pertes d'origine technique : les défauts d'optimisation de l'exploitation de certains équipements du réseau de distribution. Enfin, une mauvaise gestion de la clientèle.

En somme, les enjeux de développement des réseaux d'eau potable et d'électricité dans les villes du Cameroun se caractérisent par un triple contexte : i) au plan institutionnel, nous avons noté l'absence d'autonomie des gestionnaires des réseaux d'eau et d'électricité à laquelle s'ajoute l'institutionnalisation des bornes fontaines gratuites ; ii) le contexte technique est marqué par un surdimensionnement du réseau dû essentiellement à l'utilisation, d'une part, des normes de consommation inadaptées, et d'autre part, des standards des équipements de branchement, qui sont élevés par rapport aux besoins réels et aux ressources mobilisables des ménages ; ii) la situation économique est caractérisée par des difficultés financières dues principalement aux impayés des municipalités et des administrations et par une politique de gestion, qui n'accorde pas une importance suffisante à la desserte adéquate des ménages. Plus laconiquement, il n'est pas possible de développer les réseaux d'eau potable et d'électricité dans un tel contexte, sans prendre en considération la participation des ménages. L'essai de modélisation du processus du développement des réseaux qui en découle est traité au chapitre 3, il constitue les fondements de la contribution à la problématique énoncée dans cet ouvrage.

CHAPITRE 3

FORMALISATION DU PROBLÈME ÉTUDIÉ

La ville fait naître des exigences très précises pour la mise en place et la gestion des réseaux. Établir une échelle définissant les priorités successives des citadins, peut donc paraître comme une gageure en vertu de l'interaction entre le développement urbain et celui des réseaux techniques. Cela ne peut s'opérer que par référence à un contexte donné : époque, milieu, mode de vie précis, car les besoins et les moyens n'ont rien d'absolu. Pour ce faire la démarche que nous avons adoptée s'articule en trois étapes qui sont : la définition des axes d'investigation retenus, la formulation du processus du développement des réseaux et les stratégies de réponses.

3.1   LES AXES D'INVESTIGATION RETENUS

L'optimisation des réseaux de distribution est indispensable à la conception des systèmes : elle minimise les coûts et répond à la demande potentielle des populations ainsi qu'à leurs capacités de paiement. Pour ce faire, il convient dans une zone donnée, d'estimer le taux de raccordement (nombre de ménages abonnés /nombre de ménages total), d'évaluer le nombre de ménages qui souhaitent un branchement sur le réseau, ainsi que leurs potentialités financières et d'analyser en outre des possibilités de ravitaillement alternatifs avec leurs impacts socio-économiques.

La sensibilité des ménages non abonnés aux consommations d'eau et d'électricité dépend de nombreux facteurs dont l'analyse est toujours effectuée dans les études de programmation des ouvrages. Faute de pouvoir estimer l'impact d'une fluctuation des variables de décisions définies précédemment, le projeteur adopte généralement une pratique courante qui entraîne des surcoûts importants. Le dimensionnent du réseau est donc fait avec l'hypothèse du raccordement de tous les ménages et des consommations forfaitairement adoptées. Ainsi, on aboutit à un projet souvent trop cher et qui a de fortes chances de ne pas se réaliser. Sur cet aspect du problème, nous préconiserons une alternative entre les deux extrêmes : "tout ou rien" après avoir examiné tous les paramètres du système et notamment les ressources financières.

Le principe de départ est que le ménage constitue un acteur essentiel dans le processus de planification, de conception, de réalisation et de gestion des réseaux d'AEP et d'AEE. L'intégration de cet acteur dans le processus passe inéluctablement par la prise en compte des facteurs concourant à la définition de son adhésion, son besoin et à sa participation aux projets concernés. La formalisation de ce mécanisme fait l'objet du paragraphe ci-après.

3.2   LA FORMULATION DU PROCESSUS DE DÉVELOPPEMENT DESRÉSEAUX

Une approche plus rigoureuse des variables d'entrée du processus de développement des réseaux d'AEP et d'AEE nécessite que soit clairement définie cette expression générique (processus de développement des réseaux). La formulation des fonctions de chaque réseau en découle.

3.2.1 Le processus du développement des réseaux d'eau et d'électricité

Le processus de développement du réseau désigne ici toutes les opérations ou démarches à caractère opérationnel ou stratégique susceptibles de produire et de maintenir un service de qualité (alimentation en eau ou en électricité) aux usagers. L'innovation technique urbaine provient d'un équilibre entre :
- la nécessité d'agir par rapport à la rapidité du développement de la ville ;
- l'aptitude à imaginer l'évolution des sciences et de la technique ;
- la prise de conscience, la formation et la sensibilisation des acteurs;
- les possibilités économiques de l'époque.

Développer un réseau, c'est donc apporter des réponses techniques aux besoins humains ; ces réponses peuvent être formalisées par des fonctions que le réseau doit remplir.

3.2.2 Les principales fonctions des réseaux d'eau et d'électricité

L'identification du réseau prioritaire intervient en amont de la phase de définition de ses fonctions du réseau. L'ensemble des fonctions d'un système d'AEP ou d'AEE peuvent être décomposés suivant le tableau de ci-dessous (tableau 10) :

Réseau	Fonctions
AEP	permettre : * l'accroissement du nombre d'abonnés et de la quantité de l'eau distribuée ; * l'amélioration de la qualité de l'eau distribuée ; * l'accroissement du rendement de la distribution (gestions technique & commerciale) ; * la préservation de la santé publique ; * la préservation de la continuité de l'alimentation en eau.
AEE	permettre : * l'accroissement du nombre d'abonnés ; * l'accroissement du rendement de distribution ; * la préservation de la continuité de l'alimentation en énergie électrique ; * l'amélioration de la qualité d'énergie distribuée (chutes et creux de tension,...).
Éclairage public	a pour objet : * d'aider à assurer la sécurité, la protection des personnes et des biens ; * de créer un cadre de vie.

Tableau 10 : Principales fonctions des réseaux d'eau potable et d'électricité

Pour que les réseaux puissent assurer leurs fonctions, il est indispensable d'appréhender les entités qui décrivent ces dernières ainsi que les contraintes à respecter.

3.2.3 Les variables d'entrée et de sortie du processus de développement des réseaux

La nécessité que la conception même du réseau se fasse en tenant compte de son exploitation voire de son extension ultérieure, apparaît comme une règle absolue pour que le niveau de production et de sécurité soit économique. Cet impératif peut se résumer comme suit : quelles sont les informations pertinentes pour l'aide à la décision dans le processus de développement du réseau ? On ne saurait y répondre sans chercher à maîtriser les facteurs qui caractérisent ou interviennent dans l'estimation de la demande ainsi que dans la programmation des investissements.

La formalisation du problème permet de structurer le processus de développement du réseau suivant trois phases : l'entrée, le mécanisme interne et la sortie.

Dans le système étudié (AEP ou AEE) les entrées sont constituées des données recueillies dans le système réel et des décisions des acteurs intervenant dans la gestion des réseaux, alors que les sorties en sont les conséquences. On distingue principalement les variables endogènes et les variables exogènes.

1° les **"variables endogènes"** : Les variables endogènes dont la valeur est obtenue par la résolution du système. Par exemple, la demande potentielle des ménages (en matière d'eau potable, d'énergie électrique) avec leurs capacités de paiement (besoins, "coûts admissibles"). Ces variables sont dites variables de décision, variables de conception ou variables de contrôle

2° les **"paramètres"** ou **"variables exogènes"** ou **"variables d'environnement"** : Ce sont les éléments sur lesquels les décideurs ne peuvent pas agir. Ils sont supposés connus fixés à priori ; exemples la tension admissible la pression minimale. les variables d'environnement peuvent être des facteurs météorologiques, démographiques,... qui interviennent dans le processus de développement des réseaux d'AEP et d'AEE.

Les sorties sont constituées des outils d'aide à la programmation, la conception, la réalisation et la gestion des réseaux. Qu'il s'agisse d'un réseau neuf à mettre en place ou d'un réseau existant à restructurer, le processus du développement des réseaux (étude technique et financière du processus) nécessite une approche aussi exacte que possible:
- de la capacité contributive des ménages,.
- des consommations moyennes par secteur d'activité (industrie, tertiaire, ménage) : il faut connaître leur répartition dans l'espace et dans le temps ;
- des consommations en période de pointe

3.3   LES STRATÉGIES DE RÉPONSES
Le modèle du processus d'étude est alors le suivant :

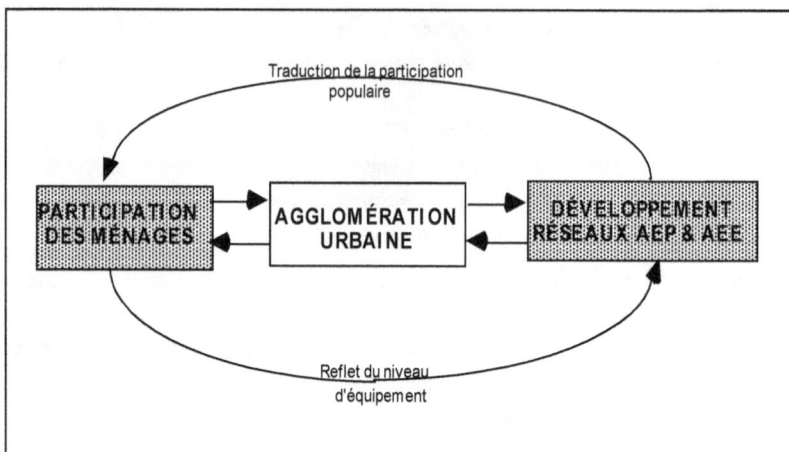

Figure 9 : Modélisation du processus étudié.

Le but ultime est la satisfaction des besoins en eau potable et électricité des ménages par le développement des réseaux respectifs (AEP, AEE).Les moyens inhérents à ce développement sont :
- les hommes (techniciens, décideurs, usagers),
- les outils (modèles),
- les données (définies au second paragraphe de ce chapitre),
- les matériaux (de construction des réseaux),
- les ressources financières des usagers, en particulier celles des ménages susceptibles d'être allouées à la mise en œuvre (investissement) et/ou à l'exploitation (utilisation) des réseaux d'AEP et d'AEE.

Résoudre le problème revient finalement à répondre à un problème d'optimisation multicritère qui doit satisfaire les conditions ci-dessous :

- Assurer l'alimentation, de qualité et de quantité en eau potable et en électricité au plus grand nombre de la clientèle potentiellement solvable ;

- Au-delà des bénéfices réalisables à court terme, restaurer l'équilibre d'exploitation de la société titulaire des concessions de production, transport et distribution ;

- A terme, rentabiliser les dépenses d'investissement ce qui est indispensable au développement ultérieur du réseau.

C'est pourquoi deux niveaux de contributions sont envisageables dans le processus de développement des réseaux d'eau potable et d'électricité dans les PED :

Niveau 1 : Aide à la décision

Il s'agit, dans le cadre de ce travail, de fournir des outils permettant de répondre avec le minimum d'ambiguïté aux 3 questions suivantes :

- Le réseau constitue-t-il une priorité d'aménagement pour les ménages ?

-La participation contributive (effective ou potentielle) des ménages est-elle suffisante pour entreprendre le développement du réseau ?

- Quelle est l'échelle de "préférence" des ménages ? Cette question résulte de l'interaction des deux questions précédentes.

Niveau 2 : Aide à la conception

Le niveau 1 a permis de procéder au choix des options. Il faut maintenant examiner la faisabilité technique du projet sous les 3 aspects suivants :

- Quel est le niveau de service admissible et supportable par les ménages ?

Le problème est d'ordre quantitatif : densité ou rayon d'utilisation des bornes fontaines, densité des branchements particuliers, taux de desserte, nombre de litres par jour et par habitant, énergie électrique consommée par ménage et par jour ...;

- Les conditions pour que la qualité de service soit acceptable ? Il faut connaître les exigences des usagers qui accompagnent la demande : alimentation permanente, ou défaillance admissible, chute de tension tolérée, pressions minimales acceptables, ...

- Le type de réseau est- il adapté pour satisfaire les demandes futures ? Simulation des indicateurs des tendances de comportements futurs des ménages en vue de leur prise en compte dans la conception des réseaux actuels.

Il s'agit donc de proposer des outils permettant d'évaluer les priorités et les capacités contributives des ménages et de définir dans quelles conditions et de quelle manière peut- on assurer rationnellement la desserte en eau et électricité des ménages dans un secteur (quartier,...) donné de la ville étudiée.

En définitive, les facteurs qui influencent ou peuvent influencer le développement des réseaux d'eau potable et d'électricité sont nombreux et variés. Dans le contexte de ce travail, leur prise en compte exige en amont la collecte de données ; en effet le manque d'informations statistiques fiables et étalées dans le temps fait de cette collecte de données une phase décisive dans la recherche de solutions.

CONCLUSION

Cette partie est essentiellement consacrée à la formulation du problème. Le constat de base est que l'implantation et le fonctionnement des infrastructures nécessaires selon les standards européens dépasse largement les capacités financières des États et des particuliers des pays en développement.

En dernière analyse, nous avons démontré que le développement des réseaux d'eau potable et d'électricité dans les villes camerounaises bute sur des obstacles de trois ordres :

- Le problème financier posé par la solvabilité de la demande, condition nécessaire au fonctionnement des réseaux.

- Le problème technique lié à la construction, à la gestion et à la planification des réseaux ; nous avons montré l'inefficacité de l'application intégrale des modèles et méthodes de conception et de gestion des réseaux d'eau et d'électricité en vigueur dans les pays développés. En particulier, le calage de certains paramètres tels que les consommations, les niveaux de service est incontournable.

- Le problème institutionnel : il se caractérise par une carence de structure indépendante pour le contrôle opérationnel et une absence d'autonomie de gestion des concessionnaires ; l'inadéquation du cadre institutionnel annihile toute velléité d'amélioration significative du niveau de desserte des populations urbaines par ces services urbains de base. Ces lacunes ont pour corollaires une tarification essentiellement volontariste doublée d'un faible taux de recouvrement des coûts.

L'objectif est de prendre en compte la capacité contributive des ménages dans le développement des réseaux d'eau potable et d'électricité. Si l'on en reste aux lois du marché, ce postulat implique une adaptation de l'offre à la demande. Or on montre que, l'offre de service, calé sur les standards des pays développés, est supérieure dans bien des cas à la demande réelle. Dès lors, s'impose l'idée de réseaux adaptés à la fois aux besoins réels de chaque groupe social et aux ressources combinées de l'État et des usagers au premier rang desquels les ménages. L'étude du couple *besoin - ressource*, qui définira les termes de référence des nouveaux réseaux débouche sur de nouvelles normes techniques et sur une nouvelle méthode de conception des réseaux dans la deuxième partie.

DEUXIÈME PARTIE

ÉLÉMENTS DE PROPOSITIONS POUR UNE DÉMARCHE INTÉGRANT LA PARTICIPATION DES MÉNAGES AU DÉVELOPPEMENT DES RÉSEAUX D'EAU POTABLE ET D'ÉLECTRICITÉ

INTRODUCTION

Une approche plus rigoureuse des demandes solvables et des capacités financières des ménages est nécessaire pour un meilleur dimensionnement et une spécification plus adéquate des équipements (AEP et AEE) dans l'espace et dans le temps. Dans le cadre du développement des réseaux d'eau et d'électricité dans le contexte des villes camerounaises, cette philosophie se traduit par la nécessité de :
- prévoir les besoins actuels et futurs de façon réaliste ;
- tenir compte des moyens financiers des usagers, en l'occurrence des possibilités contributives des ménages et des niveaux de charges acceptables par les pouvoirs publics et autres bailleurs de fonds ;
- prendre en compte les choix politiques d'aménagement urbain et des options générales en matière d'alimentation en eau potable et d'alimentation en énergie électrique ;
- respecter sur le plan technique les "normes" minimales de sécurité et de qualité.

On se propose d'estimer l'échelle de "préférence" et les capacités contributives des usagers afin d'en déduire le risque lié à la programmation des réseaux d'eau potable et d'électricité. Nous pensons qu'il est plus pertinent et réaliste de considérer le concept de *demande solvable* comme une variable dont la valeur résulterait du niveau de service choisi, des moyens financiers disponibles, du statut d'occupation des ménages et des modes alternatifs d'approvisionnement en eau et en énergie. Pour cela une démarche est mise au point.

L'approche méthodologique proposée dans cette partie a pour objectif l'estimation du risque lié au taux d'effort des ménages afin d'en évaluer l'impact sur la fiabilité de la programmation des réseaux d'eau potable et d'énergie électrique au Cameroun. La démarche que nous avons élaborée apporte des réponses à trois types de situations problématiques à savoir :

- la modélisation des préférences des ménages,

- la collecte et le traitement des données socio-économiques et des statistiques de gestion

- l'évaluation des variables et paramètres de décision d'investissement et de conception de réseau.

Cette approche méthodologique s'articulée autour de 6 phases clefs suivantes :

Phase 1: Modélisation des préférences des ménages. C'est la phase d'identification, de formulation et de représentation du problème inhérent à la quantification de la demande solvable. Au terme de cette phase l'échelle de préférences des ménages sera définie.

Phase 2: Collecte. Il s'agit de concevoir une technique d'enquête par sondage susceptible de contribuer à l'élaboration des paramètres et variables décrivant le taux d'effort et les normes appropriées. Cette approche sera complétée par les sources d'informations habituelles.

Phase 3: Traitement. C'est l'étape qui consiste à développer les procédés et autres outils de traitement des résultats de l'enquête ménage.

Phase 4: Évaluation du taux d'effort. Ce sont les données de l'enquête ménage qui permettent d'évaluer dans tout ou partie de la ville étudiée, les priorités, les capacités contributives des bénéficiaires pour les branchements et pour les consommations d'eau et d'électricité.

Phase 5: Élaboration des niveaux de référence. Cette phase vise à l'élaboration des produits de substitution aux normes ; c'est la recherche du niveau de service qui peut être atteint par la prise en compte du taux d'effort des ménages compte tenu de l'équipement existant du site concerné et de son environnement ; nous désignons ces nouveaux produits par le terme "Niveaux de référence".

Phase 6: Évaluation des niveaux de risques. Elle résulte des deux phases précédentes. Le niveau d'équipement recherché intégrant une participation financière des ménages sera accompagné de l'évaluation du risque financier pris par la collectivité ou la société concessionnaire.

L'ensemble de ces étapes et leurs liaisons sont représentées dans la figure suivante.

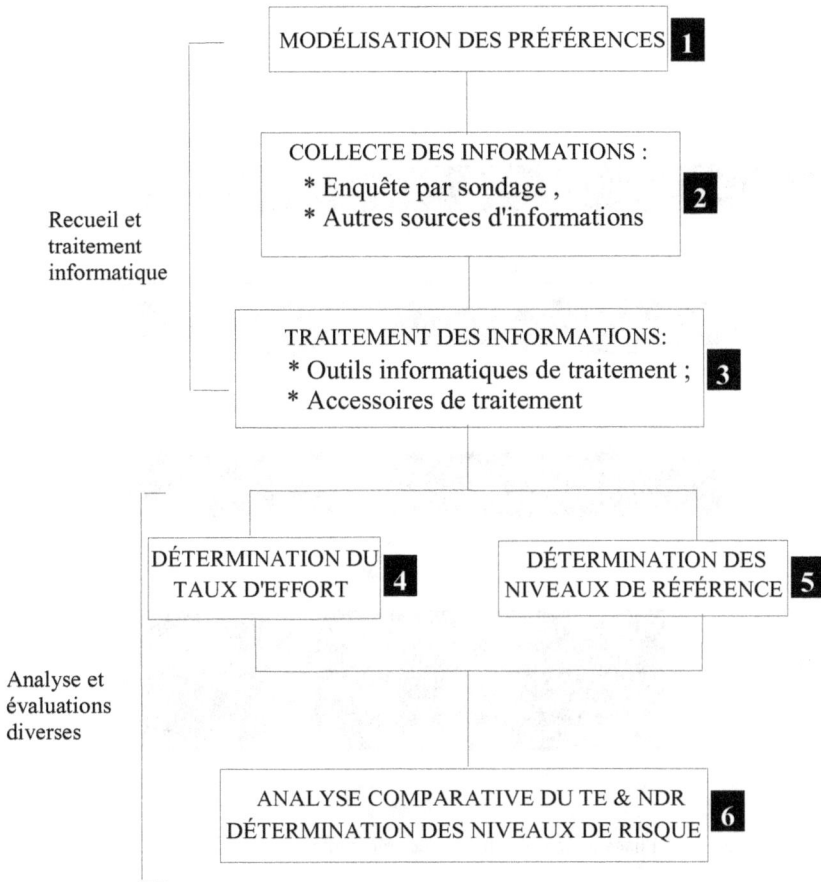

```
┌─────────────────────────────────────────┐
│  MODÉLISATION DES PRÉFÉRENCES  [1]       │
└─────────────────────────────────────────┘

┌─────────────────────────────────────────┐
│  COLLECTE DES INFORMATIONS :             │
│    * Enquête par sondage ,        [2]    │
│    * Autres sources d'informations       │
└─────────────────────────────────────────┘

┌─────────────────────────────────────────┐
│  TRAITEMENT DES INFORMATIONS:            │
│    * Outils informatiques de traitement ; [3]│
│    * Accessoires de traitement           │
└─────────────────────────────────────────┘

┌──────────────────────┐   ┌──────────────────────────┐
│ DÉTERMINATION DU      │   │ DÉTERMINATION DES         │
│ TAUX D'EFFORT    [4]  │   │ NIVEAUX DE RÉFÉRENCE [5]  │
└──────────────────────┘   └──────────────────────────┘

┌─────────────────────────────────────────┐
│  ANALYSE COMPARATIVE DU TE & NDR         │
│  DÉTERMINATION DES NIVEAUX DE RISQUE [6] │
└─────────────────────────────────────────┘
```

Recueil et traitement informatique

Analyse et évaluations diverses

Figure 10 :   Démarche d'évaluation du risque lié au taux d'effort des   ménages

Cette démarche traduite par l'organigramme de la figure 10 est centrée sur le ménage appelé à jouer un rôle déterminant dans la réussite des projets et notamment sur les systèmes d'exploitation d'AEP et d'AEE, à condition que soient prises en compte ses aspirations et sa capacité financière dans la planification des réseaux.

Dans l'obligation d'une suite linéaire des chapitres (cf. figure 11), le chapitre 4 rend compte des étapes 1, 2 et 4 ; les chapitres 5 et 6 des étapes 5 et 6. L'étape 3 qui a permis de traiter les étapes 4 et 5 est inclue dans le chapitre 7, dernier chapitre de cette partie qui présente la procédure conceptuelle et synthétise l'ensemble de la démarche.

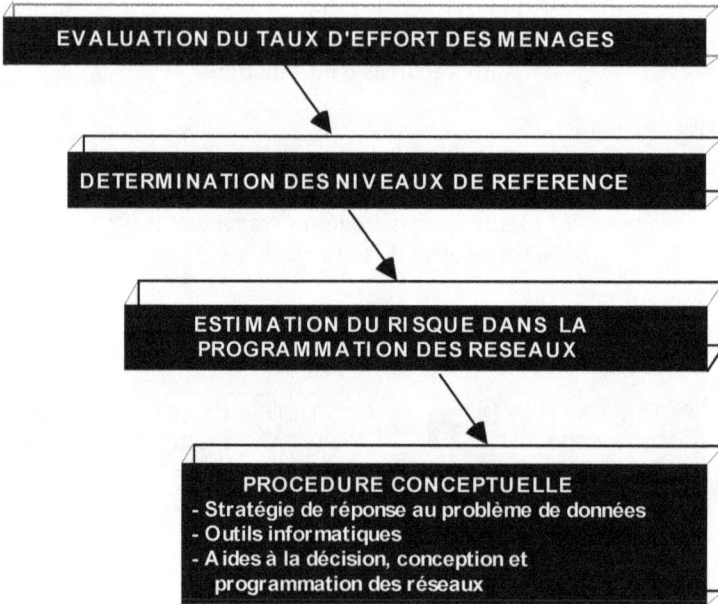

Figure 11 : Phasage de présentation des éléments de réponse proposés

CHAPITRE 4

LE CONCEPT ET L'ÉVALUATION
DU TAUX D'EFFORT

Le présent chapitre a pour but d'estimer le taux d'effort des ménages. Pour y parvenir nous allons successivement placer le concept *taux d'effort* dans la problématique du développement des réseaux d'eau et d'électricité, présenter sa formulation et élaborer les variables le décrivant appelées descripteurs ; le dernier processus constitue la modélisation des préférences des ménages.

4.1   GÉNÉRALITÉS

Les projets urbains devraient impliquer la récupération des coûts sur les bénéficiaires ; ce qui permettrait de reproduire à grandes échelles les opérations d'aménagement engagées. C'est la raison pour laquelle les ménages sont appelés à participer aux projets pour lesquels ils sont bénéficiaires. L'analyse des revenus, des dépenses et priorités des ménages revêt une importance particulière.

4.1.1 De la participation au taux d'effort

La notion du taux d'effort est une dérivée du concept de *participation*. Ce dernier est plus utilisé en milieu rural où les spécialistes du développement communautaire prônent doctrinalement la participation populaire aux projets ruraux. Cette participation se limite la plupart du temps à l'apport en main d'œuvre lors de la réalisation des projets tels que la construction d'une passerelle, d'une salle de classe, d'un centre de santé, d'une église, d'un marché et d'une route et, quelques fois à la contribution financière destinée à l'achat d'équipement d'intérêt communautaire.

Dans tous les cas, la participation des bénéficiaires et des institutions villageoises est perçu par ses promoteurs comme un élément capital pour l'organisation des services correspondants au niveau de la communauté. Or, très fréquemment cette participation prend fin au terme de la mise en œuvre du projet créant de ce fait deux types de lacunes : en amont l'adhésion des populations ou des bénéficiaires potentiels n'a fait l'objet d'aucune étude approfondie et en aval, l'exploitation et l'entretien échappent aux populations qui ne se sentent nullement responsables du dysfonctionnement éventuel de l'ouvrage. C'est pour ces difficultés que l'accent est de plus en plus mis sur la sensibilisation des ménages, solution peu efficace qui ne permet pas d'assurer la viabilité du projet.

La participation au projet urbain revêt une signification très voisine de celle analysée en milieu rural. En effet, la participation est une idéologie dynamique qui transcende les frontières étroites de toute discipline de développement [81 - MILLER]. Pour certains acteurs de l'aménagement urbain, elle va de *la rencontre* à *l'auto-assistance* en passant par *l'engagement* qui présida la production urbaine [121 - HUET]. J.P. Lacaze identifie 4 niveaux de participation : *informer, consulter, partager le pouvoir de décision et partager le pouvoir d'expertise* [120 - LACAZE] ; cette hiérarchisation ne diffère que peu de la classification précédente. Le dénominateur commun de toutes les approches est *le comité de quartier*, groupuscule qui "représente" les populations ; il joue le rôle d'interlocuteur de ces dernières pour tout projet de développement du quartier. L'urbanisme participatif constitue le stade supérieur de ce processus.

4.1.2 Définition usuelle et portée du taux d'effort

L'effort est défini comme un sacrifice volontaire envisagé pour satisfaire un besoin matériel ou moral. Le taux d'effort est perçu comme la proportion dans laquelle intervient ce sacrifice.

En milieu urbain ce sont les aménageurs qui utilisent ce concept dans un cadre bien précis. Ainsi, dans un projet d'aménagement, le taux d'effort indique la part de revenu consacré au logement [103 - GROUPE HUIT] [104 - GODIN]. Arithmétiquement ce taux est le rapport de la somme des dépenses de loyer et des charges liées à la consommation d'eau, d'énergie,... sur le revenu du ménage.

L'intérêt d'une telle démarche réside dans le fait que de façon générale, les projets réalisés sans prise en compte de la participation des populations n'ont que des retombées éphémères. L'analyse statistique de la Banque mondiale sur les projets dans plusieurs PED renforce ce constat. Cependant, le taux d'effort défini ainsi n'offre qu'une idée partielle des coûts supportés et n'intègre pas ceux probablement supportables par les ménages. De plus il est moins évident qu'il soit plus lié aux tranches de revenu qu'à celle des économies ou d'épargnes des ménages. Enfin, il est très global car il inclue sans distinguer les coûts de loyer, de l'eau, de l'électricité,... et empêche une analyse plus fine. C'est pourquoi une nouvelle formulation du taux d'effort est proposée.

4.2 LA DÉFINITION PROPOSÉE DE TAUX D'EFFORT

L'objet de notre étude est le couplage des capacités financières des ménages et du développement des réseaux d'eau et d'électricité dans le processus du développement urbain. Le taux d'effort est donc défini comme étant la contribution financière inhérente aux frais de réalisation (investissement) et d'exploitation (gestion) qu'une personne ou un ménage paie ou consent de payer en contrepartie de l'usage du service afférent à l'installation du réseau correspondant.

Par rapport à la souscription d'un abonnement, il en résulte deux types de ménages :

1°. Les ménages abonnés aux consommations d'eau/d'électricité auprès des sociétés concessionnaires respectives.

2°. Les ménages non abonnés. Pour cette catégorie, il convient de connaître leurs priorités en matière de réseau, ce qu'ils accepteraient de payer mensuellement en cas de raccordement sur le réseau : c'est le coût admissible.

Cette notion s'oppose partiellement à l'auto-assistance dont l'objectif est de confier la décision, l'étude, la réalisation et la gestion aux seules populations bénéficiaires [81 - MILLER]. Ainsi défini, le taux d'effort peut être perçu à la fois comme un moyen et un objectif de la stratégie de la satisfaction des besoins essentiels.

- C'est un moyen, c'est à dire un instrument d'action qui permettrait d'atteindre les objectifs relatifs à la consommation minimum des ménages, notamment en eau potable et en énergie électrique.

- Il est également considéré comme un objectif dans la mesure où l'on estime que les populations doivent participer aux décisions qui les concernent.

Enfin, on notera que la participation des populations n'est pas seulement financière, elle peut se présenter sous forme de main d'œuvre pendant la réalisation, de savoir-faire en phase de conception, de réalisation ou de gestion. Les ménages échantillons en répondant aux questionnaires d'enquêtes, émettent leurs vœux et leurs priorités et donnent leurs niveaux de contribution, dont les tendances traduisent mieux leurs volontés ou leurs souhaits que le comité de quartier et autres leaders d'opinion appartenant au même terroir.

4.2.1 L'impact du taux d'effort sur le développement des réseaux d'eau potable et d'électricité

L'étude de l'influence du taux d'effort des ménages peut être abordée sous deux angles complémentaires :

- par rapport aux réseaux techniques urbains ;
- par rapport aux intervenants des systèmes d'AEP et d'AEE

a) L'impact du taux d'effort sur les réseaux d'eau et d'électricité

Il existe une interaction entre le taux d'effort des ménages et le développement des réseaux urbains d'eau potable et d'électricité, notamment le réseau de distribution.

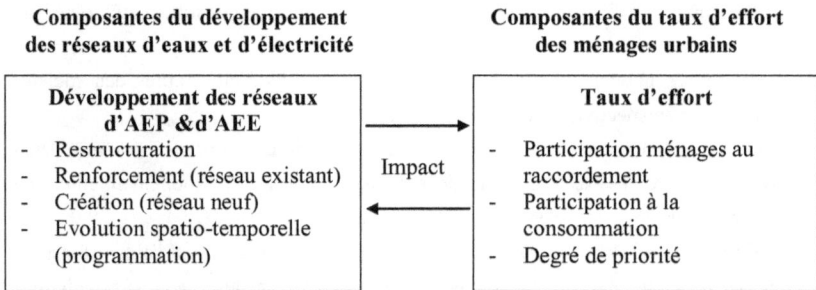

Composantes du développement des réseaux d'eaux et d'électricité		Composantes du taux d'effort des ménages urbains
Développement des réseaux d'AEP &d'AEE - Restructuration - Renforcement (réseau existant) - Création (réseau neuf) - Evolution spatio-temporelle (programmation)	Impact	**Taux d'effort** - Participation ménages au raccordement - Participation à la consommation - Degré de priorité

Figure 12 : Interaction entre le taux d'effort et le développement des réseaux d'AEP & d'AEE

Le but poursuivi étant de satisfaire une demande comprenant essentiellement les ménage, le développement des réseaux d'eau potable et d'électricité peut se traduire par :
- un renforcement ou une densification des équipements constituant le réseau,
- une restructuration (réseaux existants) et leur extension,
- une création (réseau neuf) et/ou une programmation.

En effet, le développement des ces réseaux implique le recouvrement des coûts d'investissement et d'exploitation ; ce qui suppose la perception des redevances auprès des abonnés. Ce sont ces derniers qui prennent en charge les frais de raccordement sur les réseaux (AEE et AEP). les frais sont d'autant plus élevés que les parcelles ou zones à alimenter sont éloignés de l'éventuel circuit de distribution.

Les priorités d'équipement, les niveaux de service souhaité, les frais de raccordement au réseau, et les coûts mensuels admissibles (par ménage) sont des informations qui non seulement caractériseraient la demande (d'électricité et d'eau potable), mais pourrait influencer la conception des réseaux.

Au niveau des acteurs, la circulation de l'information constitue l'innovation issue de la nouvelle organisation ;

b) L'impact du taux d'effort sur la structure d'organisation des acteurs

Avec le taux d'effort, l'acteur ménage, voit son rôle changer ; ce qui entraîne une modification des rapports entre acteurs.

La structure que nous préconisons s'articule autour de 3 pôles : politique, technique et usager représentés sur la figure 13 ci-après.

- **Au plan structurel,** elle préconise une circulation horizontale et verticale de l'information, rendue possible par la répartition des acteurs en trois pôles. Le pôle technique assure la coordination du problème technique ; par ailleurs, il doit préparer les décisions (pôle politique) en évaluant chaque fois la faisabilité socio-économique du projet (caractéristiques de la demande) qui ne s'opère qu'au niveau du pôle usagers (ménages, ...).

- **Au plan fonctionnel,** elle exige au-delà d'une simple circulation des informations entre les trois pôles, une animation qui peut prendre la forme d'entretiens de groupes avec les représentants des différentes parties prenantes, ces techniques se sont révélées très fructueuses pour la mise en œuvre des points d'eau collectifs ; de campagnes de sensibilisation, par exemple sur la nécessité d'utiliser l'eau saine ou sur les précautions à prendre avec les installations électriques intérieures ou toute autre forme d'informations.

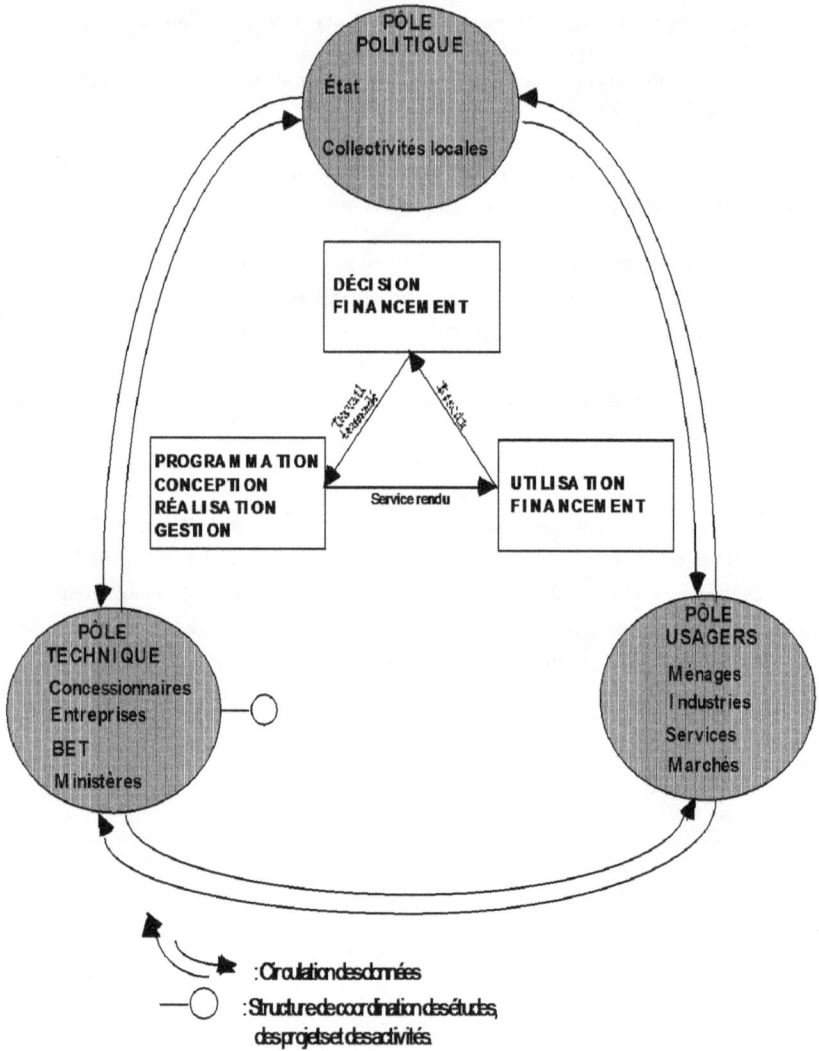

Figure 13: Proposition d'organisation des acteurs

Cette structure d'organisation des acteurs présente deux atouts majeurs : une bonne circulation des informations entre les différents acteurs, et une structure de coordination des études, des projets et des travaux.

Quel est l'intérêt de mise en œuvre de ce modèle structurel ?Le taux d'effort traduit pour un réseau donné, la contribution en général financière du ménage au coût de raccordement et/ou aux frais périodiques de consommation du "produit" (de l'eau ou de l'énergie électrique). Ces coûts ramenés au revenu du ménage expriment la proportion de l'effort que peut ou que consacre ce dernier pour le service considéré d'une part, et d'autre part, ils permettent de jauger l'élasticité des autres dépenses du ménage.

Par la suite, on distingue quatre coûts à prendre en compte dans l'évaluation du taux d'effort.

- **le coût usuel de raccordement ou coût de raccordement au réseau (CR)** désigne les dépenses effectuées par un ménage ayant souscrit un abonnement pour son branchement au réseau de distribution considéré ;

- **le coût admissible de raccordement (au réseau) (CAR)** désigne les dépenses que consentirait à effectuer un ménage non abonné pour son branchement au réseau de distribution considéré ;

- **le coût usuel mensuel ou coût mensuel de consommation (CC)** indique le montant des dépenses mensuelles (montant de la quittance) qu'un ménage paie en moyenne chaque mois pour son alimentation (en eau potable ou en énergie électrique), car la période est généralement le mois.

- **le coût admissible de consommation mensuelle (CAC)** indique le montant des dépenses mensuelles qu'un ménage non abonné consentirait à payer pour son alimentation au cas où il souscrirait un abonnement.

L'estimation du taux d'effort est de par sa formulation complexe. Dans la suite de ce chapitre, nous proposons de détailler le principe de la méthode proposée. Pour parvenir à cette finalité, des études approfondies et une analyse détaillée sont à mener. Elles concernent notamment les phases suivantes : formulation du concept taux d'effort, modélisation des préférences du ménage, et, méthode d'approche du taux d'effort.

L'élaboration des niveaux de référence servira de passage de la notion du taux d'effort à l'évaluation du risque ou encore de variables de conception à celle de décision en matière d'investissement.

4.3   LA FORMULATION DU CONCEPT

L'approche théorique du taux d'effort nécessite de formaliser cette notion afin d'en dégager une représentation suivant la structure qui la constitue.

4.3.1 L'identification du problème

Le diagnostic réalisé dans la première partie et portant sur le contexte d'alimentation en eau et électricité en milieu urbain au Cameroun, montre qu'en dépit des efforts consentis par les différents intervenants dans ces secteurs, les taux d'accès aux consommations d'eau potable et d'électricité demeurent très moyens. L'analyse étiologique de la situation a mis en évidence des lacunes dans les politiques d'investissement et de gestion des infrastructures de l'eau et de l'électricité. L'une des plus significative est l'insuffisante implication du ménage dont l'action à géométrie variable a pourtant des répercussions certaines sur les plans financiers, techniques, voire institutionnels de ces politiques.

4.3.2 La formulation du concept

La formulation de la problématique du développement des réseaux urbains d'eau et d'électricité a eu pour mérite de préciser les facteurs sur lesquels il faudrait agir dorénavant pour améliorer l'expansion des secteurs de l'eau potable et d'électricité. Au centre de cette approche innovante se trouve le ménage qui peut être :

1° Abonné aux sociétés de distribution d'eau ou d'électricité ;

2° "Abonné" aux abonnés : n'étant pas régulièrement raccordé aux réseaux, le ménage paie ses frais de consommation au voisin ayant souscrit un abonnement ;

3° Non abonné.

Dans les deux derniers cas, le ménage peut être solvable c'est-à-dire capable de payer les coûts de raccordement au réseau et/ou les coûts de consommation.

La fiabilité de la thérapeutique passe inéluctablement par une bonne appréhension de ces trois dimensions du ménage. Ceci exige au préalable la modélisation de cette théorie par rapport à l'amélioration de son cadre de vie et singulièrement du développement des réseaux urbains concernés. La construction de l'échelle de préférence que nous avons préconisée au chapitre 3 de la première partie de cet ouvrage participe à l'effort de formulation du taux d'effort ; elle constitue également l'ossature de la modélisation des préférences du ménage.

On peut ainsi distinguer deux paliers d'investigation à explorer :

- 1er palier : il correspond à la phase d'identification de la (des) priorité(s) du ménage par rapport à son accès au réseau considéré ;

- 2e palier : il s'agit ici de fournir plus de précision au cas où le ménage aurait manifesté sa préférence pour l'accès au réseau dont il est question. Ce palier comporte deux dimensions :

- coût de raccordement acceptable par le ménage (investissement),

- coût de consommation périodique acceptable par le ménage (exploitation).

D'où la nécessité de modéliser la demande du ménage (priorité ou souhait, capacité de contribution financière, ...).

4.4   LA MODÉLISATION DES PRÉFÉRENCES DES MÉNAGES

Lorsque tous les critères sont des dimensions (donc totalement ordonnés), le problème des choix (décisions des ménages) se modélise sous la forme suivante :
- on définit l'ensemble des modalités, ou situations possibles de A={ a1, a2, ..., ai, ...} .
Par exemple pour la source d'approvisionnement en eau potable, on peut distinguer les modalités suivantes :

  a1= abonnés SNEC ;

  a2= achat au voisin (abonné ou revendeur) ;

  a3= borne fontaine ;

  a4= autres (puits, cours d'eau, ...).

- on définit ensuite des applications g_j (indicateurs) qui permettent d'appliquer A dans M, ensemble muni chacun d'une structure d'ordre total et noté E_j formé d'échelon e_{kj} ; par exemple M peut être les coûts de raccordement (usuels ou admissibles), les coûts mensuels (usuels ou admissibles).

Lorsque A est un ensemble fini comprenant un nombre peu élevé d'éléments, on peut dresser un tableau à double entrée constitué de la manière suivante : en colonne on place les critères E_j, en ligne les actions/situation ou modalités a_i, ou inversement. A chaque intersection de chacune des colonnes j avec la ligne i, on inscrit l'évaluation $g_j(a_i)$ de son a_i selon E_j : c'est le tableau d'évaluation multicritère.

Lorsque A est très grand ou infini, on détermine explicitement (par exemple par des équations) les applications $g_j(a_i)$.

Dans la pratique des études multicritères, on s'aperçoit que cette mise en forme du problème constitue la partie la plus délicate et plus longue. Il faut choisir le bon ensemble A, c'est-à-dire celui qui contient toutes les actions qu'il est nécessaire d'envisager. Les enquêtes pilotes fournissent un apport à ce niveau, puisqu'il faut inventorier tous les points de vue pertinents pour le problème en question.

Restera enfin à trouver des descripteurs pour traduire mathématiquement les points de vue. Trois types de situations sont couramment utilisées [126 - VINCKE] [127 - ROY] :
- descripteurs des mesures pour des points de vue quantitatifs (variables statistiques ou caractères quantitatifs : exemple du coût admissible de raccordement des ménages) ;

- descripteurs des ensembles totalement ordonnés ou des descripteurs ordinaux pour des points de vues qualitatifs (variables statistiques ou caractères qualitatifs : exemple de la place de l'eau en terme de priorité par les ménages (1er, 2ème, 3ème, ...)) ;
- des éléments pris dans un ensemble "descripteurs nominaux" pour des points de vue descriptifs tels que le type de réseau (ramifié, maillé) le type de desserte (branchement particulier, point d'eau collectif).

Cette phase d'identification et de formalisation des besoins, des priorités et des capacités contributive des ménages s'apparente à un modèle cognitif au sens de Walliser [22 - WALLISER]. Il permet en effet de simuler la participation de ménages au développement des réseaux. On peut alors évaluer les descripteurs aussi bien quantitatifs que ordinaux ou nominaux du taux d'effort.

4.5   LA MÉTHODE D'ÉVALUATION DU TAUX D'EFFORT

Les principales variables à déterminer sont les suivantes : mode d'alimentation en eau potable et en énergie électrique, priorité des ménages.

- **Mode d'alimentation en eau potable et en énergie électrique :** 3 à 4 grandes catégories de réponses sont envisagées (abonné, achat au voisin abonné, non usage de l'énergie électrique (AEE), bornes fontaines, autres sources. Cette information constitue un filtre pour le reste des paramètres.

- **Priorité des ménages (1^{er}palier)** : Il est question de savoir si le réseau constitue une priorité pour le ménage. En général, le ménage exprime son désir à ce stade, indépendamment des moyens à y consacrer. La réponse est presque affirmative pour l'ensemble des ménages non raccordés ou n'ayant pas accès à l'eau potable ou à l'électricité. L'échelle des priorités observée à Obala se présente comme suit : eau potable 49 %, électricité 33%, voirie 30%, téléphone 21%, drainage 25%. Une estimation des priorités : coûts de raccordement, coûts admissibles de raccordement, coûts de consommation périodique et coûts admissibles de consommation.

Ce sont les éléments du 1er palier. Soient :
* CR : coût de raccordement (investissement) ;
* CC : coût de consommation mensuelle ;
* CAR : coût admissible de raccordement ;
* CAC : coût admissible de consommation ;
* N_a est le nombre de ménages abonnés,
* N_b est le nombre de ménages non abonnés,
Les 2 lignes du tableau 11 représentent les deux dimensions du taux d'effort.

	Catégorie de ménages	
Critère	N_a	N_b
RACCORDEMENT (R) (Investissement)	Y_{1h}	Y_{2h}
CONSOMMATION (C) (Exploitation)	X_{1h}	X_{2h}

Tableau 11 : Les composantes du taux d'effort

Nous avons établi qu'évaluer le taux d'effort revient à déterminer ses composantes. Ces dernières sont calculées par (strate) type d'habitation. Leur extrapolation à l'ensemble du site étudié ne pose aucune difficulté particulière.

Les Y_{1h} et les Y_{2h} désignent respectivement les coûts de raccordement et les coûts admissibles de raccordement au réseau considéré dans la strate h.

Les X_{1h} et les X_{2h} désignent respectivement les coûts de consommation et les coûts admissibles de consommation dans la strate h.

Les variables statistiques CR, CAR, CC et CAC étant des variables quantitatives discrètes, leurs totaux sont obtenus en faisant la somme des différentes valeurs prises par la variable entre 2 points donnés et non en procédant par intégration entre les mêmes bornes : il en est de même du calcul des moyennes et des écarts types.

Ainsi le taux d'effort (TE) défini par TE = (CAR, CAC) se calcule en première approche comme suit :

$$Y_{2h} = \frac{1}{N_b} \sum_{l=1}^{N_b} CAR_{hl} \quad (1) \qquad \text{et} \qquad X_{2h} = \frac{1}{N_b} \sum_{l=1}^{N_b} CAC_{hl} \quad (2)$$

Où CAR_{hs} représente la valeur de la variable CAR pour le ménage m_{hs} ayant le numéro s à l'intérieur de la strate h ;

et CAC_{hs} représente la valeur de la variable CAC pour le ménage m_{hs} ayant le numéro s à l'intérieur de la strate h.   On a $TE_h = (X_{2h}, Y_{2h})$ (3)

En somme, pour un site donné, il faut déterminer les coûts admissibles de consommation et de raccordement pour tous les ménages. Par la suite, nous montrerons comment les évaluer aisément à partir des estimateurs des variables par la méthode de sondage aléatoire stratifiée (cf. chapitre 7).

Les X_{2h}, Y_{2h}, X_{1h} et Y_{1h} peuvent être croisés aux revenus.

4.5.1 Données nécessaires à l'évaluation du taux d'effort.

Il ressort de ce qui précède que les données nécessaires en vue de l'évaluation du taux d'effort se présentent de la manière suivante :

- **Palier 1 :** mode d'approvisionnement en eau ou d'alimentation en énergie électrique selon le cas. Les statistiques par modalité doivent être évaluées à ce stade ;

- **Palier 2** : pour une population donnée, il faut mesurer ses priorités,

    * les coûts usuels de raccordement (abonnés),

    * les coûts usuels périodiques de consommation (abonnés, achat de voisinage),

    * les coûts admissibles de raccordement (non abonnés),

    * le coût admissible de consommation périodique (non abonnés),

    * les revenus des ménages,

    * les dépenses et épargnes des ménages (à défaut des revenus),

    * les caractéristiques des ménages : taille (nombre de personnes/ménage), nombre de pièces, équipements électriques du ménage (puissances totales), équipements sanitaires et perspectives d'équipement,

    * la qualité de l'eau ou du courant électrique,

    * les exigences et les tolérances des ménages par rapport aux " produits " livrés,

    * les descriptifs et les caractéristiques fonctionnelles, évolutives et adaptatives du réseau existant.

Il s'en suit la nécessité de mettre au point une technique de production rapide de données.

4.5.2 Les méthodes de production et les outils de traitement de données

Les méthodes et outils de production et de traitement de données indispensables à l'estimation du taux d'effort sont essentiels dans la démarche que nous préconisons. C'est la raison pour laquelle nous y avons consacré un paragraphe entier au chapitre 7.

On a vu que le développement rationnel du réseau d'eau et d'électricité nécessite la prise en compte du taux d'effort des ménages aussi bien en phase de conception et réalisation qu'en phase d'exploitation. Or la hiérarchisation du niveau de desserte et d'équipement d'un site suivant le taux d'effort des ménages implique la détermination des repères en fonction desquels les techniciens (concepteurs et gestionnaires) dimensionneraient le réseau et assureraient un service de distribution adapté tel que la continuité de l'alimentation et la qualité du "produit". D'où la nécessité de concevoir une alternative à l'inexistence des normes adaptées au contexte de cette étude. Cette approche des normes de conception et de gestion des réseaux est examinée dans le chapitre 5.

CHAPITRE 5

LES NIVEAUX DE RÉFÉRENCE

Les niveaux de référence (NDR)ont été précédemment définis comme étant des "produits" de substitution aux normes régissant l'alimentation des agglomérations urbaines en eau et en électricité.

5.1   LE PROBLÈME DES NORMES ET LES BESOINS EN NIVEAUX DE RÉFÉRENCE

Le développement des réseaux techniques urbains en l'occurrence des réseaux d'eau potable et d'électricité s'inscrit généralement dans l'une des deux logiques suivantes :

-**Approche sectorielle :** spécialement conçue et mise en œuvre dans le cadre d'une seule infrastructure sans interaction avec les autres équipements. C'est de façon caricaturale la logique d'action des sociétés chargées de la gestion des réseaux.

- **Approche globale** : c'est le cas des plans de développement urbain qui intègrent toutes les composantes des équipements urbains dans une logique systémique.

La carence de données urbaines est l'une des principales motivations d'enquêtes sur le terrain. De plus, l'absence de normes appropriées au contexte Camerounais en matière d'eau potable et d'électricité pousse certains sinon la quasi-totalité des concepteurs de projets urbains y afférents à utiliser des normes et autres modèles employés dans les pays industrialisés. Sans assimiler les résultats des pratiques courantes aux normes, il faut reconnaître que l'innovation à apporter serait une approche des niveaux de desserte, de la qualité et de la quantité de service qui serait basée sur la conjugaison des pratiques, des moyens et des ressources mobilisables. Dans cette optique, l'approche participative des utilisateurs permet de définir des niveaux de référence qui reflètent au mieux la réalité. La méthode utilisée prend également en considération les autres sources d'informations, parmi lesquelles les statistiques de consommation et de gestion, mais aussi et surtout les informations de l'enquête par sondage réalisée auprès des ménages. Cette démarche présente le mérite de minimiser les conséquences dues aux décisions arbitraires en matière d'investissement en ce sens que les solutions ou stratégies qui en découlent auront des chances d'être mises en œuvre tant au point de vue technique que financier et seront acceptées par les populations.

La normalisation entendue comme la mise au point des normes, ne doit pas être unilatéralement définie comme ce qui doit être (minimum acceptable), mais élaborée conjointement par les différents acteurs que sont les décideurs, les concepteurs et gestionnaires, les utilisateurs ou consommateurs.

En résumé, les normes conditionnent les moyens techniques nécessaires, le coût d'investissement et de fonctionnement. Elles ne devraient pas être stationnaires mais plutôt évoluer dans le temps en fonction des nouveaux besoins. Ainsi, le niveau de référence en matière d'AEP et d'AEE doit être élaboré en fonction des paramètres suivants : les consommations unitaires, la qualité de l'eau et de la tension, la régulation et la régularité du service et les facteurs de pointe ; aussi bien à l'échelle du ménage qu'à celui du périmètre d'étude.

Caractère ou paramètre	Échelle du ménage		Effets induits à l'échelle de l'îlot, du quartier ou de la ville	
	AEP	AEE	AEP	AEE
Ratio : Consommation unitaire	quantité consommée BP ou BF (NB l/j/hab)	quantité d'énergie électrique consommée (énergie/j/ménage)	quantité d'eau distribuée et taux de branchement	puissance totale consommée, taux de branchement
Qualité	bactériologique, physiologique, pression, débit	intensité ou chute de tension	coût de traitement de l'eau distribuée, caractéristiques du réseau : (Ø des conduites, moteurs, pompes, réservoirs)	perte d'énergie, position des transformateurs, rayon d'influence, section des conducteurs
Régulation et Régularité	fréquence et durée des coupures (alimentation intermittente)	fréquence et durée de coupure, (alimentation intermittente)	puissance de la station de pompage, capacité du réservoir de stockage, Ø des conduites	puissance des alternateurs, capacité des transformateurs, section des conducteurs
Période de pointe	coefficient de simultanéité	coefficient de simultanéité	coefficient de pointe	coefficient de foisonnement

Tableau 12 : Tableau synoptique des indices ou facteurs à définir comme niveau de référence

Le tableau 12 présente des facteurs qu'il convient de définir pour l'élaboration des NDR. C'est un outil à l'usage du technicien. Pour mieux l'illustrer, le concepteur du réseau doit par exemple choisir la consommation unitaire en fonction de la valeur située dans la 2è colonne et la 3è ligne alors que les deux dernières colonnes lui permettent d'extrapoler la tendance observée dans l'îlot ou le quartier considéré.

Il faut en tout état de cause, rester dans les conditions minimales de santé (pour l'eau potable) et de sécurité (pour l'électricité).

5.2 LES NIVEAUX DE RÉFÉRENCE ET LE NIVEAU DE SERVICE

Lorsque les valeurs indicatives qui servent de référence sont élaborées, il reste à définir le niveau de service : c'est-à-dire le niveau d'équipement et son évolution probable dans l'espace et le temps.

Dans tout ou partie d'une ville donnée, le niveau de service doit traduire le nombre d'abonnés réels et potentiels et leur capacité contributive. Contrairement aux méthodes classiques qui surdimensionnent le réseau avec l'hypothèse de raccordement à 100 % des ménages, un tel investissement, non seulement revient très cher, mais les ressources mobilisées empêchent d'étendre les réseaux (primaires et secondaires) dans certaines zones potentiellement solvables (le coût linéaire des réseaux est lié aux sections des conducteurs et des canalisations).

L'équipement progressif du réseau constitue le modèle approprié du développement des réseaux d'AEP ou d'AEE dans le contexte des PED. La question est de savoir comment mesurer et définir les niveaux de référence ainsi que les phasages des réseaux.

5.3 L'ÉVALUATION DES NIVEAUX DE RÉFÉRENCE

La démarche que nous proposons est à la fois déterministe et probabiliste :

a)- Approche déterministe : L'approche déterministe consiste en l'analyse des pratiques courantes pour définir les niveaux de référence. Il s'agit notamment d'étudier pour chaque tissu urbain, chaque agglomération ou encore chaque pays :

- les coûts de raccordement (frais d'abonnement) aux réseaux d'eau ou d'énergie électrique et éventuellement les caractéristiques des réseaux de distribution ;
- les coûts de consommation dans le temps (mensuelle par exemple) d'eau ou d'énergie électrique ;
- les quantités consommées (volume d'eau par jour et par habitant, énergie consommée par jour par ménage).

On en déduit les *tendances centrales* tels que le coût moyen de raccordement, le coût mensuel moyen des consommations d'eau potable ou d'énergie électrique des ménages et, la détermination des caractéristiques de dispersion tel que l'écart type d'une part, d'autre part, les *seuils minimums* (observées ou prévues dans la réglementation) ;

ces derniers obtenus dans les conditions les plus favorables déterminent les *limites inférieures* des valeurs prises par les niveaux de référence.

Les sources peuvent être soit les statistiques d'exploitation lorsqu'elles existent, soit les résultats de enquête ménages.

b)- Approche probabiliste : Il s'agit de l'examen rapide d'un grand nombre des situations par le biais du sondage en vue de produire les mêmes variables citées ci-dessus. Une attention particulière dans ce cas sera accordée à la technique d'échantillonnage dont dépend la fiabilité des résultats. Pratiquement cette démarche est similaire à celle utilisée pour l'évaluation du taux d'effort à la différence qu'elle s'appuie plus sur les pratiques courantes. Le but étant ici d'éviter le surdimensionnement (ou le sous-dimensionnement) pour cause d'une mauvaise évaluation de la demande, nous envisageons l'étude séparée de chaque réseau :

Pour le réseau d'eau potable, il s'agit de déterminer les consommations spécifiques par strate et les coûts de raccordement. Elles sont données par les formules suivantes :

$$Y_{1h} = \frac{1}{N_s} \sum_{s=1}^{N_s} CR_{hs} \quad (4) \qquad et \qquad X_{1h} = \frac{1}{N_s} \sum_{s=1}^{N_s} \frac{CC_{hs}}{30 \cdot P_u \cdot n_s} \times 1000 \quad (5)$$

où n_s est le nombre de personne dans le ménage s, P_u le prix unitaire du m^3 d'eau.

Le profil d'équipement sanitaire devrait alors être défini par strate. La qualité de l'eau est fixée de façon à éviter tout risque de contamination bactériologique ou physico-chimique. Les normes minimales de santé des indicateurs sont données en annexe. L'identification de la période pointe permet de mieux réguler la demande ; et donc le coût de traitement.

En ce qui concerne le réseau électrique, il s'agit de déterminer les consommations spécifiques par strate et les coûts de raccordement. Elles sont données par les formules suivantes :

$$Y_{1h} = \frac{1}{N_s} \sum_{s=1}^{N_s} CR_{hs} \quad (4) \qquad et \qquad X_{1h} = \frac{1}{N_s} \sum_{s=1}^{N_s} \frac{1}{1000} \times \frac{CC_{hs}}{30 \cdot P_u \cdot n_s} \quad (6)$$

où n_s est le nombre le nombre de personne dans le ménage s, P_u le prix unitaire du kilowattheure d'énergie électrique. La détermination du profil d'équipements électriques et du temps fonctionnement permet de déterminer les seuils de consommation et améliore de ce fait la précision sur les niveaux de référence consommation. La définition du profil d'équipements électriques dont la puissance installée est indispensable pour l'optimisation entre autres de la section des câbles, du nombre et de la capacité des postes de transformation. Pour ce faire, il faut déterminer les équipements types et les niveaux de desserte.

Les enquêtes ménages permettent de répondre à la première préoccupation. Quant à la seconde nous préconisons 3 niveaux de desserte correspondant à 3 plages de puissances installées ou à installer.

1) Les strates sont considérées comme équipées lorsque 50 % et plus des ménages abonnés disposent de l'équipement considéré ;

2)Les strates sont sommairement équipées quand la proportion des ménages équipés varie entre 25% et 49 % ;

3) Les strates sont faiblement équipées si moins de 25 % des ménages desservis par le réseau AEE ne disposent pas d'équipement considéré.

Il s'agit donc dans ce cas de calculer les proportions de ménages disposant un équipement électrique donné après avoir inventorié les équipements électrodomestiques utilisés ou utilisables. Les résultats relatifs à l'estimation de la moyenne peuvent être étendus directement à l'évaluation de la proportion d'un caractère dans la population en considérant la variables en question comme une variable de Bernoulli, prenant la valeur 1 lorsque le ménage dispose de l'équipement considéré et 0 dans le cas contraire.

$$f_h = \frac{1}{n_h} \sum_{i=1}^{n_h} x_{hi} \quad (7)$$

f_1, f_2,..., f_h sont les fréquences correspondantes observées sur l'échantillon. X étant une variable h de Bernoulli on a :

$$P_h = \frac{1}{N_h} \sum_{i=1}^{N_h} x_{hs} \quad (8) \text{ (moyenne de } X_{hs} \text{ dans la population)}$$

$$f_h = \frac{1}{n_h} \sum_{i=1}^{n_h} x_{hi} \quad \text{(moyenne des } x_{hi} \text{ dans l'échantillon)}$$

par conséquent $f' = \sum_{h=1}^{K} \frac{N_h}{N} \cdot f_h \quad (9)$ estime la proportion $P = \sum_{h=1}^{K} \frac{N_h}{N} \cdot P_h \quad (10)$

Les $\overline{x}_h$ permettent de calculer pour chaque strate, les coûts de raccordement, les coûts admissibles de raccordement, les coûts de consommation, les coûts admissibles de consommation (c'est-à-dire les composantes du taux d'effort et des NDR), les nombres de ménages abonnés et non abonnés, les revenus, les dépenses, les consommations.

σ_h^2 mesure la dispersion autour de valeurs centrales.

Les f_h mesurent les proportions des différents équipements dans chaque strate.

Les $\overline{x}_h$ permettent de calculer les mêmes variables à l'échelle de la population c'est-à-dire dans l'ensemble des strates.

5.4 LA GRILLE D'ANALYSE DES NIVEAUX DE RÉFÉRENCE POUR LES SYSTÈMES D'AEP ET D'AEE

Il faut souligner avec force l'inefficacité de la transposition dans les PED des normes utilisées dans les pays développés. Cette transposition intégrale des normes explique partiellement les échecs enregistrés dans le processus de développement des réseaux d'eau et électricité dans les villes des PED, en l'occurrence dans les centres urbains camerounais. Les problèmes créés par l'absence des normes, mieux des NDR adaptés au contexte sont d'ordre technique et financier.

La définition des NDR prend en compte trois critères fondamentaux : les critères quantitatifs, les critères qualitatifs et les niveaux de desserte. La grille d'analyse et de constitution des NDR est présentée dans les paragraphes suivants.

5.4.1 Alimentation en eau potable

Sur le plan qualitatif, l'eau potable doit satisfaire les exigences de santé. L'OMS a fait des recommandations sur la qualité bactériologique physico-chimique de l'eau destinée à la consommation (cf. annexe 2) ; De plus, un minimum de 5 litres/jour/habitant est nécessaire pour les besoins physiologiques. En deçà des seuils ainsi fixés, les risques d'infection encourus sont très élevés.

L'aspects quantitatif concerne notamment la pression minimale des robinets et la continuité du service qui doivent être prises en compte d'une part, d'autre part la consommation spécifique (l/j/hab.) en fonction du type d'habitat, des équipements sanitaires qui en résultent, du mode de vie et du niveau de desserte en réseau d'AEP (le raccordement à 100 % des ménages est un objectif utopique pendant quelques années encore dans les villes camerounaises : concevoir un niveau de desserte en phase avec les ressources mobilisables).

5.4.2 Alimentation en énergie électrique

Au plan qualitatif, on notera entre autres que : Les appareils électriques sont conçus pour fonctionner dans une plage de variation de tension nominale des réseaux d'alimentation d'énergie électrique. Cette plage est actuellement de ± 10 % de la tension 220V/380V (et 240V/415V). L'harmonisation au niveau international des deux niveaux permettra de définir des normes de fonctionnement et de sécurité uniques pour tous les appareils d'utilisation : c'est ainsi que les nouvelles tolérances seront dès juin 1996 les suivantes : +6 %, -10% de 230V/400V (nouvelles valeurs de la tension nominale).[94 -

MERLIN GERIN] [95 - EDF] L'incidence de la modification du niveau de la chute de tension maximale de 11 % à moins de 9,6 % ;

L'utilisation d'un appareil sous une tension d'alimentation différente de la tension nominale, même à l'intérieur de la plage de ±10%, modifie ses performances techniques et sa durée de vie. Il faut rappeler que la tension nominale est fixée par le concepteur de l'appareil ;

L'éclairage doit procurer l'éclairement nécessaire surtout pour la lecture, le dessin, les divers travaux. Les défauts de ces propriétés ont des nombreuses conséquences :

- une insuffisance de l'éclairement entraîne la fatigue précoce et le risque de myopie.
- une alimentation d'une lampe sous une tension supérieure à la tension nominale augmente le flux émis, mais diminue la durée de vie.
- une alimentation d'un moteur sous une tension inférieure à la tension nominale augmente l'échauffement et diminue la durée de vie.

Donc, à l'instar de la qualité de l'eau, il est très difficile d'agir sur le paramètre tension.

L'aspect quantitatif consiste essentiellement ici à définir les valeurs des puissances souscrites par les ménages, les normes françaises par exemple, en la matière recommandent 6 KVA en moyenne par logement. Ce qui est très élevé (3 KVA pour un logement d'une pièce, 9 KVA pour un logement de 6 pièces et beaucoup plus pour "tout électrique").

Or le niveau d'équipement en appareils électriques est faible dans les villes camerounaises (cf. annexe 12), y compris dans les quartiers dits structurés où le "tout électrique" n'est pas fréquent et le nombre d'appareils électriques est plus modeste que dans les pays développés.

La continuité du service et le niveau de desserte doivent être pris en compte. La systématisation de l'éclairage public calqué sur les modèles occidentaux est onéreuse.

Par rapport aux consommations unitaires, les équations (5) et (6) permettent de déterminer les valeurs des niveaux de référence suivant le tissu urbain et à utiliser pour le calcul des réseaux. On montrera dans la procédure conceptuelle comment faire les estimations sur l'ensemble de l'agglomération étudiée. Quant aux raccordements, c'est l'équation (4) qui fournit la relation permettant de définir les coûts y afférents.

Pour conclure, les NDR doivent permettre d'opérer des choix judicieux et cohérents sur :

- la qualité des flux de courant électrique et de courant hydraulique distribués, qui sont des paramètres non variables ;
- la continuité des services ;

- le niveau d'équipement sanitaire et électrodomestique ainsi que le niveau de desserte des quartiers.

Ainsi, pour atteindre le plus grand nombre de ménage, le niveau de service doit être conçu moins en fonction d'une "norme" que des ressources mobilisables par la collectivité et les bénéficiaires, c'est-à-dire du taux d'effort (chapitre 6). Autrement dit, le développement des réseaux doit être le reflet des besoins essentiels des ménages ainsi que de leur capacité contributive ; dès lors le problème revient à chercher le niveau de service compatible à la participation des ménages. L'idée même de cette correspondance entre les *besoins* et les *ressources*, nous amène à introduire la notion de *"risque lié au taux d'effort des ménages"* qui est traité dans le prochain chapitre.

CHAPITRE 6

L'INTÉGRATION DU RISQUE DANS LA PROGRAMMATION DES RÉSEAUX

Ce chapitre s'inscrit dans la logique d'aide à la décision d'investissement en matière de développement des réseaux d'eau potable et d'électricité. Quelque soit l'orientation à donner au développement du réseau, il est impératif de le faire en parfaite connaissance du risque encouru. La non prise en compte du risque occupe une bonne place dans les causes d'échecs des programmes d'équipement et de gestion des infrastructures urbaines. Pour montrer comment prendre en considération le risque lié au taux d'effort des ménages dans la programmation des réseaux, il faut successivement définir le concept de risque, formuler la notion ainsi définie, exposer la méthode d'approche du risque, et analyser l'impact du risque sur la programmation des réseaux.

6.1 LES DÉFINITIONS DU RISQUE

Le concept *risque* a fait l'objet de plusieurs approches [40 - BLANCHER] [42 - THEYS] [45 - COHEN & LE LOU] [50 - ENPC] [49 - KNIGHT] [43 - LEVEQUE] [69 - MOREON] [70 - BUECAL].

Il existe en fait une définition du risque adaptée à chaque domaine d'activité et au sein d'un champ donné [45 - COHEN]. On parlera par exemple de risques technologiques, de risques naturels. Les spécialistes ont même souvent des avis partagés sur la définition précise du risque.

Pour certains statisticiens, le risque doit être interprété comme la probabilité de prendre une décision mal adaptée. On retrouve cette approche notamment dans le contrôle de la qualité, où l'on définit *le risque du fournisseur* comme étant la probabilité de rejeter une production alors que celle-ci est bonne, et *le risque du client* comme la probabilité d'accepter un lot du fournisseur alors que ce lot ne répond pas à la spécification ; ils sont respectivement appelés *risques de première espèce et risque de seconde espèce*[45 - COHEN] [47 - GIARD].D'autres statisticiens pensent que le risque est assimilable à l'espérance mathématique d'un coût.

Enfin d'après les financiers, le risque apparaît comme une variance. C'est ainsi qu'un placement sera d'autant plus risqué que la variance de sa rentabilité sera forte. On verra dans la suite que la première définition correspond à l'aide au choix des secteurs à alimenter ou à renforcer en distribution d'eau et d'électricité lorsque les taux d'effort et les niveaux de référence sont connus. La deuxième par contre est pertinente en phase de gestion lorsque pour un réseau électrique par exemple, la demande (courbe de charge) n'est pas maîtrisée, l'énergie non consommée est alors très importante et par ricochet la défaillance (espérance mathématique de l'énergie non distribuée) du réseau concerné est élevée. Ph. Blancher a proposé une définition du risque à la fois synthétique et globalisante de celles énoncées ci-dessus [41 - BLANCHER]. Pour lui, le risque est la rencontre d'un élément perturbateur et d'un élément vulnérable. Nous ajoutons que le risque est aussi la probabilité d'occurrence des deux éléments dont l'un est vulnérable et l'autre perturbateur. Nous retiendrons la définition proposée par Blancher.

Quelles lectures pourra –t- on faire de ces définitions au regard de la problématique de conception et de programmation des réseaux d'eau/d'électricité dans les villes camerounaises ?

6.2 TYPOLOGIE DU RISQUE

Recentrer la notion de risque dans le but de mettre en relief sa typologie constitue l'objectif de ce paragraphe. Si on est en présence d'une situation à risque, c'est bien souvent parce que les normes établies ne fonctionnent plus [46 - ACKA] ; elles n'ont d'ailleurs jamais bien fonctionné pour ce qui concerne les réseaux techniques urbains au Cameroun comme dans la plupart des PED. Or l'appel à l'expertise probabiliste ou statistique utilise un langage normé véhiculant des concepts précis. L'inconvénient de ces outils est que la normalisation du langage rendant compte du risque, rend ipso facto, mécanique le choix des décisions à partir des critères d'évaluation figés qui ne sont pas forcément significatifs dans toutes les situations du problème réel traité. Lorsque le processus à gérer est complexe, les critères d'évaluation sont multiples et leur choix dépend des finalités recherchées. Dans un tel processus, gérer le risque consiste à prendre une décision en éliminant éventuellement les sources de mauvaises conséquences .Cette définition ne restreint pas les critères d'évaluation aux seuls critères probabilistes ou statistiques. Elle les complète en essayant de traquer le risque à travers l'analyse systémique ; c'est-à-dire à travers la connaissance de l'organisation et de l'environnement des éléments du système, des éléments perturbateurs tels que insolvabilité des usagers et de la vulnérabilité des composants du système à l'instar du rendement des réseaux de distribution. Theys a élaboré 9 classes de vulnérabilité [42 - THEYS] : dépendance directe/indirecte, opacité, insécurité, fragilité, ingouvernabilité, centralité, potentialité de pertes élevées, faible résilience.

Le choix de cette définition nous amène à distinguer trois catégories : les risques intrinsèques au réseau, les risques extrinsèques au réseau et les risques liés aux usagers probables.

Les risques intrinsèques au réseau sont dus aux techniques et technologies de mise en œuvre du réseau. Les incidents les plus fréquents ont pour causes un sous dimensionnement du réseau dont les effets aux heures de pointes sont la rupture d'alimentation, le défaut de pression, le chute de tension élevée, les incendies, un dysfonctionnement de la station de captage et de traitement (AEP), une perte de synchronisme des alternateurs (AEE) ou un surdimensionnement des réseaux (rendement très faible, non rentabilité).

Les risques extrinsèques au réseau quant à eux sont dus aux perturbations de l'environnement et aux phénomènes naturels.

Enfin les risques liés aux usagers probables sont dus à la solvabilité des usagers, donc à la rentabilité financière des systèmes de gestion des services urbains (eau, énergie électrique, ...). Deux types de risques sont mis en évidence dans cette catégorie : l'insolvabilité vis à vis du coût de raccordement au réseau (coût d'investissement insuffisant) d'une part et d'autre part, l'insolvabilité par rapport au coût des consommations mensuelles (coût d'exploitation insuffisant). C'est cette dernière catégorie qui fait l'objet du développement qui suit. Sa maîtrise implique une bonne prévention ou gestion des risques intrinsèques aux réseaux, car ceux-ci résultent le plus souvent d'une évaluation approximative de la demande (effective et potentielle), éléments perturbateurs que tente de résorber toute tentative de solution à la troisième catégorie de risques. Il n'est pas aisé d'agir sur les éléments de la deuxième catégorie (phénomène naturel).

6.3 L'ÉVALUATION DU RISQUE

La méthode que nous avons adoptée comporte deux phases : approche théorique, méthode pratique.

6.3.1 L'approche théorique du risque

Évaluer le risque consiste d'abord à porter un jugement de valeur sur le risque après avoir au préalable affecté des valeurs aux critères précédents (cf. 6.2.1), ensuite à estimer les coûts des actions pour éventuellement diminuer la gravité du risque. On peut distinguer deux grandes écoles sur l'évaluation du risque.

Les probabilistes qui s'appuyant sur la loi des grands nombres, estiment que la probabilité d'un événement s'identifie à la fréquence moyenne d'occurrence de cet événement, pour un nombre d'observations important. Tout incident est caractérisé par un ensemble de cause, un ensemble de conséquences et une probabilité d'occurrence.

Les subjectivistes pour lesquels c'est le sujet qui détermine lui-même les probabilités à partir de l'idée qu'il s'en fait, c'est à dire à partir de savoir-faire d'experts. Quel que soit le cas on peut distinguer, suivant les seuils définis au chapitre précédent, les risques élevés, les risques faibles et les risques intermédiaires.

Dans la pratique, les mesures de risque sont plus faciles lorsqu'on dispose d'une base de données inhérentes au problème traité. Or il n'existe nulle part de base de données sur les préférences et coûts admissibles des ménages. C'est sur la base de ce postulat que nous proposons la méthode ci-après.

6.3.2 La méthode pratique d'évaluation du risque

Le principe de cette méthode est le suivant : le ménage est non seulement la principale cible du développement des services urbains d'eau et d'électricité, mais également un acteur dynamique du système. La démarche pour évaluer cette catégorie de risque consiste, pour une zone ou un quartier urbain à :
- évaluer le taux d'effort des ménages (cf. chapitre 4) qui sont en général les valeurs monétaires, néanmoins la participation matérielle ou en main d'œuvre peut être évaluée en une contribution financière ;
- évaluer les niveaux de références (cf. chapitre 5) qui sont en général des non monétaires mais convertibles en valeurs monétaires par la construction d'une application g_i qui permet de transformer les niveaux de référence en coût financier (cf. formules (5) et (6)); notons que la détermination des seuils revêt une importance particulière car ce sont ces valeurs des NDR qui indiquent les frontières entre la solvabilité et l'insolvabilité.
- comparer les principales tendances du taux d'effort aux niveaux de référence pour dégager les zones solvables à risque minimal, les zones solvables à risque élevé, les zones insolvables à risque maximal.

Les seuils définis sur la base des enquêtes ménages jouent un rôle fondamental dans l'orientation des réseaux. Il suffit pour cela de convertir les niveaux de référence en valeur monétaire directement comparable au taux d'effort des ménages. Si le taux d'effort est inférieur à ce seuil, on conclut qu'il y a des fortes chances que les ménages concernés ne puissent pas être solvables. Cette probabilité d'occurrence sera d'autant plus élevée que les ménages considérés sont homogènes par rapport aux critères retenus (priorités, desserte par les réseaux, catégorie socioprofessionnelle, ...). Pour la planification à moyen terme des réseaux des paramètres économiques tels que le taux d'amortissement, taux d'intérêt, cash-flow, ... sont pris en considération.

6.4 L'IMPACT DU RISQUE SUR LA PROGRAMMATION DES RÉSEAUX

Plus le risque lié au taux d'effort des ménages est faible dans un tissu urbain donné plus son niveau de desserte et d'équipement est élevé. Les tissus à haut risque seront sommairement desservis par le réseau. Les trois niveaux de risque que nous venons d'élaborer correspondent à trois priorités d'investissement et surtout à trois niveaux de desserte pour le réseau concerné.

Les multiples études d'aménagement effectuées par l'ENSP ont montré une corrélation entre tissus urbains et revenus (surtout pouvoirs d'achats). Fort de ces résultats, trois niveaux de desserte en réseau en fonction des risques déterminés sont proposés dans ce paragraphe.

Niveau	Risque	Desserte
Niveau 1	risque minimal : ménage solvable	zones à desservir en priorité raccordement élevé
Niveau 2	risque élevé : ménage solvable	taux de raccordement moyen distribution collective
Niveau 3	risque maximal : ménage insolvable	distribution collective

Tableau 13: Impact du risque sur la programmation des réseaux.

En conclusion, c'est le risque lié au taux d'effort des ménages qui détermine la configuration du réseau à étendre ou à renforcer. Il reste maintenant à élaborer les outils de collecte des informations nécessaires à l'évaluation de ce risque. Le chapitre 7 tente d'y apporter une réponse.

CHAPITRE 7

LA PROCÉDURE CONCEPTUELLE

La procédure conceptuelle a pour objet de montrer comment prendre en compte le risque lié au taux d'effort des ménages dans le développement des réseaux. La question des données nécessaires à la démarche proposée ainsi que les fondements mathématiques des calculs effectués dans le cadre de cette recherche sont abordés dans les deux premiers paragraphes.

7.1 LA STRATÉGIE DE RÉPONSE AU PROBLÈME DE DONNÉES

Avant de proposer les outils de collecte et de traitement de données, nous allons décrire brièvement le bien-fondé d'une telle approche.

7.1.1 Carence de données dans la démarche proposée

Une des premières difficultés rencontrées dans le processus du développement des réseaux urbains, aussi bien dans le cadre d'une opération spécifique que dans le contexte de l'élaboration des documents d'urbanisme, tient au manque de données pertinentes. Les concepteurs des réseaux ont plus de prise sur des paramètres (consommations unitaires, taux de raccordement aux réseaux) couramment utilisés dans les pays développés, que sur les données socio-économiques (importance et structure des populations, catégories socioprofessionnelle réelles, besoins et capacité financières, statistiques des consommations, ...), d'outils cartographiques spatialisés et à jour.

Les méthodes que nous avons proposées pour la conception et la gestion des réseaux d'eau et d'électricité reposent sur les données décrivant les priorités, les solvabilités et les conditions de vie des ménages. La question à laquelle tout projeteur doit impérativement répondre est la suivante : Quelles sont les sources qui procurent les informations les plus pertinentes, actualisées et fiables, susceptibles de caractériser la faisabilité socio-économique des projets de développement des réseaux d'eau potable et d'énergie électrique ? Le système d'information sur les réseaux techniques urbains est perçu ici comme l'ensemble des processus mis en œuvre pour l'exploitation des données urbaines liées à la prévision, et/ou la conception, et/ou la réalisation et/ou la gestion des réseaux. Il peut être décomposé en trois aspects : méthode de collecte, mode de stockage et procédé d'actualisation des données.

a) **Sources d'informations**

Les sources d'information sont très variables. Elles dépendent du type d'information recherchée et des acteurs intervenant dans le projet.

b) **Stockage des données**

Les informations collectées puis traitées doivent être bien conservées. Le choix du support approprié devrait tenir compte des moyens financiers, matériels et des compétences des personnels intéressés, mais aussi des enjeux de la question. Aussi, pouvons-nous regrouper en deux catégories les différents supports des données urbaines relatives aux réseaux :
- Fichier manuel : documents cartographiques, photographies aériennes, plans d'urbanisme, plans des réseaux (d'AEP et d'AEE,...) et/ou plans de recollement des réseaux ; dossiers techniques ou non traitant de la question du développement des réseaux ; décrets, lois, arrêtés, statistiques diverses,...
- Fichier informatique : banques/bases de données stockant les informations sur fichier dans les machines.

Il faut noter aussi le problème d'accessibilité à ces données (lorsqu'elles existent) parce que celui qui en est responsable, refuse de les communiquer. C'est le cas notamment des fichiers administratifs, commerciaux.

c) **La mise à jour des données**

Même convenablement conservées, ces données doivent être actualisées. La mise à jour provient souvent du fait que, de la fin des études du projet à sa réalisation, il se passe un temps important qui rend la majorité des paramètres utilisés peu fiables et peu adaptés. C'est surtout le cas des données socio-économiques qu'il devient nécessaire, voire obligatoire, d'actualiser. Ces informations doivent être actualisées et spatialisées.
- actualisées : en effet, le Cameroun à l'instar des PED dispose de données peu nombreuses, peu fiables et non mise à jour ou mal reparties dans le temps, [51 - VALIRON], [52 - BOSHU]. De plus le peu de recul ou la quasi absence des données statistiques en matière de consommation d'eau potable et d'énergie électrique, et la croissance sensiblement exponentielle des villes, imposent une actualisation profonde des données disponibles à défaut d'une enquête exhaustive sur la question ;

- spatialisées : la maîtrise de la distribution des revenus des ménages ainsi que leurs capacités contributives pour chaque zone du site étudié est fondamentale pour une planification judicieuse du développement des réseaux urbains, basée sur le taux d'effort des ménages concernés.

Les réseaux déplacés ou supprimés sans modification du plan initial doivent être mis à jour également. L'actualisation des fichiers décrits plus haut peut se faire manuellement. Lorsque les fichiers sont informatisés, la mise à jour se fait aisément : les Systèmes de Gestion des Bases de Données (SGBD) couplés ou non aux systèmes d'informations géographiques sont des outils très adaptés à cette opération.

En définitive, qu'il s'agisse de décider quel terrain lotir en vue de la construction des logements et équipements, d'améliorer le réseau d'eau potable, ou de densifier le réseau d'électricité, les acteurs impliqués dans l'opération ont besoin de connaître la répartition de la population ainsi que les caractéristiques urbanistiques et physiques du site étudié (quartier, ville,...).

Quels sont les différents systèmes d'information pouvant permettre de produire ou restituer cette famille de données ci-dessus décrites ?

7.1.2 Les méthodes proposées de collecte

Avant de présenter la technique de sondage stratifié aléatoire, outil adopté pour la collecte des informations, situons d'emblée la pertinence de celui-ci par rapport aux autres sources d'informations.

7.1.2.1 Les différentes sources d'information

Les sources d'informations relatives aux réseaux peuvent être regroupées en quatre catégories: les experts, les entreprises concernées, les publications, et le terrain. C'est par le biais d'enquête ménage ou d'enquête thématique que ce dernier restituera les données.

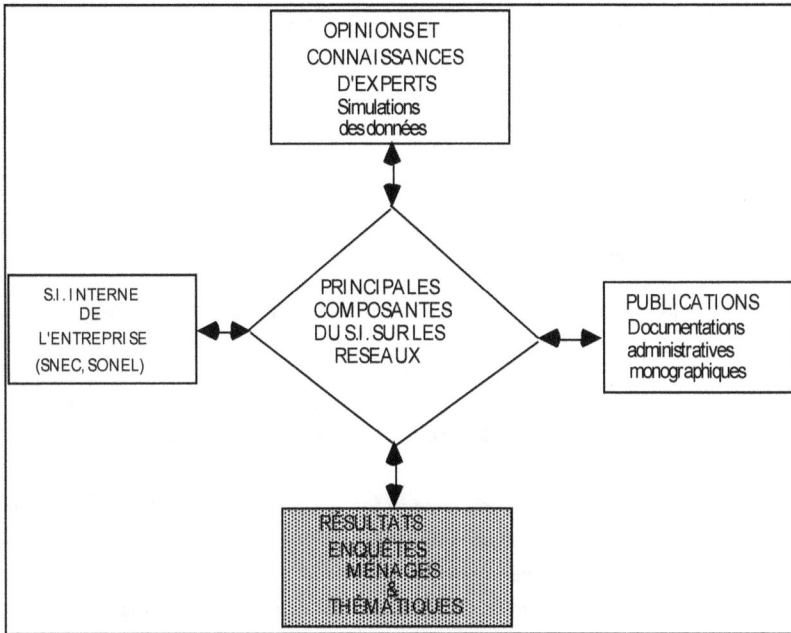

Figure 14: Schéma regroupant les principales sources d'information.

a) Connaissances et opinions d'experts, données simulées

Il est nécessaire de consulter les experts qui détiennent certaines informations (telles que le risque de contamination d'une source d'eau, les contaminations spécifiques, le maillage excessif d'un réseau d'électricité en aval du transformateur) du fait de leur spécialisation, de leur position, de leur expérience, mais aussi de leur capacité de percevoir ou d'anticiper certains événements

Ces informations sont cependant très partielles ou incomplètes pour entreprendre une opération de développement du réseau concerné.

b) Système d'information interne de l'entreprise (pôle technique)

Le service, et/ou l'entreprise, la société, ou le bureau d'études, chargé de la programmation, et/ou de la conception, et/ou de la réalisation, et/ou de la gestion des réseaux d'eau potable ou d'énergie électrique, constitue une source appréciable des données tant qualitatives que quantitatives Les rapports sur la distribution relatifs aux quantités d'eau ou d'énergie produites, consommées, aux caractéristiques organiques, géométriques et fonctionnelles des réseaux de distribution et les bilans commerciaux portant notamment sur les statistiques de vente d'eau et d'énergie sont d'une utilité certaine dans le processus de développement des réseaux. De même les services techniques produisent des données aussi bien sur les constructions des réseaux (documents graphiques et cartographiques, données quantitatives et qualitatives) que sur l'analyse du site (lié à l'hydrographie, l'hydrologie, la géotechnique, la géologie,...).

c) Publications diverses

Les publications concernent les documents administratifs et les ouvrages monographiques.

1°) Documents administratifs : Il s'agit des textes et documents officiels (décrets, arrêtés) ou approuvés (cas des documents d'urbanisme) ; les principaux sont les suivants :
- les plans quinquennaux qui définissent les grandes options de la politique nationale du développement socio-économique ;
- les plans d'investissement/schémas directeurs qui traitent un seul réseau sur l'ensemble du territoire national. Ils définissent les grandes orientations en énergie électrique. Ce plan n'existe pas pour l'eau potable au Cameroun.
- les documents d'urbanisme qui sont de deux types :

  i)- Document d'urbanisme réglementaire : les Schémas Directeur d'Aménagement et d'Urbanisme (SDAU), les Plan d'Urbanisme Directeur (PUD)

  les Plans Directeur Locaux (PDL), équivalent en France au Plan d'Occupation du Sol (POS), élaborés sur un secteur de la ville disposant d'un SDAU ; les Plans de Secteur,...

  ii)- Documents d'Urbanisme Opérationnel : Contrairement aux précédents documents qui partent d'une approche globale des problèmes d'aménagement urbain aux aspects sectoriels, l'urbanisme réglementaire s'appuie sur des opérations précises, sectorielles (exemple d'une restructuration ou d'un aménagement de quartiers). Ces opérations sont limitées dans l'espace urbain pour proposer des aménagements.
- Les documents cartographiques qui sont les supports de tout projet de développement des réseaux d'AEP et d'AEE

  i)- les cartes topographiques mettent en évidence l'altimétrie, les cours d'eau,...

ii)- les photographies aériennes reproduisent ce qui existe sur la surface filmée.

iii)- les différents plans (de distribution et de recollement des réseaux).

• Les statistiques officielles telles que le recensement des populations et les statistiques économiques diverses, éventuellement par secteur d'activités.

2°) Ouvrages monographiques et presses : Les livres, les mémoires, les rapports d'activités, et les revues, constituent incontestablement des sources d'informations fiables en matière de développement urbain. Qu'il s'agisse des rapports de recherche, des travaux de thèses, des projets divers, ou des œuvres traitant des questions liées à l'alimentation en eau potable ou en énergie électrique, ou qu'il s'agisse des revues spécialisées, l'ensemble de ces moyens est nécessaire pour l'acquisition des informations utiles pour diagnostiquer et mieux cerner le problème.

L'ensemble des publications ci-dessus décrites produisent en principe des données indispensables :
- à la connaissance de la demande : nombre d'abonnés, coût du raccordement, coûts des consommations mensuelles, périodes de pointe, ...
- à la mise au point des indices de référence, indicateurs intervenant dans le concept du risque.

d) Synthèse des informations à produire

Il ressort de l'analyse qui précède que certaines questions auront trouvé une réponse, comme par exemple la population d'une localité donnée à une certaine époque (voir dernier recensement). Par contre, d'autres questions resteront sans réponse, notamment celle relative à la logique des consommateurs, logique basée sur des données matérielles telles que les tarifs de raccordement aux réseaux, les prix de vente du KWh d'énergie et du m^3 d'eau, le type d'habitat, la condition de vie, le souhaits des ménages, et immatérielles à l'instar du prestige, du plaisir, de participation de groupe,.. . Par ailleurs, il est nécessaire de disposer des informations récentes ou actualisées sur la taille des populations concernées par l'opération, le nombre total des ménages non abonnés, mais surtout sur des éventuelles contributions financières des ménages non raccordés au réseau.

Or aucune des sources d'informations précédentes ne permet d'estimer correctement la prévision de la demande solvable encore moins une programmation approximative des investissements relatifs aux consommations d'eau potable et d'énergie électrique des ménages. C'est la raison pour laquelle certaines données ne peuvent être obtenues qu'en questionnant les usagers ou les potentiels bénéficiaires (ménages,...). C'est le cas à titre d'exemple de la demande solvable dont l'acquisition mieux, l'évaluation, suppose des enquêtes de terrain en l'absence de toute source alternative correspondant à ce besoin précis.

C'est pour apporter une solution au problème resté en suspens ci-dessus que nous élaborons la méthode de production des données complémentaires, mais capitales pour le développement des réseaux d'eau et d'électricité. La mise sur pied une technique d'enquête par sondage susceptible de produire rapidement des données socio-économiques spatialisées fait l'objet de la proposition formulée dans les paragraphes qui suivent. Cette méthode d'investigation des données intègre simultanément les enquêtes ménages et les enquêtes thématiques des principaux acteurs en l'occurrence les sociétés assurant la distribution ou la gestion des réseaux de distribution d'eau et d'électricité.

Nature information	Source information	Exploitation
1)- Réseau : - caractéristiques physiques, - nature(maillé, ramifié, arborescent) - état(organique et fonctionnement) - capacité des réseaux actuels . sources d'énergie ou d'eau potable : nappes phréatique ou cours d'eau . capacité de production d'eau potable ou puissance disponible	maître d'œuvre/maître d'ouvrage/services de distribution eau potable /énergie électrique ; connaissance d'expert ; monographie ; services géologiques ; service distribution eau potable ;service distribution électricité ;	zones susceptibles d'être desservies, pression, tension et quantités disponibles, plans de recollement et calcul des réseaux ; protection des sites (sources d'eau) ;
2)- Socio-économique - évolution des consommations, - évaluation de la demande solvable - niveau d'équipement - consommation/jour/habitant - KVA/Logement	enquêtes ménages	prévision des équipements ;
3)- Autres variables de décision - politique de facturation et de tarification, - projet de développement (du réseau) - taille de l'agglomération étudiée, distribution eau potable des populations - documents/schémas directeurs nationaux et plans d'urbanisme	enquêtes thématiques documentation administrative services d'urbanisme ou de planification	prévision des consommations; programmation des investissements.

Tableau 14 : Nature et sources d'informations pour le développement des réseaux d'AEP et d'AEE

Le tableau 14 fait apparaître la nécessité de l'enquête ménage pour évaluer le taux d'effort, définir les niveaux de références et tenir compte du risque dans l'orientation du développement du réseau considéré.

e) Pour une approche d'évaluation de la demande solvable en particulier basée sur les hypothèses plus pertinentes : méthode d'enquête statistique

Deux doctrines s'affrontent à propos de la prévision des besoins en eau potable et en énergie électrique :

1°- La première consiste à procéder à une extrapolation globale des tendances passées (linéaires ou exponentielles). C'est le cas de la France par exemple où on se limite aux deux étapes [71 - SAISATIT] que sont l'évaluation de la population constatée actuellement et l'extrapolation de celle-ci à l'aide d'hypothèses en prévision des besoins en eau potable(en électricité) pour l'avenir.

2°- L'approche analytique consiste quant à elle à étudier séparément les différentes composantes de la demande en eau (en électricité). C'est le modèle utilisé aux États Unis ainsi que dans quelques pays européens. On se tourne également vers les variables démographiques, socio-économiques et, climatiques inhérentes à la consommation en eau potable (énergie électrique) et leurs diverses influences sur celles-ci.

Si le premier modèle n'est pas approprié au contexte des villes camerounaises, du fait de la fiabilité des statistiques existantes et à cause des effets mal cernés de la crise économique et des Programmes d'Ajustements Structurels, il est en revanche adapté pour la détermination des NDR.

L'approche analytique des pays anglo-saxons semble plus indiquée au contexte, ne serait-ce que dans son principe, pour l'estimation des besoins en eau potable et des besoins en énergie électrique. Elle demeure tout de même limitée parce que les variables statistiques (recensements démographiques à jour ou récents), sur lesquelles se fonde le modèle, font cruellement défaut.

Il n'existe pas de méthode adéquate d'estimation de la demande solvable (besoins prioritaires et capacités financières des ménages). Cette lacune a des conséquences (socio-économiques) sur le niveau de desserte et sur la politique de programmation des réseaux. Ce sont autant de raisons qui militent en faveur de l'utilisation d'hypothèses plus pertinentes dans le processus de développement des réseaux urbains d'eau et d'électricité. D'autres facteurs plus ou moins liés aux précédents vont dans le même sens à savoir. L'explosion des quartiers spontanés, non structurés et sous-équipés en infrastructures, l'insuffisance d'une réglementation foncière adéquate et l'extension horizontale si non radiale du périmètre urbain au détriment de sa densification. La non prise en compte des degrés possibles de desserte ; ceux-ci sont liés entre autres aux niveaux d'équipements électriques et d'appareils de plomberie sanitaire effectifs et probables des ménages.

En l'absence d'un système de référence convenable au contexte de l'étude, et surtout d'un modèle de développement des réseaux adoptable, ou adaptable, l'utilisation des enquêtes spécifiques sur le terrain devrait faire l'objet de recherche appliquée et appropriée au contexte. La mise en œuvre de cette méthodologie d'enquête, destinée à évaluer le taux d'effort et le risque est présentée ci-après.

7.1.2.2 Méthode de production de données socio-économiques

La démarche préconisée a pour but d'obtenir, dans des délais rapides et à moindre coût, les données socio-économiques spatialisées inhérentes aux développements des réseaux d'eau potable et d'énergie électrique. Ce système associe la technique d'enquête par sondage et l'utilisation de la photographie aérienne.

L'organigramme de la figure 15 résume les principales étapes de la méthodologie de production d'informations nécessaires à l'évaluation du taux d'effort des ménages et du risque dans la programmation des réseaux. Il montre notamment comment les photographies récentes ou non, peuvent avantageusement être utilisées comme source ou support de production d'informations socio-économiques ou physiques dans le cadre d'un projet urbain d'eau potable et d'électricité. L'autre mérite de cette démarche est dû à ce qu'elle prend en compte d'une part, l'existence éventuelle des photographies aériennes, ce qui est courant, d'autre part, l'intégration effective des préoccupations des différents acteurs intervenant dans le projet.

Préoccupations des
responsables techniques,
des décideurs et
utilisateurs des réseaux

Ville ou région ou zone
d'étude dispose
des photo aériennes ?

non

Utilisation d'un plan
du site existant, ou
élaboré au préalable
(campagne de mesures
et relevés sur le terrain)

Collecte des données sur le
site (limites, population,
activités, occupation de
l'espace) et études socio
économiques

oui

Photo-aérienne
mise à jour ?

non

Actualisation des
photo-aériennes
(relevés sur le
terrain)

oui

Etablissement d'un fond
de plan opérationnel
localisant chaque unité
d'analyse

. Définition des caractéristiques des
tracés visibles de la photo-aérienne
qui sont en relation avec l'objet de
l'étude : typologie de l'habitat/tissus
urbains/réseaux techniques urbains
. Elaboration du processus de saisie
des données sur la photo-aérienne

Etablissement d'une carte
des zones homogènes
STRA TI FI CA TI ON

Photo-analyse
qualitative et
quantitative

Définition d'une stratégie
de production des données
socio-économiques
spatialisées : méthode
d'échantillonage

Enquête, Traitement
informatique des résultats
modélisation, induction

Résultats quantitatifs,
localisés, visualisés
Analyse

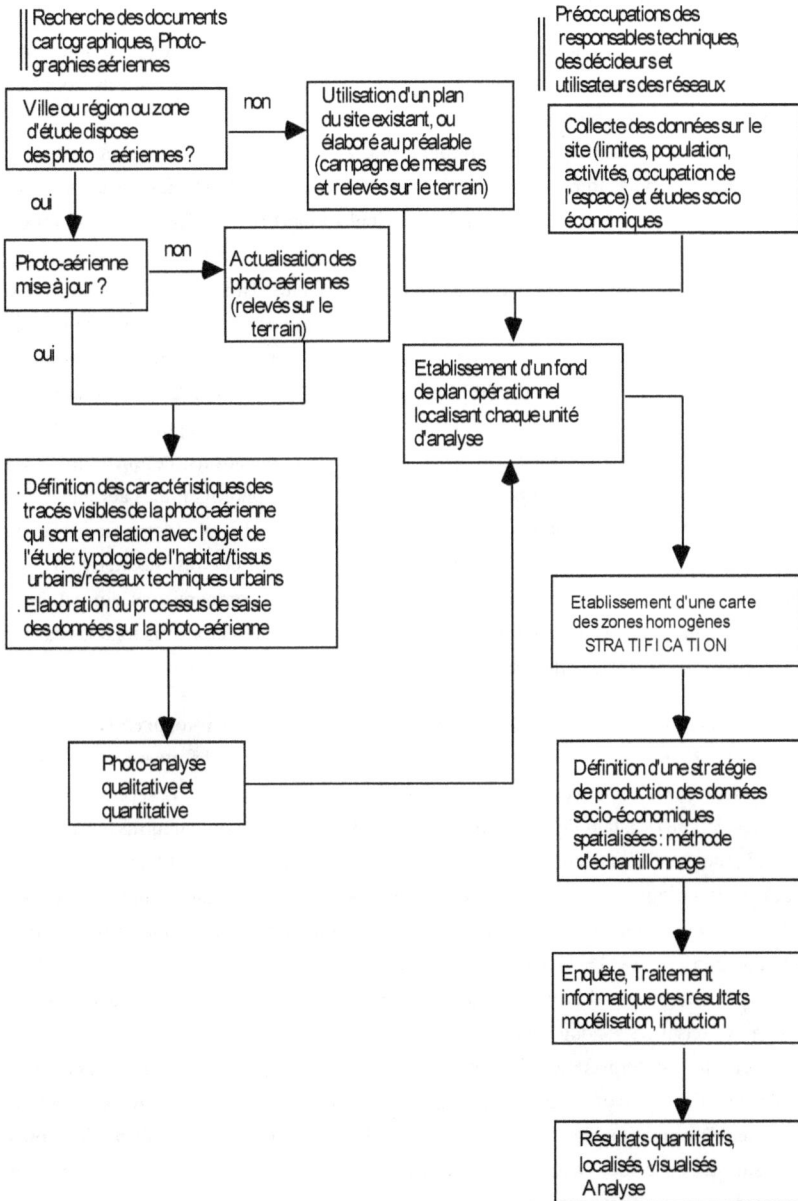

Figure 15 :   Organigramme de l'approche du système de production des données

105

a)   Utilisation de la photographie aérienne

La photographie aérienne, de part ses caractéristiques, joue un rôle important dans la connaissance et par ricochet le découpage du site étudié. Nous précisons ses contours dans les paragraphes ci-dessous.

1°- Caractérisation de la photographie aérienne : L'analyse de site est l'une des phases les plus importantes de l'étude de développement des réseaux ; les photographies aériennes en constituent le principal support [8 - GROUPE HUIT] [100 - BALLUT].

La photographie aérienne est une source privilégiée d'information pour l'analyse d'une agglomération et de son environnement. La photographie est fine car elle permet de distinguer des éléments de 3 à 4/100 mm sur la photographie soit 0,40 m sur le terrain pour une échelle de 1/10 000. Elle est en outre fidèle puisqu'elle se conserve et donne l'image du terrain à un moment précis et est objective par rapport à une carte qui donne du terrain une image à partir d'un faisceau de conventions, ce qui élimine un certain nombre de détails. Il est possible de réaliser avec les photographies aériennes des mesures de tous ordres : longueur, hauteur, comptage,... La photographie aérienne permet de suivre les évolutions dans le temps (de l'habitat et des réseaux aériens) ; les prises de vue chrono-séquentielles permettant de faire des comparaisons qui éclairent sur les mécanismes d'évolution. C'est en définitive un outil précieux dans tous les cas où les informations traditionnelles sont périmées ou font défaut.

2°- Exploitation de la photographie aérienne ; photo-interprétation : Dans la pratique, deux cas de figures peuvent se présenter : pas de recensement de la population et existence d'un recensement mais ancien et périmé. Les photographies aériennes de 1981 (datant de 11 ans par rapport à nos enquêtes) ont été utilisées à Obala, de 1987 (filmées 5 ans avant nos enquêtes) à Yaoundé et de 1987 (soit 8 ans avant notre étude) à Bandjoun. Il n'y a heureusement pas eu de croissance importante des agglomérations étudiées entre ces périodes. L'actualisation n'a donc posé aucune difficulté particulière. Dans les deux cas, la photo-interprétation comme préalable à l'étude globale, permet d'avoir une vue générale de la réalité physique de la ville et de préparer les bases de sondage pour l'évaluation de la population ;

La photo-interprétation fournit dans une première approche des renseignements sur l'occupation du sol. Ainsi, une approche sommaire fera apparaître les grandes catégories d'occupation du sol. Une étude plus détaillée fournira des informations plus fines sur chacune des catégories ci-dessus et une analyse poussée fournira des renseignements à caractère typologique.

1er Niveau	2è Niveau	3è Niveau
Habitat	individuel collectif	individuel dense individuel dispersé individuel saturé
Équipements	bâtiments et édifices publics, terrains de jeu réseaux urbains	école, monument, chapelle sources, Poteaux, transformateurs, espaces aériens, BF
Activités	industries commerces bureaux	industrie lourde industrie légère centre commercial, rue commerçante centre tertiaire bureaux dispersés

Tableau 15:   Degrés de différenciation de l'espace et équipements urbains par
photographie aérienne

L'occupation du sol proprement dite renseigne sur le contenu de la ville. La nomenclature des "objets urbains" décrivant l'usage du sol peut être fermée ou ouverte : lorsqu'elle est fermée, on ne cherche par photo-interprétation que des composants de la ville nécessaires à une étude précise (exemple : habitat). Dans la seconde hypothèse, on fait une description complète de l'ensemble des composants urbains et périurbains.

b) Autres rôles de la photographie aérienne

La photo-interprétation fournit des informations sur l'évolution : la photographie aérienne donne une image du terrain à un instant donné. En examinant des photographies prises à des dates différentes, c'est-à-dire en faisant l'analyse chrono-séquentielle, il est relativement aisé de reconstituer l'évolution d'un secteur ou d'une région. Par rapport au découpage de l'espace en zone homogène : la photographie aérienne est un outil indispensable à la détermination des zones homogènes ou strates ; l'observation stéréoscopique des photographies permet de tenir compte non seulement de l'occupation du sol et de sa densité, mais également de la morphologie urbaine et des hauteurs de construction (grâce à l'introduction de la troisième dimension : hauteur).

Cette phase d'analyse est utile pour des calculs de densité ou pour la préparation des bases de sondage pour l'évaluation des informations relatives au développement des réseaux d'eau potable et d'électricité.

7.1.2.3 L'ENQUÊTE PAR SONDAGE DES MÉNAGES

Les photographies aériennes ne peuvent à l'évidence fournir toutes les informations nécessaires. La méthode des sondages est une technique, permettant de procéder à l'étude d'une population à travers un échantillon, le but ultime étant de fournir des informations relatives à une population à partir d'échantillons prélevés dans cette population [96 - DESABIE] [97 - GROSBRAS] [98 - GOURIEROUX].Il faut donc trouver le moyen de recueillir les informations nécessaires auprès d'un nombre relativement petit de personnes (unité d'enquête) mais choisi de façon à obtenir des résultats valables pour l'ensemble de la population (univers). Car si les conditions de représentativité de l'échantillon sont réunies, les résultats trouvés sur cet échantillon peuvent être extrapolés, à l'ensemble de la population concernée. Il s'ensuit un double problème représenté dans la figure suivante [101 - GRAIS].

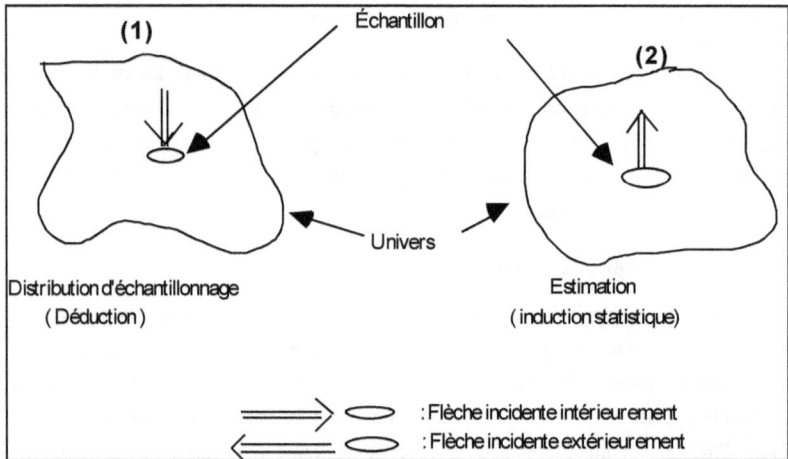

Figure 16 : Formulation du mécanisme de sondage

====> : Flèche Incidente (Déduction) : elle consiste à déduire, par un raisonnement
logique, des lois générales à partir d'un postulat particulier.
<==== : Flèche montante (Induction) : elle consiste à dégager des lois à partir des faits.

1°- Le premier problème a trait au choix de l'échantillon des individus qui seront observés ou le problème de distribution d'échantillonnage. A ce niveau, il convient de définir les critères de partition de l'univers et le mode de tirage d'échantillon. Dans un cas d'enquête ménage à objectif de développement des réseaux d'eau potable et d'électricité comme celui-ci, le problème évoqué correspond à :

    i)- La stratification de l'agglomération étudiée suivant des critères prédéterminés (lois générales) tels que la typologie de l'habitat corrélée au niveau de desserte en infrastructures, la catégorie socioprofessionnelle,...

    ii)- La méthode de sélection des îlots ou ménages (unités statistiques) à enquêter.

    Ces deux variantes de l'échantillonnage traduisent une seule réalité : nécessité de l'élaboration d'une base de sondage adéquate à l'enquête en question.

2°- Le deuxième problème concerne le choix du résumé fondé sur l'observation ou problème d'estimation (induction statistique). Le problème d'induction statistique exprime aux plans quantitatifs la question de choix de l'estimateur pouvant être la moyenne, la proportion, l'écart type,..., et par ricochet, la qualité des résultats du sondage.

Par rapport aux objectifs de ce chapitre, l'enquête ménage devient alors l'outil qui doit non seulement permettre d'analyser les comportements, attitudes, mais surtout d'évaluer les priorités, besoins et coûts admissibles des populations en matière d'amélioration des services urbains d'eau, d'électricité,... mais aussi contribuer à fixer les niveaux de référence et à définir les niveaux de services compatibles avec les aspirations et les capacités financières des bénéficiaires que sont les ménages.

La conception de cet outil comprenant le questionnaire d'enquête, le guide méthodologique et l'échantillonnage doit s'orienter essentiellement vers l'analyse des conditions de l'habitat, des aspirations des ménages et leurs capacités financières actuelles et prévisibles. C'est pourquoi, l'ensemble des informations produites par l'enquête ménage est l'argument le plus solide d'un dialogue sur les vrais problèmes et sur la recherche de leurs solutions avec les élus, les services techniques (notamment les sociétés chargées de la gestion des réseaux d'eau, d'électricité) et les populations.

a)   Modèle de sondage adapté aux enquêtes urbaines à objectifs de développement des réseaux : sondage stratifié aléatoire

Plusieurs arguments militent en faveur de notre choix. D'abord notons que la population urbaine est très hétérogène. Par ailleurs, l'absence de fichiers des populations ne permet aucune connaissance a priori de certains caractères des populations, donc des distributions de nature à identifier les proportions bien précises et par conséquent la méthode des quotas ne s'y prêtant guère.

Bien qu'il n'y ait pas dans l'absolu une relation directe et mesurable entre les revenus de la population et la morphologie de la ville, il y a très fréquemment une correspondance entre le type d'habitat et le niveau socio-économique de la population qui y réside. Plusieurs études confirment ce lien [100- BALLUT] [104- GODIN] [32-38 - ENSP]. C'est en s'appuyant sur cette relation qu'il est possible de diviser l'espace urbain en zones homogènes qui ont toutes les chances d'abriter une population globalement homogène.

C'est pourquoi le *sondage stratifié aléatoire* a été adopté, modèle qui convient le mieux au problème que nous traitons. Il présente deux atouts majeurs : il permet de tirer un *échantillon représentatif* et offre la possibilité de faire des *extrapolations* (inductions statistiques) des résultats obtenus sur la population mère (ville, quartier, ...). Il suppose l'existence d'une base de sondage. En effet, il pallie aux insuffisances des échantillonnages aléatoires simples (impossibilité d'établir une base de sondage pour des populations très nombreuses) et intègre les aspects positifs de l'échantillon par quotas grâce à l'introduction de la stratification tout en maintenant une bonne précision.

La stratification d'un ensemble est la subdivision de cet ensemble en sous-ensembles.

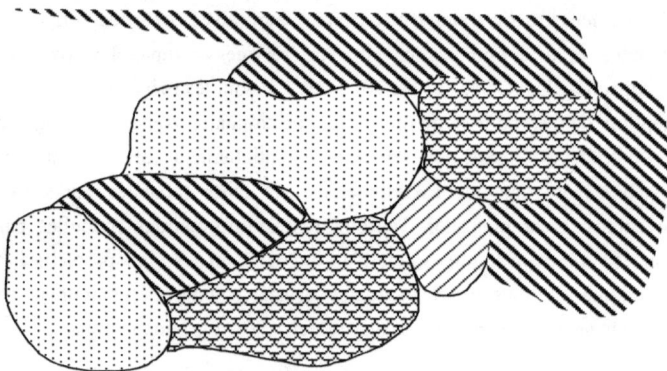

Figure 17 : Stratification du site à étudier

Ainsi, dans l'univers ou la population mère fait l'objet d'une partition, chaque sous-ensemble exclusif d'éléments correspondant à un groupe homogène sera appelé *strate*. L'efficacité de la stratification dépend de l'homogénéité des strates, c'est-à-dire qu'une strate prise isolément, doit être le moins dispersée possible quant à la variable étudiée. Ces groupes homogènes ou strates sont définis à l'aide d'une(des) variable(s) quantitatives qui est (sont) en relation avec le phénomène que l'on se propose d'étudier ; par définition de la partition, chaque élément appartient à une et une seule strate. Chaque strate est considérée comme une population mère sur laquelle on effectue un sondage aléatoire.

b)   Composantes de la stratification de l'univers étudié

L'univers (ville ou zone étudiée) est subdivisé en strates. La strate est un ensemble d'îlots homogènes eu égard aux critères choisis ; l'îlot, assimilable au bloc, est constitué des parcelles séparées par des voies adjacentes, les lignes de crête, les thalwegs ou cours d'eau. Plusieurs ménages peuvent occuper la même parcelle. Le ménage est l'ensemble des personnes partageant le même espace vital et dépendant d'un seul individu. Cette personne appelée chef de ménage est celle qui le plus souvent survient aux besoins essentiels du groupe. Le ménage est l'unité statistique de sondage en tant qu'unité de base pour la collecte. L'individu de l'univers ou unité support du sondage est l'îlot.

c)   Critères de stratification pour les enquêtes urbaines

L'univers est rarement homogène. Pendant la quasi-totalité des enquêtes que nous avons menées, le découpage de l'univers a été obtenu par le croisement des deux critères : socio-économique et spatial.

- *Critère socio-économique ou détermination des Catégories socioprofessionnelles(CSP)*. Il nécessite un recensement récent ou un dénombrement exhaustif facile et rapide, qui consiste à faire passer les enquêteurs en y localisant la population totale sur un fond de carte (lorsqu'il n'en existe pas) ; il permet d'obtenir les données suivantes : population totale, nombre de ménages, nombre d'actifs du ménage et le type d'activité, ...

- *Critère spatial.* Il exige beaucoup d'observations : photographies aériennes récentes ou à jour lorsqu'elles existent, multiples descentes sur le terrain (marches à pied notamment). Ces critères sont centrés sur les tissus urbains eux-mêmes caractérisés par :

> * la présence ou non des réseaux urbains : (AEP, AEE, téléphone, , Assainissement,...) et surtout des niveaux de desserte ;
> * l'appartenance à une zone rurale, périurbaine, urbaine centrale ;
> * le type d'habitat : quartiers spontanés, habitat planifié, habitat administré ;
> * densité des populations, vitesse de densification, âge des bâtis,

* le niveau de desserte en équipement collectif.

En dernière analyse, la stratification doit être conçue de façon à optimiser la répartition de l'échantillon entre les différentes strates.

d)   Approche opérationnelle de la stratification en l'absence d'un recensement récent de la population

Les multiples enquêtes ménages réalisées par l'ENSP de Yaoundé dans le cadre des études d'aménagement montrent qu'il existe une corrélation entre la typologie de l'habitat et le revenu des ménages ; nous préférons parler de pouvoir d'achat des ménages. Les tissus urbains, observés sous le prisme des logements, reflètent sensiblement le standing (degré de confort) de vie des populations. Fort de cette analyse corrélationnelle, nous avons couramment identifié au cours de nos enquêtes ménages trois groupes de tissus avec plusieurs variantes correspondantes chacune à une strate :

- **Tissus spontanés** : on y distingue des tissus anciens, nouveaux, très denses, moins denses ; centraux, semi-ruraux.

- **Tissus structurés** : on y rencontre des tissus haut standing, moyen standing et bas standing. La thèse de C. Pettang présente un développement de la caractérisation de chacun de ces deux tissus [54 - PETTANG].

- **Tissus spéciaux** : ce sont essentiellement les tissus administratifs, commerciaux, industriels, et stratégiques.

La strate est donc finalement la classe d'équivalence des tissus urbains.

3°- Répartition optimum de l'échantillon entre strates et estimations

La mise en équation de l'échantillonnage se présente comme suit :

		Strate				Ensemble du site
		1	2 .... h		k	
Popu-lation	Effectif	N_1	N_2	N_h	N_k	N
	Moyenne	m_1	m_2	m_h	m_k	m
	Variance	σ_1^2	σ_2^2	σ_h^2	σ_k^2	σ^2
Échan-tillon	Effectif	n_1	n_2	n_h	n_k	n
	Moyenne	$\bar{x}_1$	$\bar{x}_2$	$\bar{x}_h$	$\bar{x}_k$	$\bar{x}$
	Variance	s_1^2	s_2^2	s_h^2	s_k^2	s^2

Tableau 15: Répartition de l'échantillon entre strates ; notations

n_h = nombre de ménages dans l'échantillon de la strate h pour la variable considérée,
$\bar{x}_h$ = moyenne de la variable étudiée dans l'échantillon de la strate h exemple : (coût admissible consommation mensuelle d'eau potable),
N_h = nombre de ménages de la strate h pour la variable considérée,
s_h^2 = variance de la variable étudiée dans l'échantillon de strate h (exemple : coût mensuel électricité),
m_h = moyenne de la variable étudiée dans la strate h,
σ_h^2 = dispersion de la variable étudiée dans la strate h.

Les conditions nécessaires et suffisantes pour qu'un échantillon stratifié se dépouille comme un recensement est que :

$$\frac{N_h}{N} \cdot \frac{1}{n_h} = \frac{1}{n} \Rightarrow \frac{n_h}{N_h} = \frac{n}{N} = t \qquad (11)$$

C'est-à-dire que l'échantillon doit être tiré avec taux un de sondage uniforme. Ceci suppose :
- Que les tailles des différents îlots constituant chaque strate ne soient pas très disparates, en d'autres termes que leur étendue est faible.
- Que l'effectif de l'échantillon (nombre de ménages) est suffisamment grand (n>30), pour que l'on puisse appliquer les lois statistiques.

Un tel échantillon est appelé échantillon stratifié représentatif ou homothétique. Cette option de sondage stratifié homothétique dans le cadre de ces enquêtes, trouve sa justification dans le fait qu'il peut s'avérer très difficile de déterminer que tel ou tel facteur de stratification a une incidence importante sur le caractère étudié et de déterminer la proportion d'individus de l'univers qui appartiennent à une strate [55 - LAVOIE].

L'enquête ménage suivant la méthode de sondage stratifié aléatoire est l'ossature de l'outil de collecte d'information indispensable à l'évaluation du taux d'effort des ménages, des niveaux de référence et du risque lié à la programmation du réseau. Nous avons fait une estimation grossière de ces variables fondamentales dans les trois précédents chapitres. Dans les paragraphes qui suivent, nous proposons une méthode pour une évaluation plus fine des dites variables. Mais auparavant nous présentons l'environnement dans lequel nous avons effectué les calculs.

7.2   MODÈLES MATHÉMATIQUES UTILISÉS POUR LES CALCULS

Pour mieux comprendre l'environnement mathématique de la quasi-totalité des calculs effectués dans le cadre de cette recherche, il est nécessaire de rappeler la base axiomatique suivante : la théorie des sondages repose sur la loi binomiale, laquelle découle du calcul des probabilités, lui-même s'appuyant sur la loi des grands nombres.

Qu'il s'agisse des consommations, des raccordements, des taux de desserte, des dépenses/revenus, ..., ce sont les tendances centrales et les dispersions autour de ces valeurs qui nous intéressent le plus pour caler la plupart des paramètres du modèle de développement des réseaux que nous proposons.

7.2.1   Les principes fondamentaux

Les symboles utilisés ci-dessous sont les ceux que nous avons définis dans la mise en équation du paragraphe précédent (tableau 33).

Le modèle mathématique de base que nous avons utilisé pour estimer la moyenne et l'écart-type est la "loi normale" $N(m, \frac{\sigma^2}{n})$. Suivant la loi de Laplace - Gauss ou loi normale, les différentes valeurs d'une distribution se répartiront uniformément autour d'une valeur centrale qui est la moyenne. L'écart-type étant la mesure qui permet d'estimer les variations des valeurs d'une distribution par rapport à la moyenne.

Pourquoi le choix de la loi normale ? La loi normale s'applique à une variable statistique qui est la résultante d'un grand nombre de causes indépendantes dont les effets s'additionnent sans qu'aucune ne soit prépondérante. En particulier la loi normale apparaît comme une approximation de la loi binomiale lorsque l'effectif de l'échantillon est grand, ce qui est le cas dans notre recherche ; ce résultat simplifie considérablement les calculs. Mais ces modèles reposent sur certaines conditions, notamment le tirage avec remise ou tirage bernoullien. Or nous avons opté pour un tirage exhaustif des ménages puisque aucun îlot n'est tiré deux fois. On va montrer que les caractéristiques (moyennes, écart-types) résultant d'un tel tirage peuvent être déterminées approximativement par celles issues d'un tirage bernoullien.

La loi de probabilité de la moyenne $\bar{x}$ d'un gros échantillon de taille n, tiré avec remise dans une population de moyenne m et d'écart-type σ est approximativement une loi normale de moyenne m et d'écart-type $\dfrac{\sigma}{\sqrt{n}}$ quelque soit la loi de distribution de x.

La variable aléatoire $\bar{x}$, quand l'effectif de l'échantillon augmente indéfiniment tend à suivre une loi normale de moyenne :

$$E(\bar{x}) = E\left(\frac{1}{n}\sum_{i=1}^{n} x_i\right) = \frac{1}{n}\sum_{i=1}^{n} (x_i) = m \quad (12) \quad \text{et de variance :}$$

$$V(\bar{x}) = V\left(\frac{1}{n}\sum_{i=1}^{n} x_i\right) = \frac{1}{n}\sum_{i=1}^{n} V(x_i) = \frac{\sigma^2}{n} \quad (13)$$

$\bar{x}$ est donc approximée par la loi $N(m, \dfrac{\sigma}{\sqrt{n}})$.

Ce résultat est valable lorsque l'échantillon comporte au moins 30 unités enquêtées, c'est-à-dire pour n _ 30 [WONNACOTT] [101 - GRAIS] [55 - LAVOIE] [96 - DESABIE].

Lorsque le tirage est exhaustif, la tendance de la distribution de la moyenne vers la loi normale subsiste bien que la condition d'indépendance des observations ne soit plus strictement respectée.

En ce qui concerne l'écart-type, on démontre que :

$$\sigma_{\bar{x}} = \frac{\sigma}{\sqrt{n}}\sqrt{\frac{N-n}{N-1}} \quad (14) \quad \text{où} \quad \sqrt{\frac{N-n}{N-1}} \text{ est le facteur d'exhaustivité.}$$

Même si l'échantillon est choisi sans remise, on n'introduit pas ce facteur d'exhaustivité tant que la taille (n) de l'échantillon n'excède pas 10 % de la taille (N) de la population-mère [101 - GRAIS] [55 - LAVOIE] ce qui se traduit par :

$n < 10\%\ N \quad \Rightarrow \quad n \_ 0{,}10\ N$; or le taux de sondage t_X est égale à : $t_X = \dfrac{n}{N}$

$\Rightarrow \quad n = t_X N \quad (2). \quad (1)\ \text{et}\ (2) \quad \Rightarrow \quad n \_ 0{,}10\ N \quad \Rightarrow \quad t_X\ N \_ 0{,}10$

$\Rightarrow \quad t_X \_ \dfrac{0{,}10\ N}{N} = 0{,}10 \quad \Rightarrow \quad t_X \_ \dfrac{1}{10} \quad (15).$

Il suffit donc que le taux de sondage soit inférieur ou égal au 1/10e pour ne pas tenir compte du facteur d'exhaustivité.

Lorsque le taux de sondage est faible, les deux modes de tirage de l'échantillon sont à peu près équivalents et la précision des estimations ne dépend, en première approximation que de l'effectif de l'échantillon et non du taux de sondage. L'erreur à laquelle on peut s'attendre sur les résultats observés sur un échantillon ou erreur-type se calcule à partir des lois statistiques.

Erreur-type = $\dfrac{\sigma}{\sqrt{n}}$. L'erreur dépend donc de la taille de l'échantillon.

7.2.2 Le cas du sondage stratifié aléatoire

Dans le cas de l'échantillon aléatoire stratifié, $\dfrac{\sigma^2}{n}$ est remplacée par

$\displaystyle\sum_{h=1}^{K} \left(\dfrac{N_h}{N}\right)^2 \dfrac{\sigma_h^2}{n_h}$ (16) où Nh est la taille de la strate h, n_h la taille de l'échantillon de la

strate h et $\dfrac{\sigma_h^2}{n_h}$ la variance de la population dans la strate h. De même $\dfrac{s^2}{n}$ est remplacé

par où $\displaystyle\sum_{h=1}^{K} \left(\dfrac{n_h}{n}\right)^2 \left(\dfrac{s_h^2}{n_h}\right)$ (17) est la variance observée dans l'échantillon de la strate h.

Au cas où les conditions ci-après ne sont pas réunies dans le cas d'un tirage exhaustif,

$\dfrac{\sigma^2}{n}$ est remplacé par $\displaystyle\sum_{h=1}^{K} \left(\dfrac{N_h}{N}\right)^2 \dfrac{N_h - n_h}{N_h - 1}\dfrac{\sigma_h^2}{n_h}$ (18) et S^2 approxime σ^2.

De même S^2/n est remplacé par l'expression $\displaystyle\sum_{h=1}^{k} \left(\dfrac{n_h}{n}\right)^2 \dfrac{N_h - n_h}{N_h - 1}\dfrac{S_h^2}{n_h}$ (19)

Si dans chaque strate $n_h \_ 0{,}10\ N_h$ et si le tirage est exhaustif, alors, c'est la formule (17) qui estime la variance.

La loi $N(\overline{x}, \dfrac{s^2}{n})$ permet de déterminer les limites d'un intervalle tel que nous avons 95 % de chances que la moyenne des échantillons $\overline{x}$ prenne une valeur comprise entre ces limites [$\overline{x}$ - 1,96S $\sqrt{n}$, $\overline{x}$ + 1,96S $\sqrt{n}$]. On a 5 % de chances qu'elle ne soit pas comprise dans cet intervalle.

7.2.3 Les procédés de calculs et les évaluations du taux d'effort et des niveaux de référence

i) Évaluation des différentes variables au niveau de la strate

Dans ce qui suit,

- x_{hs} représente la valeur de la variable X pour l'individu m_{hs} ayant le numéro s à l'intérieur de la strate h, et

- x_{hi} représente la valeur de la variable x pour l'individu-échantillon m_h, désigné à l'i-ème tirage dans la strate h. Il s'ensuit que :

$$\overline{x}_h = \frac{1}{n_h} \sum_{i=1}^{n_h} x_{hi} \quad (20) \qquad et \qquad S_h^2 = \frac{1}{n_h} \sum_{i=1}^{n_h} (x_{hi} - \overline{x}_h)^2 \quad (21) \quad ;$$

et au niveau de la "population mère" c'est-à-dire au niveau de chaque strate :

$$m_h = \frac{1}{N_h} \sum_{s=1}^{N_h} X_{hs} \quad (22) \qquad et \qquad \sigma_h^2 = \frac{1}{N_h} \sum_{s=1}^{N_h} (X_{hs} - m_h)^2 \quad (23)$$

Au niveau de la strate h, $\overline{x}_h$ est un estimateur sans biais de m_h car l'espérance mathématique de la moyenne d'un échantillon élémentaire est égale à la moyenne de la population dans laquelle il a été tiré. $E(\overline{x}_h) = m_h$ (24)

En définitive, c'est donc la formule (20) qui est utilisée pour la détermination du taux d'effort et les niveaux de références suivant les variables d'entrée du système dans chaque strate, et ceci sur la base de données d'enquêtes ménages et thématiques. La formule (21) en indique la dispersion autour de la tendance centrale. Les équations (20) permettent l'extrapolation de ces variables sur l'ensemble chaque strate de l'agglomération étudiée.

ii) Évaluation des différentes variables relatives à l'ensemble du site étudié

La moyenne $m = \sum_{h=1}^{k} \frac{N_h}{N} m_h$ (25) sera estimée par : $\overline{x}' = \sum_{h=1}^{k} \frac{N_h}{N} \overline{x}_h = \frac{1}{N} \sum_{h=1}^{k} \frac{N_h}{n_h} \sum_{i=1}^{n_h} x_{hi}$ (26)

- N_h/N représente les poids des différentes strates dans la population ;

- n_h/n représente leurs poids dans l'échantillon.

- Dans (26), chaque observation x_{hi} est pondérée par l'inverse N_h/n_h du taux de sondage relatif à la strate à laquelle elle appartient.

$E(\overline{x}') = E(\sum_{h=1}^{k} \frac{N_h}{N} \cdot \overline{x}_h) = \sum_{h=1}^{k} \frac{N_h}{N} \cdot E(\overline{x}_h) \Rightarrow E(\overline{x}') = \sum_{h=1}^{k} \frac{N_h}{N} \cdot m_h$ d'après (24) d'où $E(\bar{x}') = m$ (27) ; Donc $\bar{x}'$ est un estimateur sans biais de la moyenne. Il permet de redresser les résultats obtenus dans les strates à toute la ville. C'est pourquoi nous avons utilisé la formule (26) pour extrapoler les résultats obtenus à l'ensemble de l'agglomération étudiée. C'est le cas par exemple de la taille moyenne de ménage, du taux de raccordement au réseau, de la consommation journalière par habitant, du coût d'abonnement au réseau et du revenu moyen dans la ville.

Les variables et concepts précédents sont abordés de façon fragmentaire. La procédure conceptuelle proposée au paragraphe suivant est une démarche transversale.

7.3   LA PROCÉDURE CONCEPTUELLE

Dans les paragraphes précédents sont développées et proposées les méthodes de collecte d'information relative à la participation des ménages ainsi que les procédés de calcul qui permettent le développement des réseaux d'eau potable et d'électricité. Ce paragraphe a pour but de montrer l'articulation des différents modules qui concourent à la prise en compte de la capacité contributive des ménages dans le processus de développement des réseaux d'eau potable et d'électricité. Pour ce faire, on présente successivement les principales phases de la procédure conceptuelle, les aides informatiques et le programme réalisé.

7.3.1 Les principales phases de la procédure conceptuelle

La procédure conceptuelle récapitule l'ensemble de la démarche proposée depuis l'identification des besoins prioritaires des ménages à la conception, la réalisation et la gestion du réseau. Elle comporte 7 phases clefs.

1°/ La collecte et le traitement de données

Les informations nécessaires pour décrire la participation des ménages et définir les orientations du réseau doivent être collectées puis traitées. C'est l'objet de cette phase. Il s'agit en l'occurrence des enquêtes ménages, des enquêtes thématiques et des autres sources d'informations que nous avons présentées au 2ème paragraphe de ce chapitre.

2°/ L'évaluation du taux d'effort

• Les variables et/ou les paramètres à évaluer sont les suivants :
  - les priorités des ménages,
  - les besoins,
  - les coûts admissibles de raccordement (CAR),
  - les coûts admissibles de consommation mensuelle (CACM),

- les coûts de raccordement (CR),
- les coûts de consommation mensuelle (CC),
- les revenus et/ou dépenses et/ou épargnes.

• Les sources d'informations sont constituées principalement du ménage, de la société chargée de la gestion du réseau et des collectivités locales.

• Les moyens d'acquisition de données ; ce sont essentiellement les enquêtes par sondage (auprès des ménages) et les enquêtes thématiques (auprès des gestionnaires des services et collectivités locales).

3°/ L'élaboration des niveaux de référence

Les variables et/ou les paramètres à évaluer ou à définir sont les suivants :
- les coûts de raccordement (CR),
- les coûts de consommation mensuelle (CC),
- les consommations spécifiques pour le réseau d'eau potable et les puissances installées en ce qui concerne le réseau d'électricité,
- les caractéristiques de la demande de pointe leurs variations de la avec le temps,
- le niveau d'équipement.

Ce sont les mêmes sources d'informations que dans la phase d'évaluation du taux d'effort. Il en est de même en ce qui concerne les moyens d'acquisition de données.

4°/ La détermination du risque

La détermination du risque résulte de l'évaluation des niveaux de référence et des taux d'effort. Il s'agit donc confronter les indicateurs de niveau de service et de participation des ménages afin de dégager les seuils de vulnérabilité (en raccordement et en consommation), les zones à risque et les niveaux optimaux de desserte.

Les sources d'informations sont celles permettant l'évaluation du taux d'effort et la détermination des NDR. Les moyens d'acquisition de données sont principalement les logiciels statistiques ou les systèmes de gestion de base de donnés (SGBD) + tableur ou les tableurs.

5°/ Le dimensionnement du réseau

Les variables et/ou paramètres à prendre en compte ont été exposés au chapitre 3 de la première partie. Il reste à intégrer la participation du ménage dans le processus.

Les modules précédents fournissent les données pertinentes au dimensionnement du réseau. Le calcul des caractéristiques du réseau se fait en fonction de :
- i) niveaux de services (dessertes),
- ii) consommations spécifiques et de la demande de pointe.

Les moyens de calcul peuvent être automatiques, et nous avons notamment mis au point un programme en turbo pascal qui permet le calcul des réseaux de distribution d'électricité en intégrant le risque lié au taux d'effort des ménages, ou non selon la taille du projet.

6°/ La programmation du réseau

Il faut en plus des variables de la phase du dimmensionnement (cf. 5°/) intégrer les facteurs suivants :

- le taux d'accroissement de la consommation dans le temps et l'espace ; il dépend principalement de la variation du nombre de ménage à desservir et de l'amélioration du niveau de vie des ménages déjà desservis.

- l'évolutivité du réseau. Les sources d'informations résultent de celles ayant utilisées dans le module précédent d'une part, et d'autre part des historiques ou prévisions faits pour la circonstance.

Les méthodes de simulation et tout autre moyen de calcul automatique ou non constituent des moyens à utiliser pour la réalisation des orientations du développement du réseau.

7°/ La mise en œuvre et la gestion du réseau

Les 6 premiers modules constituent des réponses technico-financières. On s'attend à l'amélioration des rendements techniques et commerciaux des réseaux. Même avec une politique adéquate de maintenance, le succès lors de la mise en œuvre dépend fortement du cadre institutionnel. L'approche préconisée n'est pas une simple juxtaposition des outils mais un ensemble cohérent de modules intégrés, conçus et élaborés sur la base des variantes pertinentes notamment pour ce qui concerne les trois premiers. L'innovation qu'apportent les phases 2°, 3° et 4° constitue la différence fondamentale entre le modèle du développement des réseaux que nous proposons et la démarche traditionnellement utilisée à cet effet.

7.3.2 L'aide informatique

Le traitement comporte deux phases : le dépouillement et l'analyse des données.

7.3.2.1 Le dépouillement et l'analyse des données

a) Le dépouillement

Deux techniques sont utilisées : le dépouillement manuel et le dépouillement sur ordinateur.

1°/ La technique de dépouillement manuel. Le tri des questionnaires à la main se justifie encore, mais exclusivement dans les cas assez particuliers :
- nombre peu élevé de questions et de questionnaires (au maximum 200) avec un petit nombre de tableaux statistiques à établir ;
- prédominance dans l'enquête, des questions d'ordre qualitatif ne pouvant pas faire l'objet d'un code de dépouillement ;
- l'absence de tout matériel de calcul automatique.

La mise en œuvre ne pose aucun problème particulier ; elle est simple dans son principe mais exige en revanche du temps et beaucoup plus d'attention. Nous avons utilisé cette technique uniquement pour le dépouillement des enquêtes thématiques effectuées dans les concessionnaires SONEL, SNEC et dans les collectivités locales et les ministères concernés.

2°/ La technique de dépouillement sur ordinateur. Le traitement informatique des données s'impose dès que les quantités d'informations à manipuler, à gérer ou à sauvegarder deviennent considérables.

Le tri à plat est la méthode de dépouillement la plus simple. Il consiste à dénombrer les réponses obtenues.

Les questions à réponses fermées conduisent à des variables qualitatives, évaluées par des effectifs et/ou des pourcentages.

Les questions à réponses numériques conduisent à des variables quantitatives évaluées par des moyennes et une dispersion.

Le processus du traitement comprend plusieurs étapes : contrôle, saisie, calculs, sorties.

-*Contrôle :* le dépouillement des questionnaires commence par la vérification systématique des fiches d'enquête.

- *Saisie* : il faut saisir dans un fichier, préalablement créé, toutes les informations issues des enquêtes.

-*Calculs*: ils permettent d'obtenir les valeurs suivantes :i) données agrégées ou tendances au niveau des îlots telles que les priorités des ménages, le coût moyen de raccordement aux réseaux, le coût moyen mensuel de consommation, le coût admissible de raccordement et le mode de règlement correspondant pour les ménages non raccordés le coût mensuel admissibles en cas d'abonnement etc.

ii) données agrégées ou tendance au niveau des strates ou des quartiers ou de la ville.

C'est le redressement des données ci-dessus sur la strate, le quartier et/ou la ville. Il s'agit de la moyenne pondérée qui est une caractéristique traduisant une tendance centrale de la variable étudiée. Le calcul de l'écart type, qui est un indicateur de dispersion, permet d'estimer les variations des valeurs d'une distribution par rapport à la moyenne.

Sorties : Les données de sorties sont des tableaux à deux entrées, des graphiques, des cartes des îlots avec les taux d'effort, priorité d'investissement,....

b) L'analyse de données

L'analyse des données part du dépouillement pour déboucher sur des résultats significatifs de l'enquête. Pour les données qualitatives [56 - MOSCAROLA], l'analyse multidimensionnelle, notamment l'analyse factorielle des correspondances, est utilisée ; La régression, l'analyse en composante principale sont les méthodes destinées aux données quantitatives. C'est ainsi que la prise en compte des préférences (souhaits) des ménages, des différents coûts admissibles, permet de définir la priorité des ménages concernés. De même, l'analyse des coûts usuels des consommations ainsi que des contraintes d'alimentation (qualité, quantité, régulation,...), permettront d'élaborer des seuils ou niveaux de référence qui substitueront les normes qui font cruellement défaut en la matière (eau potable, électricité).

7.3.2.2 L'aide informatique

Les aides informatiques interviennent à plusieurs niveaux de la procédure conceptuelle :

1° Saisie et traitement et stockage des données relatives à la prise en compte du risque lié à la participation des ménages dans le cadre du développement des réseaux d'eau potable et d'électricité, autrement dit pour gérer toutes les bases des données.

2° Évaluation des priorités et des besoins des ménages.

3° Calcul des taux d'effort des ménages, détermination des niveaux de références tant en raccordement qu'en consommation et définition des niveaux de service.

4° Dimensionnement des réseaux d'AEP et d'AEE : production des résultats graphiques, notamment des courbes et de histogrammes.

En somme, l'outil informatique intervient dans toutes les phases de la procédure conceptuelle.

7.3.3 Le programme réalisé

L'objectif central du logiciel que nous avons réalisé est d'apporter une aide à la détermination du risque lié au taux d'effort des ménages. Ce qui suppose, comme nous l'avons montré précédemment, l'évaluation des priorités, de la capacité contributive des ménages et des niveaux de référence.

7.3.3.1 Le cadre conceptuel du logiciel

Les fonctions élémentaires ci-dessus (§ 7.3.2) correspondent aux modules du programme. Outre l'étude de l'opportunité qui dégage les scénarios possibles et la solution retenue avec les coûts qui l'accompagnent, et l'étude préalable qui permet de situer les objectifs fondamentaux de l'application, faire une analyse et un diagnostic de l'existant, correspond en gros à la définition du contexte de l'étude. Les méthodes générales d'analyse recommandent trois étapes principales pour analyser et concevoir un système et ses applications informatiques [57 - CASTELLANI] : le cahier des charges, - l'analyse fonctionnelle et l'analyse organique.

L'analyse conceptuelle d'un système d'information et de ses applications a pour objet de représenter sans se préoccuper des moyens physiques qui serviront à l'implantation parce qu'il permet de définir une expression claire et non ambiguë des besoins ; un dossier d'analyse conceptuelle peut être utilisé comme un cahier des charges correspondant à 98% des spécifications [58 - .DUFAU]. C'est réalisé dans les paragraphes précédents.

a) Les contraintes

Entre le problème à résoudre (finalité 1) et un programme, l'intermédiaire fondamentale est un algorithme de résolution. La traduction de l'algorithme dans un langage pose une double difficulté : matériels disponibles et outils existants.

Finalement, l'utilisation d'un SGBD comme DBASE 4 ou n'importe quel SGBD, combiné à un tableur à l'instar de EXCEL ou d'un logiciel de statistique tel que le SPSS, permet d'apporter des réponses efficaces aux traitements attendus ; il ne restera plus qu'à assurer les interfaces et surtout à concevoir le système de nature à optimiser le temps d'exécution du programme, de l'unité centrale.

b) Le choix du système informatique et les traitements attendus

Dès lors que les besoins sont clairement identifiés et que les traitements attendus sont correctement définis, il devient indispensable d'utiliser ceux des outils informatiques existants qui puissent permettre d'atteindre rapidement les objectifs fixés. Le choix des outils est, comme nous l'avons souligné à maintes reprises, intimement lié à la nature du problème, aux finalités attendues et aux potentialités des outils existants.

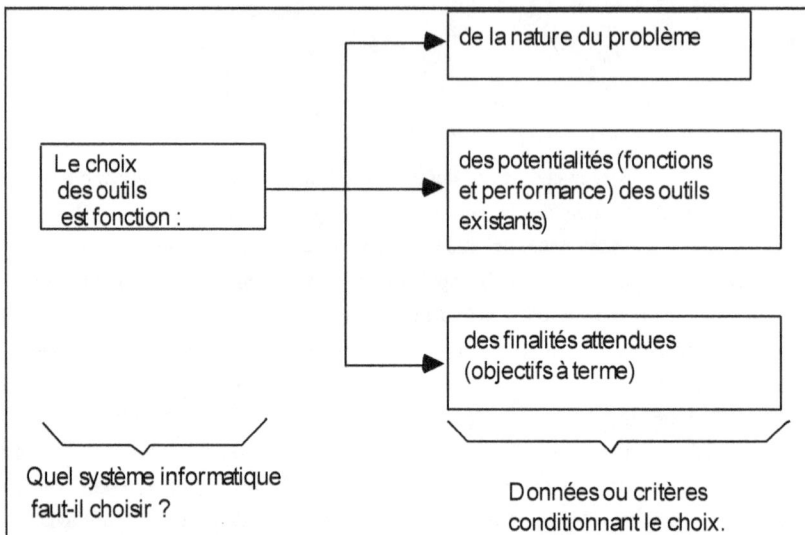

```
┌─────────────────────────────────────────────────────────────┐
│                                   ┌─────────────────────────┐ │
│                              ┌───▶ │ de la nature du problème │ │
│                              │    └─────────────────────────┘ │
│  ┌──────────────┐            │    ┌─────────────────────────┐ │
│  │ Le choix     │            │    │ des potentialités(fonctions│
│  │ des outils   │────────────┼───▶│ et performance) des outils│
│  │  est fonction :│           │    │ existants)              │ │
│  └──────────────┘            │    └─────────────────────────┘ │
│                              │    ┌─────────────────────────┐ │
│                              └───▶│ des finalités attendues  │ │
│                                   │ (objectifs à terme)      │ │
│                                   └─────────────────────────┘ │
│                                                               │
│   Quel système informatique          Données ou critères     │
│   faut-il choisir ?                   conditionnant le choix.  │
└─────────────────────────────────────────────────────────────┘
```

Figure 18 : Aide au choix du système informatique

Dans le paragraphe précédent, nous avons mis en exergue la question de stockage et de gestion (manipulation, ajouts, extraction ou redressement) des informations issues de terrain (enquête ménage notamment) et l'importance de l'évaluation des tendances centrales (moyenne), des taux d'efforts par îlots, puis par strate, et des caractéristiques de dispersions de certaines variables décrivant la capacité contributive des ménages aux consommations d'électricité et d'eau potable.

Choix des logiciels : Notre choix s'est porté sur un logiciel de traitement statistique (SPSS), un SGBD. (DBASE 4) et un tableur (EXCEL). En effet, le SPSS est compatible avec EXCEL. De plus, il permet de sortir les fréquences sans avoir à écrire un programme comme c'est le cas avec DBASE 4. Ce sont le SPSS et EXCEL que nous avons utilisé pour la saisie et le traitement des résultats d'enquête ménage. Pour Yaoundé IV et Bandjoun nous avons bénéficié d'un environnement Macintosh avec les logiciels Statview pour la saisie et EXCEL pour les sorties graphiques.

Le programme élaboré est constitué des modules indépendants qui devront être complétés par des logiciels spécialisés de calcul des réseaux pour rendre exhaustive la méthodologie que nous avons développée dans le cadre de cette thèse.

Choix du langage : C'est un corollaire du choix des logiciels de base. En effet, qu'il s'agisse de DBASE 4, d'EXCEL ou de SPSS, il existe un langage de programmation qui lui est associé.

7.3.3.2 Les objectifs du programme

Le rôle principal de cet outil informatique est *d'aider le technicien* qui réalise une étude de développement des réseaux d'AEP et d'AEE à évaluer la contribution réelle et potentielle des ménages en vue d'étayer ou de préparer la décision à prendre.

Bien entendu, cette fonction globale suppose des fonctions élémentaires que sont :
- Collecte, stockage et gestion des données socio-économiques et éventuellement des données décrivant l'état du réseau considéré (AEP, AEE) ;
- Évaluation pour chaque îlot, puis redressement sur la strate, des priorités et des taux d'effort des ménages ;
- Définition des niveaux de risques en matière d'investissement en faveur de tel ou tel réseau.

7.3.2.3 Organisation de la structure de l'outil informatique

L'analyse organique du système informatique permet de mettre en relief la structure suivante :

1/ En mémoire centrale : - le programme principal,
                          - un menu,
                          - une bibliothèque d'utilitaire,
                          - un module de traitement ;

2/ En mémoire auxiliaire : - des bibliothèques,
                            - des fichiers de données,
                            - des modules de traitement (exemple :
                            informations d'enquête ménage).

Le programme principal comporte :
- un menu permettant d'appeler un menu de traitement ;
- une bibliothèque d'utilitaires qui contient les procédures élémentaires de manipulation des données ;
- des modules de traitement.

Il convient de préciser que ce programme se place en amont des logiciels couramment utilisés pour le dimensionnement des réseaux d'eau potable ou d'électricité. Il comporte plusieurs modules.

1° Module 1 Traitement de donnée

Ce module permet de mettre au point une base de donnée relative à la prise en compte de la participation des ménages au développement des réseaux. Ce module comprend :

- *la saisie* ; les informations collectées sont saisies dans l'ordinateur.

- *le contrôle*. Nous avons utilisé 2 niveaux de contrôle : le contrôle élémentaire qui signale   automatiquement les codes non valides et, le contrôle d'exhaustivité qui permet de vérifier la   cohérence des enregistrements et en particulier les totaux.

- *la correction* : elle permet de minimiser les erreurs de codification aux agents de saisie. Ce module est fondamental puisque c'est de la qualité des fichiers qui en résulte que dépendent les traitements effectués dans les autres modules. La quantité des informations à traiter rend le dépouillement manuel sinon difficile, du moins long, fastidieux voire inextricable. C'est la raison pour laquelle l'utilisation des moyens informatiques est recommandée.

- *L'archivage* : les données sont conservées sur disquettes et sur streamer pour des raisons de sécurité. La description du fichier est faite à ce niveau : elle précise notamment le nombre d'enregistrements, le nombre de variables, les structures du fichier la liste de correspondance.

2° Modules 2, 3 et 4

Leurs fonctions respectives sont clairement définies au paragraphe 7.3.1. Les sorties dont les principaux résultats sont présentés dans les annexes 10, 11 et 13 sont de deux types : a) les tableaux de fréquences, les moyennes, les écarts types ainsi que des croisements de plusieurs variables sont obtenus directement à partir du SPSS [122 - SPSS Inc] [123 - MARIJA] ; b) les graphiques sont produits à l'aide du tableur Excel, le Lotus servant d'interface entre les données stockées sur SPSS et Excel [124 - THIRIEZ] [125 - MICROSOFT].

3° Autres sous programmes de la procédure conceptuelle proposée

Il existait déjà des programmes réalisés pour le calcul sur ordinateur des réseaux d'eau potable [102 - TANEKAM]. Nous avons conçu et réalisé un programme analogue pour le dimensionnement du réseau électrique à l'aide du Turbo pascal sur PC. Dans chacun des cas c'est le risque lié au taux d'effort des ménages qui a été utilisé pour les calculs des réseaux en phase d'expérimentation (cf. troisième partie). Pour les détails sont fournis dans les annexes 8 et 9.

L'organigramme fonctionnel du logiciel de la démarche proposée est le suivant.

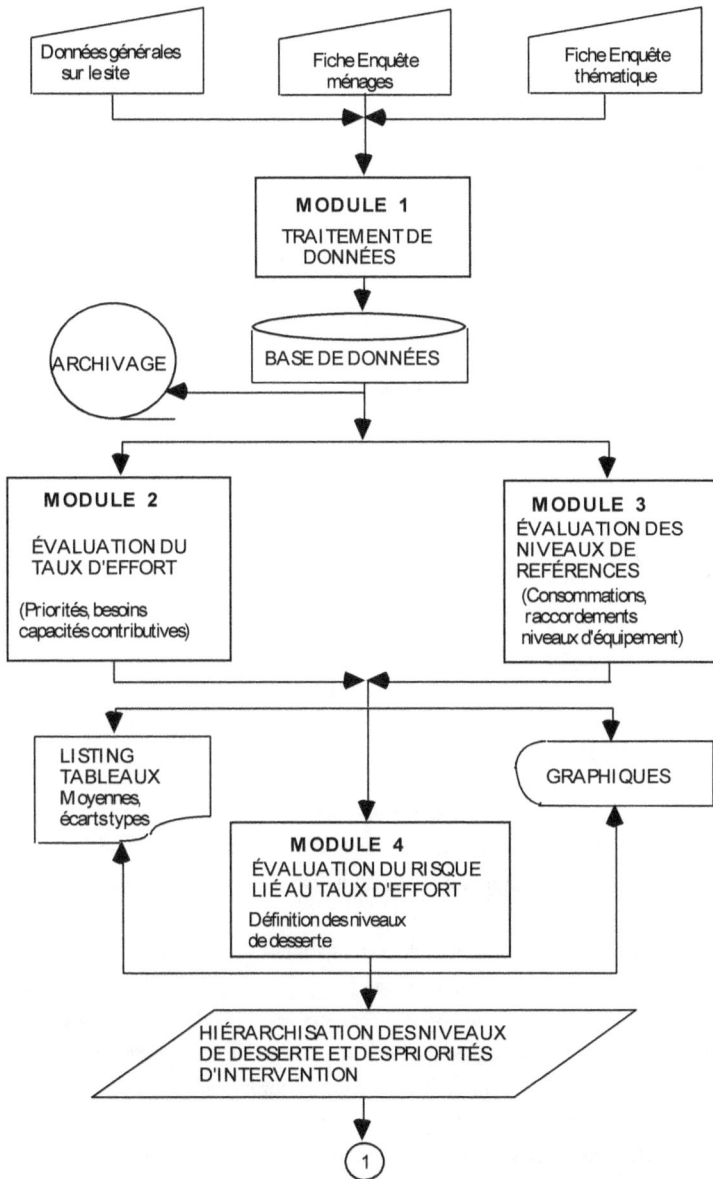

Données générales
sur le site

Fiche Enquête
ménages

Fiche Enquête
thématique

MODULE 1

TRAITEMENT DE
DONNÉES

ARCHIVAGE

BASE DE DONNÉES

MODULE 2

ÉVALUATION DU
TAUX D'EFFORT

(Priorités, besoins
capacités contributives)

MODULE 3
ÉVALUATION DES
NIVEAUX DE
RÉFÉRENCES

(Consommations,
raccordements
niveaux d'équipement)

LISTING
TABLEAUX
Moyennes,
écarts types

GRAPHIQUES

MODULE 4
ÉVALUATION DU RISQUE
LIÉ AU TAUX D'EFFORT

Définition des niveaux
de desserte

HIÉRARCHISATION DES NIVEAUX
DE DESSERTE ET DES PRIORITÉS
D'INTERVENTION

1

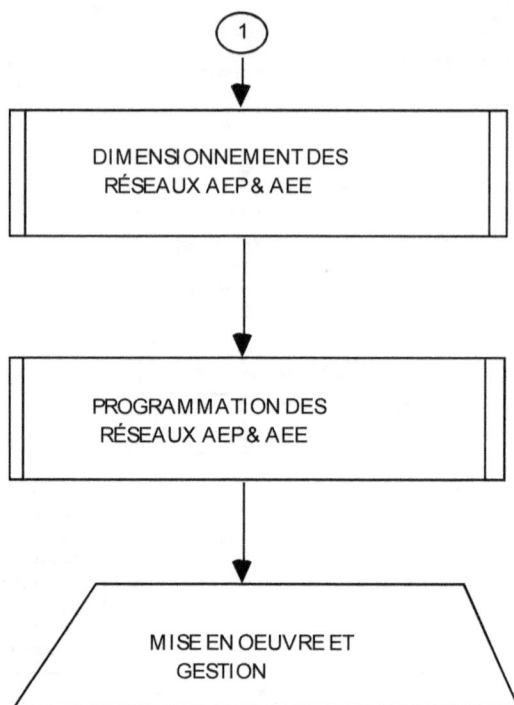

Figure 19 : Organigramme du logiciel de la procédure conceptuelle

A l'issue **du traitement des données**, les principaux résultats sont présentés, soit sous forme de tableau de données statistiques, soit sous forme graphique(divers diagrammes), ou cartographique ; c'est ainsi que sur un fond de plan du site étudié sont représentés :

- Les différentes strates, leurs taux de raccordement (aux réseaux) respectifs et les principales caractéristiques de chaque réseau ;

- les priorités des ménages par rapport à l'accès aux réseaux (AEP, AEE, Téléphone, ...), ainsi que les taux d'effort (coûts usuels : des abonnements et des consommations mensuelles d'une part, les coûts admissibles de raccordement et les coûts admissibles mensuels des consommations d'autre part), par strate ;

- les zones d'actions prioritaires : c'est à dire les zones d'interventions urgentes éventuellement assorties des risques encourus (d'insolvabilité).

Les résultats expérimentaux sont présentés dans le prochain chapitre et les annexes.

Le programme que nous avons réalisé nous a facilité énormément la tâche, en matière de saisie et de traitement des données d'enquêtes que nous avons effectuées par la suite. Il joue un rôle déterminant dans l'évaluation du taux d'effort des ménages, des niveaux de référence et des risques liés à la participation des ménages.

7.4 L'ENQUÊTE THÉMATIQUE ET LA CONCEPTION DE LA FICHED'ENQUÊTE MÉNAGE

L'enquête thématique, orientée principalement vers le pôle technique vise à l'évaluation qualitative et quantitative de l'état des réseaux d'eau potable et d'électricité aussi bien au plan fonctionnel qu'organique. Elle concerne particulièrement les coûts de raccordement, la tarification (type et évolution). Elle permet d'élaborer les niveaux de référence.

i) Données relatives à l'état des lieux

La fiche d'enquête thématique doit être conçue de façon à permettre de recueillir les informations susceptibles de décrire le réseau considéré. Cette description doit nécessairement passer en revue les aspects suivants :
- nature et qualité du réseau sur le double plan organique (réseau maillé, réseau ramifié, composants du réseau,...) et fonctionnel (mode de gestion technique : régulation, temps réel,... ; rendement ; portée : fuites (eau) ou chute de tension (énergie électrique),....) ;
- capacité du réseau (réservoir, station de pompage, diamètre des conduites, puissance centrale, puissance transformateur,....) ;
- contraintes (maintenance, recouvrement des frais,...) et potentialité du réseau ;
- statistiques diverses (abonnements, consommations, ventes,...).

ii) Données relatives aux projets et perspectives (du point de vue des gestionnaires)

Les informations à collecter dans ce cadre, ont trait aux projections de l'entreprise par l'entreprise. Elles concernent les extensions futures (du moins les tendances), les renforcements éventuels des réseaux existants et les suppressions probables de certains équipements.

Dans les deux cas ci-dessus, il faut solliciter :
- soit le système d'informations interne de l'entreprise ;
- soit des études ponctuelles déjà effectuées sur les sujets évoqués précédemment.

Pour être complète, cette approche doit être étendue au pôle politique regroupant les décideurs et dans une certaine mesure, les bailleurs de fonds (excepté les usagers(abonnés)). Ici, il est essentiellement question d'avoir une idée, mieux de prendre en compte les principales priorités des décideurs (pouvoirs publics) en matière d'investissement des infrastructures.

En somme, il s'agit d'une approche transversale de la problématique du développement des réseaux d'AEP et des réseaux d'AEE, qui intègre les préoccupations (ou options) des décideurs ou financiers, les difficultés et les atouts des gestionnaires et surtout les besoins et priorités des usagers

iii) Conception de la fiche d'enquête ménage

La fiche d'enquête présentée ci-après résume sous forme quantifiable, l'ensemble des variables évoquées tout au long ce chapitre. Leur mesure permettra l'évaluation du taux d'effort ou du risque de programmation y afférent. Elle permet d'estimer entre autres le niveau d'équipement (en appareils électrodomestiques et en appareils sanitaires). Le modèle de la fiche d'enquête ménage utilisé est présenté ci-après.

CONCLUSION

Cette partie nous a permis d'élaborer les méthodes et outils d'évaluation du risque lié au taux d'effort des ménages dans le processus du développement des réseaux d'eau potable et d'électricité. On a notamment démontré qu'il est possible d'estimer et de prendre en considération la participation des ménages à l'amélioration tant qualitative que quantitative dans la desserte en eau potable et en énergie électrique. Nous avons proposé des "normes" adaptées de consommation et de raccordement appelées niveaux de référence. Ils permettent de hiérarchiser les niveaux de desserte et d'équipement en fonction du taux d'effort des ménages autrement dit à ressources constantes de servir le maximum d'usagers. La faisabilité technico-financière des projets de développement des réseaux d'eau et d'électricité, point focal des propositions que nous avons faites dans cette partie, devrait être rendue possible grâce à la mise au point de la procédure conceptuelle comprenant notamment :

- Une technique d'enquête ménage : sondage stratifié aléatoire basé sur la partition de la ville en zones homogènes selon la typologie de l'habitat et la catégorie socioprofessionnelle ;

- Un outil informatique destiné à la saisie, au traitement et à l'analyse des données, permettant également le dimensionnement des réseaux de distribution d'eau et d'électricité.

La simulation du regroupement des strates suivant le niveau de solvabilité des ménages induit l'existence d'un lien entre celui-ci et le degré de desserte en infrastructure correspondante. Ceci implique que pour être efficaces les variantes des réponses techniques et technologiques au problème étudié soient formulées en fonction du risque lié au taux d'effort des ménages. Ce faisant, il est clair que cette nouvelle façon de concevoir les réseaux techniques fige le développement des quartiers urbains pour au moins la durée d'amortissement de ces réseaux. Ceci serait un inconvénient majeur dans les villes européennes mais représente le prix à payer pour faire accéder les populations urbaines camerounaises les plus défavorisées à un niveau minimum de salubrité et de confort.

Si théoriquement notre méthodologie d'approche semble intéressante à plusieurs égards : adaptabilité, rapidité, fiabilité, coût, seule une expérimentation est susceptible d'en apprécier les atouts voire d'en préciser les limites en phase de mise en œuvre. La troisième partie se situe dans cette optique.

TROISIÈME PARTIE

POUR UNE NOUVELLE APPROCHE DES RÉSEAUX URBAINS D'EAU POTABLE ET D'ÉLECTRICITÉ

INTRODUCTION

La deuxième partie présente des méthodes et outils de prise en compte du risque lié au taux d'effort des ménages dans la programmation des réseaux. Pour valider l'approche préconisée, une application à un cas réel s'est imposée. C'est dans la perspective de valorisation à terme de ce processus innovant que s'inscrit l'expérimentation dont la quintessence constitue l'objet de la présente partie.

Planifier le développement d'un réseau tel celui de distribution d'énergie électrique ou d'eau potable conduit à prendre un grand nombre de décisions concernant, soit le renouvellement ou le renforcement d'ouvrages existants, soit la création d'ouvrages nouveaux de manière à faire face à l'accroissement de la demande, soit les deux. Mais la décision d'investissement et son caractère optimal ne peuvent s'analyser sans tenir compte des conséquences de cette décision sur les frais d'exploitation et sur la qualité du produit distribué.

Cette partie comporte trois chapitres. Le chapitre 8 est consacré à l'application de la démarche proposée dans le cadre de la conception des réseaux. L'étude expérimentale porte sur trois villes camerounaises à savoir Obala, Yaoundé et Bandjoun. Une nouvelle approche de la planification des réseaux, dans laquelle les méthodes et outils de prise en compte de la participation des ménages joueraient un grand rôle, fait l'objet du 9è chapitre. Le chapitre 10 aborde la reforme adaptée du cadre institutionnel qui constitue une condition de réussite de mise en œuvre du modèle proposé de développement des réseaux d'eau potable et d'électricité.

CHAPITRE 8

EXPÉRIMENTATION DE LA DÉMARCHE PROPOSÉE

L'étude expérimentale porte sur trois villes du Cameroun à savoir Obala, Yaoundé et Bandjoun ; l'analyse qui en découle compare deux méthodes de programmations du réseau d'eau potable : l'une traditionnelle et nous l'appelons démarche "classique" et l'autre résulte de l'application de l'approche que nous préconisons et elle permet de mettre en relief l'intérêt de notre proposition. Pour ce faire, ce chapitre expose d'abord le protocole expérimental (paragraphes 8.1 et 8.2). Sur le même site, deux programmations du réseau seront présentées : la première suivant la méthode traditionnellement utilisée dite classique (8.3) et la seconde résultant de l'application de notre démarche (8.4). L'analyse comparative qui constitue le cinquième et dernier paragraphe.

8.1   CARACTÉRISTIQUES DES SITES SERVANT DE BASE À L'EXPÉRIMENTATION

Les villes ayant fait l'objet des enquêtes de terrain, d'Avant-Projet Sommaire (APS) ou d'Avant-Projet Détaillé (APD) ont été retenues en fonction de la typologie des villes du Cameroun (cf. annexe 4) qui, faut-il le souligner, ressemble à plusieurs égards à la typologie de plusieurs villes des PED. Par ailleurs nous ne pouvions pas faire des analyses comparatives et approfondies sur la base des enquêtes réalisées dans deux pays différents. En raison du temps et des moyens financiers limités, nous avons restreint le champ expérimental à quelques villes camerounaises. Ainsi, nous avons évalué les taux d'effort, les niveaux de référence, et les risques relatifs à la programmation des réseaux d'eau potable et d'électricité dans les villes d'Obala, de Yaoundé et de Bandjoun. Cette restriction va se poursuivre au niveau des APD des infrastructures ; nous nous limiterons à l'analyse du seul réseau d'eau tout en sachant que la démarche est applicable au réseau d'électricité pour lequel nous nous limiterons à la présentation des résultats significatifs dans les annexes 4, 9 et 12). La transposabilité de cette méthode dans toute ville du Cameroun voire d'un autre PED présentant des caractéristiques similaires est envisageable.

8.1.1 Le choix des sites

Les enquêtes par sondage des ménages et les enquêtes thématiques ont constitué l'essentiel des travaux de terrain. Les critères qui ont dicté le choix des sites étudiés dans cette phase sont les suivants :

- ressources financières ; faute de moyens financiers suffisants, nous n'avons pas pu réaliser les enquêtes de terrain dans plus de trois villes.

- typologie des villes, l'annexe 3 présente en détail cette typologie ; le choix des villes tient compte des spécificités de ces agglomérations, condition nécessaire à la transposabilité de la démarche proposée.

Compte tenu de la complexité des problèmes de gestion urbaine des grandes agglomérations, nous avons estimé qu'il serait intéressant de tester les principes méthodologiques, développés dans le cadre de cette thèse, sur un secteur d'une grande métropole ; notre choix s'est porté sur le quartier Éfoulan à Yaoundé et la commune urbaine d'arrondissement de Yaoundé IV. Le but étant de montrer que le modèle d'évaluation de la demande solvable et les réponses techniques que nous proposons peuvent être appliqués dans tout ou partie d'une grande agglomération urbaine.

Par ailleurs, des enquêtes ont été réalisées à Obala et Bandjoun, agglomérations comptant environ 16 000 habitants. La première répond aux caractéristiques des villes moyennes présentées à l'annexe 3, alors que 60 % de la population de la seconde vit en milieu rural ce qui correspond à environ 7 000 citadins à Bandjoun. De ce fait nous l'avons considérer comme une petite ville. La description des villes étudiées permet de mettre en évidence des caractéristiques qui renforcent la représentativité de notre échantillon.

8.1.2 Présentation des sites expérimentaux

La ville d'*Obala* est située sur le vaste plateau sud-camerounais qui s'étend depuis l'Adamaoua et couvre la région sud du Cameroun. Elle se trouve à 11°32' de la longitude Est, 4°10' de la latitude Nord et à 535 mètres d'altitude moyenne. À 37 km de Yaoundé la capitale, le périmètre urbain de la ville d'Obala a une superficie de 262 hectares et accueille environ 16 300 habitants, soit une densité moyenne de 62 hab./ha. La densité varie entre 11 et 200 habitants à l'hectare.

Avec une superficie de 119 hectares, *Éfoulan* est un quartier localisé au sud de Yaoundé. Sa population est passée de 4 227 habitants en 1987 à 7 752 habitants en 1992, d'après le recensement de la population de 1982, et celui que nous avons effectué en 1992. Son taux de croissance avoisine 13 % par an. Sa densité varie entre 31 et 80 hab./ha avec une moyenne de 65 habitants à l'hectare.

Yaoundé IV est l'une des six communes urbaines d'arrondissement que compte la capitale du Cameroun. La commune urbaine d'arrondissement de Yaoundé IV couvre environ 5 000 ha, représentant 20 % de la superficie de Yaoundé. Elle abrite une population est estimée à 162 000 habitants, soit 17 % de la population totale de l'agglomération. Le relief se présente sous la forme d'un plateau fortement disséqué en fonds de vallée et collines dont l'altitude moyenne est de 715 m.

La ville de *Bandjoun* qui couvre une superficie de 4 920 hectares a une population de 16 338 habitants en février 1995. Le relief est dominé par des collines ; le réseau hydrographique n'est pas dense.

8.2 L'ENQUÊTE MÉNAGE

L'enquête ménage s'est faite sur la base d'un sondage stratifié aléatoire.

8.2.1 Base de sondage et méthode d'enquête

Ces deux concepts sont interdépendants : le premier concept implique l'énumération de la liste des individus susceptible d'être interrogés alors que le second désigne la description de toutes les opérations à faire pour désigner les personnes à interroger.

a) Base de sondage

L'unité statistique étant le ménage, la base de sondage est la liste exhaustive des ménages. Elle doit être rattachée à l'occupation spatiale dans chaque ville. Deux cas de figure se dégagent : existence d'un recensement récent actualisable, pas de recensement actualisable. Le premier cas correspond à la situation rencontrée à Obala et Yaoundé IV et le second cas a été observé à Éfoulan et Bandjoun.

b) Cas d'Obala

Il existe des recensements démographiques dont le plus récent date de 3 ans. Deux recensements de la population de la ville en 1987 et 1989 ont permis de déterminer le taux d'accroissement urbain (3,6 %) entre cette période. La base de sondage à Obala est constituée des résultats du recensement et des enquêtes ménages effectuées par l'ENSP en 1989 [33 - ENSP] qui ont été mis à jour. Par ailleurs, un contrôle de vraisemblance a été effectué sur 3 îlots appartenant à trois strates distinctes : le premier dans le tissu spontané ancien, le second dans le tissu structuré et le troisième le tissu semi-rural. Il ressort que les taux d'accroissement varient de 2,1 à 4,8 %, soit un taux moyen de 3,5 %. Il est donc très proche de la moyenne à Obala. Cette opération vise l'exactitude des estimations. Ainsi le nombre de ménages pour tous les îlots de la ville a été déterminé sur cette base. Cette liste quasi exhaustive des ménages de tous les îlots constitue la base de sondage pour l'enquête.

c) Cas de Yaoundé - Éfoulan Le dernier recensement date de 1987. Les ouvrages existants ne fournissent pas le taux d'accroissement pour ce quartier. Il n'était donc pas judicieux d'utiliser le taux d'accroissement moyen de toute l'agglomération pour estimer la population concernée par notre étude. Nous avons par conséquent fait un recensement dont le dépouillement confirme notre appréhension.

Puisque le taux d'accroissement est de 13 % soit environ le double du taux moyen de la ville. Ce recensement a permis d'identifier entre autres le nombre d'habitants, de ménages et les catégories socioprofessionnelles : c'est notre base de sondage. Il ne reste qu'à définir la procédure de sélection des ménages à enquêter.

d) Échantillonnage
C'est le sondage stratifié qui a été utilisé pour la réalisation des enquêtes ménages dans les deux villes retenues. Trois variables constituent les facteurs de différenciation des strates observées sur le site :
- la morphologie de l'habitat caractérisée par l'aspect extérieur du bâti, les coefficients d'occupation du sol (COS), le coefficient d'emprise au sol (CES), la densité des logements et la taille des parcelles, - l'équipement en réseaux techniques urbains et notamment le niveau de desserte en réseau d'eau, réseau d'électricité, réseau viaire, réseau d'assainissement et enlèvement des ordures ménagères,
- les activités économiques dominantes dans le tissu : agriculture, artisanat, commerce, administration, résidence.

Pratiquement, le mécanisme de production des informations se présente de la façon suivante :
- Division de tout ou partie de la ville à étudier en îlots ou blocs homogènes sur la base des critères de différenciation retenus. Pour le cas d'espèce, la desserte en réseaux techniques et la typologie de l'habitat sont des facteurs clefs dans le découpage.

- Affectation des numéros à chaque îlot et regroupement des îlots semblables au regard des critères de découpage en strate. La détermination du nombre total des ménages de chaque îlot permet la description complète de toutes les strates de l'univers d'enquête.

- L'îlot à enquêter, qui est la classe d'équivalence de chaque strate, est tiré au sort par la génération des nombres aléatoires. Lorsque le nombre de ménages de l'îlot tiré est inférieur à celui dicté par le taux de sondage, on reprend l'opération jusqu'à la satisfaction de cette condition. Il est alors possible d'avoir à enquêter plusieurs îlots de la même strate. Les îlots ainsi tirés sont enquêtés exhaustivement.

Le taux de sondage théorique est de 1/10e (0,10). Quelles sont les strates répertoriées dans les villes enquêtées ? Pour la stratification de l'univers, le nombre de strates varie en fonction de chaque site.

e) Cas d'Obala 9 strates ont été identifiées à Obala :

Strate 1 : tissu structuré urbain ancien. Au niveau de la CSP, on note un équilibre entre les services, les administrations, le commerce et l'agriculture. Exemple : îlot 1 ;

Strate 2 : Tissu structuré urbain récent et tissu administratif commercial. Les ménages exerçant dans le secteur administratif sont plus nombreux. Exemple : Sud du quartier Nkolbikok ;

Strate 3 : Tissu régulier récent. L'équilibre des CSP entre le primaire, le secondaire et le tertiaire. Les parcelles sont desservies par la voirie et beaucoup de ménages sont raccordés aux réseaux d'eau et d'électricité. Exemple : quartier Ébongassi,

strate 4 : Tissu spontané ancien très dense. Les parcelles sont inaccessibles en dehors des riverains. On a un faible taux d'abonnement en eau et en électricité. L'activité dominante des ménages est le commerce. Exemple : Quartier Haoussa ;

Strate 5 : Tissu rural, spontané en cours de densification. La plupart des ménages ici pratiquent l'agriculture. Exemple : Chefferie ;

Strate 6 : Tissu hybride, moyennement dense et en amélioration. Elle est composée à 3/4 de spontané ancien et nouveau et d'un quart du régulier. La majorité des actifs sont dans les services. Exemple : quartier ÉLat 2 ;

Strate 7 : Tissu périurbain. Il y a une quasi absence des réseaux de distribution d'eau et d'électricité. La taille des parcelles est plus grande et on note une faible densité de logement (40 logements/ha). L'activité principale est l'agriculture. Exemple : La zone de Minkama ;

Strate 8 : Tissu semi-rural, tissu tampon entre le tissu urbain et le tissu rural. A l'opposé du péri urbain qui est géographiquement excentré par rapport à la ville. Les réseaux ne sont pas denses. On pratique l'agriculture dans les parcelles. Les secteurs d'activité vont de l'administration aux services en passant par l'agriculture. Exemple : Nord du quartier Abokono ;

Strate 9 : Tissu stratégique, formé d'équipements militaires. Exemple : le camp de la garde présidentielle de Minkama. D'accès difficile et relativement autonome, elle n'a pas fait l'objet d'enquêtes.

f) Cas de Yaoundé - Éfoulan Le quartier Éfoulan est divisé en 3 tissus urbains correspondant à 3 strates :

- *Strate1* : tissu spontané nouveau (densité peu élevée, logements récents sommairement desservis par les réseaux d'eau, d'électricité, . . .).

- *Strate2* : tissu structuré (forme régulière des parcelles, équipements en réseaux d'eau, d'électricité, bonne accessibilité des parcelles).

- *Strate3* : tissu spontané ancien (densité élevée, très peu d'espaces verts, sommairement équipé en réseau d'eau, d'électricité, accessibilité difficile).

g) Cas de Yaoundé IV 7 tissus ont été identifiés (donc 7 strates) en dehors du tissus stratégique : tissu structuré résidentiel, tissu structuré moyen standing, tissu régulier, tissu spontané dense, tissu spontané semi-dense, tissu semi-rural, tissu rural.

f) Cas de Bandjoun 4 tissus (donc strates) sont mis en évidence : tissu urbain structuré, tissu urbain spontané, tissu semi-rural et tissu rural.

Ce procédé de stratification de la ville présente l'avantage de tenir compte des différents tissus urbains et du niveau de desserte par les réseaux d'eau, d'électricité, ... Ces facteurs importants qui impriment la dynamique spatiale sont incontournables dans toute politique qui se veut rationnelle du développement des réseaux techniques urbains.

8.2.2 Résultats de l'échantillonnage

Avant la présentation des résultats, nous allons décrire rapidement les durées des différentes opérations ainsi que les ressources humaines mobilisées dans le cadre de nos enquêtes.

a) *Moyens et durée de l'enquête ménage*

Agglomération	Nombre d'enquêteur	Durée de la formation (j)	Durée du recensement (j)	Durée de l'enquête (j)
Obala	12	2	0	11
Éfoulan	8	2	2	7
Yaoundé IV	25	2	0	13
Bandjoun	20	2	4	6

j = jour

Tableau 16 : Moyens mobilisés et durées d'enquête

C'est la dispersion de la population à Bandjoun du fait de sa la prédominance des ruraux qui explique le nombre important des enquêteurs pour une durée d'enquête élevée.

b) *Echantillonnage*

À Obala, 347 ménages sur les 3140 ménages que compte la ville au moment de l'enquête, ont répondu à notre questionnaire, ce qui correspond à un taux de sondage moyen de 0,11. Ce taux est voisin de celui pondéré, évalué à 0,10. L'idéal théorique n'est pas atteint car les taux de sondage des différentes strates ne sont pas uniformes (cf. tableau 17).

Strate	Ménages total	Taux de sondage	Ménages enquêtés	Taille ménage	% ménages enquêtés	$\frac{n_h}{n}$
1	412	0,10	41	4,6	11,8	13,2
2	289	0,07	20	4,9	5,8	9,2
3	714	0,04	26	5,0	7,5	22,7
4	395	0,15	63	5,2	18,2	12,6
5	181	0,19	35	4,7	10,1	5,76
6	604	0,13	77	9,7	22,2	19,2
7	376	0,13	50	3,2	14,4	11,9
8	169	0,32	55	6,5	10,1	5,4
9	nd	nd	nd	nd	nd	nd
Total	3 140	0,11 *	347	5,2	100 %	100 %

* moyenne ;nd : non déterminé

Tableau 17: Tableau d'échantillonnage des ménages d'Obala.

Il faut préciser qu'un taux de sondage uniforme traduirait mal la variation d'accès à l'eau, à l'électricité des différentes strates. Les résultats détaillés sont en annexes. Dans la suite on ne tiendra pas compte de la strate 9, constituée essentiellement de la garde présidentielle, qui n'a pas été recensée ni enquêtée.

Éfoulan est symbolisé par la mosaïque des tissus urbains que l'on rencontre dans un nombre considérable de villes camerounaises. D'autre part, Éfoulan est un quartier de Yaoundé. Les raisons du choix de ce quartier sont les suivantes : D'abord c'est un quartier d'une grande ville dont la population avoisine le million d'habitants. Ensuite il contient presque l'essentiel des équipements urbains de nature à lui conférer une autonomie de fonctionnement à l'instar des villes moyennes et des petites villes. On y retrouve notamment des établissements scolaires, primaires et secondaires, des équipements de santé (hôpital d'arrondissement), des équipements administratifs (mairie, sous-préfecture, commissariat), le marché, des terrains de jeux, des maisons de culte. On y a établi 3 tissus urbains : tissus structurés, spontanés et semi-ruraux. La desserte par les RTU (eau potable, éclairage public, électricité BT et MT) a été un critère prépondérant dans la définition des strates. C'est un peu le "condensé" des villes du Cameroun en ce qui concerne les tissus urbains, les équipements, les infrastructures, les activités économiques et les groupes socioculturels comprenant autochtones, immigrés nationaux et étrangers.

En l'absence d'une enquête récente, nous avons effectué un recensement qui nous a servi de base de sondage. Au terme de l'opération qui a duré deux jours, la population d'Éfoulan a été évaluée à 7 752 habitants, répartis dans 1 230 ménages, soit en moyenne 6,3 personnes par ménage contre 6,13 du recensement de la population de 1987 [21 - DEMO 87]. L'enquête a porté sur 138 ménages ; le taux de sondage moyen 0,10 est sensiblement uniforme (cf. tableau 18) ; l'écart type est très faible 0,009 et confirme l'uniformité du taux de sondage.

Strate	Ménages total	Taux de sondage	Ménages enquêtés	Taille ménage	% Ménages enquêtés	$\dfrac{n_h}{n}$
1	446	0,10	47	6,2	34	36,26
2	398	0,10	42	6,9	31	30,36
3	386	0,12	49	5,7	35	31,38
Total	**1 230**	**0,10***	**138**	**6,3**	**100 %**	**100 %**

* moyenne

Tableau 18: Tableau d'échantillonnage des ménages du quartier Éfoulan

Les tableaux correspondants à l'échantillonnage réalisé à Bandjoun et à Yaoundé IV sont présentés à l'annexe 4. La figure ci-dessous présente un tableau synoptique des plans de sondage utilisés pour chaque site d'expérimentation (tableau 19).

Ville	Période d'enquête	Méthode de sondage	Base de sondage	Population	Ménages enquêtés	Taille ménage	Nombre de strates
Obala	fév - avr 1992	sondage aléatoire stratifié	actualisation recensement 1989	16 300	347	5,2	8
Éfoulan	juin - juillet 1992	sondage aléatoire stratifié	Recensement	7 752	138	6,3	3
Yaoundé IV	mars - mai 1994	sondage aléatoire stratifié	Actualisation "Démo 87"	162 000	847	5,6	7
Bandjoun	fév - mars 1995	sondage aléatoire stratifié	Recensement	16 338	272	6,0	4

Tableau 19 : Tableau récapitulatif de l'échantillonnage effectué

L'échantillonnage utilisé garantit la validité scientifique des résultats obtenus, notamment en ce qui concerne la pertinence, la faisabilité et la représentativité des variables mesurées et étudiées (taux d'effort...). Certains de ces résultats sont utilisés dans la programmation classique des réseaux, laquelle fait l'objet du paragraphe suivant.

8.3 PROGRAMMATION CLASSIQUE DU RÉSEAU

Ce paragraphe propose une planification du réseau d'eau potable (cas de la ville d'Obala) suivant la méthode en vigueur (méthode que nous qualifions de classique). Il comporte trois points : la description du réseau existant [102 - TANEKAM], la planification du développement du réseau actuel, l'échéancier et le coût de la programmation. Cette programmation du réseau sera confrontée à celle résultant du modèle que nous proposons en vue de mettre en évidence l'intérêt de notre démarche.

8.3.1 Description du réseau d'eau potable d'Obala

La description concerne les caractéristiques topologiques et cinétiques du réseau. Elle est valable pour les deux démarches.

1°) **Station de captage :** L'alimentation du réseau se fait par captage sur la rive gauche du cours d'eau Afamba. La station de pompage refoule en moyenne 780 m^3 d'eau traitée par jour et alimente un réservoir surélevé. Deux pompes en parallèle assurent le captage d'une capacité de 30 m^3/h par pompe.

2°) **Traitement :** L'eau captée dans le cours d'eau est soumise à un traitement par sédimentation naturelle. Il consiste à laisser l'eau reposer dans un bassin artificiel qui l'achemine à très faible vitesse. Ce bassin est de 100 m^3 de capacité. Il est prévu une seconde bâche pour extension de même capacité.

3°) **Adduction :** L'eau traitée est amenée au réservoir à l'aide de 2 pompes en parallèle ayant chacune une capacité de 40 m^3/h, sous une pression manométrique de 58 m. La conduite de refoulement est en fonte. Il est long de 1100 m et a un diamètre de 200 mm.

4°) **Stockage :** Le réservoir de stockage a une capacité de 450 m^3. Sa hauteur est de 20,50 m et la côte au sol de 580,57 m.

5°) **Réseau de distribution**

La distribution est faite de façon gravitaire, le réseau est ramifié avec quelques mailles.

8.3.2 Planification du développement du réseau d'eau

Cette planification a pour objet d'appréhender l'évolution adaptative du réseau actuel en vue de la satisfaction des exigences afférentes à la demande. Elle dépend de plusieurs facteurs parmi lesquels : la croissance économique de la ville, l'accroissement démographique, l'amélioration du niveau de confort, la disponibilité des ressources hydriques (facteurs géotechniques). Ce sont les hypothèses de croissance tendancielle qui sont adoptées dans le cadre de cette approche prospective du développement du réseau d'eau potable. Ces hypothèses sont généralement les suivantes : la situation économique suit son rythme actuel, l'accroissement urbain s'effectue en conservant son taux actuel, l'amélioration du niveau de confort n'est pas significative ce qui entraîne que la consommation spécifique moyenne, se maintient et les ressources hydriques ne subissent ni tarissement ni détérioration de la qualité.

L'ensemble des ménages est supposé desservi par le réseau. Compte tenu de la fluctuation de certaines variables d'environnement dans la prévision de l'évolution de la demande, deux échéances sont retenues : Court terme et moyen terme. Dans les conditions ci-dessus décrites, nous aboutissons aux résultats des différents horizons de la programmation sous l'hypothèse commune d'un branchement systématique (à 100 %) de tous les ménages. L'analyse fonctionnelle du réseau existant constitue la base d'étude des différents scénarios d'évolution spatio-temporelle du réseau.

a) Vérification des équipements et du réseau existant

Cette vérification concerne les ouvrages de stockage et les canalisations.

b) Vérification du réservoir : Q étant le débit des pompes de refoulement, q la consommation horaire moyenne de la ville. La modulation de la consommation et du pompage est donnée par le tableau 40. On a les valeurs q=32,54 m^3/h et Q = 40 m^3/h. Le pompage fonctionne de façon continue 24h/24. Q = 1,23q.

Horaires	Consommation (m^3/h)	Durée (h) pompage	Arrivée cumulée(1)	Départ cumulé (2)	(1)-(2) (m^3)
6h - 7h	1,1q	1	Q	1,1q	+0,13 q
7h -10h	2,4q	3	4Q	8,3q	-3,38q
10h - 12h	1,5q	2	6Q	11,3 q	-3,93q
12h - 19h	1,0q	7	13Q	18,3 q	-2,32q
19h - 21h	1,5q	2	15Q	21,3 q	-2,86q
21h - 6h	0,3q	9	24Q	24q	+5,49 q

source : SNEC d'Obala et auteur

Tableau 20 : Tableau de la modulation de la consommation en fonction du pompage

Capacité minimale du réservoir, V$_{min}$ donnée par la relation suivante :

$$V_{min} = Max[(1)-(2)] - Min[(1)-(2)] \quad (28)$$

$$V_{min} = 5,49q-(-3,93q) = 9,42q \text{ ; on trouve Vmin} = 307 \text{ m}^3$$

Le réservoir actuel a une capacité de 450 m^3. Ce qui prouve que le réservoir actuel est satisfaisant. On n'a pas tenu compte de la réserve d'incendie qui est de 120 m^3;si tel était le cas, on aboutirait à un surdimensionnement inutile du réseau.

c) Vérification du réseau de distribution

[86 - GOMELLA] [85 - DUPONT] [109 - VALIRON]

Le réseau d'eau potable actuel de la ville d'Obala est ramifié (cf. carte ci-après).

Les hypothèses de distribution des débits dans les tronçons sont faites en considérant le service en route et nous avons la figure 20.

$$q_{ij} = 0,55q_{rij} + q_j \quad (29)$$

Où q$_{ij}$: débit dans le tronçon T$_{ij}$,

q$_{rij}$: service en route dans le tronçon T$_{ij}$,

q$_j$: débit à l'aval du tronçon T$_{ij}$.

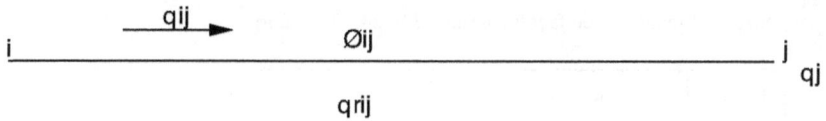

Figure 20 : Distribution de débit dans le tronçon T_{ij}

Si Φ_{ij} est le diamètre de la conduite, la vitesse V_{ij} est déterminée par la relation suivante :

$$V_{ij} = \frac{4\,q_{ij}}{\pi\Phi_{ij}^2} \qquad (30) \qquad (\varnothing_{ij} = \Phi_{ij})$$

La pression au point j est obtenue par le théorème de Bernoulli appliqué entre i et j. On a :

$$Z_i + \frac{p_i}{\rho g} + \frac{V_i^2}{2g} = Z_j + \frac{p_j}{\rho g} + \frac{V_j^2}{2g} + \Delta H_{ij} \qquad (31).$$

Où Z_i, Z_j sont les côtes altimétriques aux nœuds i, j et ΔH_{ij} désigne la perte de charge entre i et j.

g désigne l'accélération de pesanteur. V représente la vitesse. On néglige l'énergie cinétique ($\frac{V^2}{2g}$) car elle est relativement faible. Ainsi pour une vitesse de 1 m/s par exemple, la valeur de l'énergie cinétique est de l'ordre de 0,05 m.

Pour déterminer le débit dans un tronçon qui alimente plusieurs îlots nous procédons de la façon suivante : Soit la maille A.B.C.D desservant les îlots I, J, K, L, M (figure 21). La consommation dans la conduite AB est égale à la consommation due à l'îlot I augmentée de la consommation due à l'îlot L. La consommation due à l'îlot I étant proportionnelle à la demande située dans l'aire AIB, de même la consommation due à l'îlot L est proportionnelle à la demande située dans l'aire ALB. En cas par exemple de deux tronçons parallèles AB et DC, l'îlot I est alimenté à 50 % par chaque tronçon.

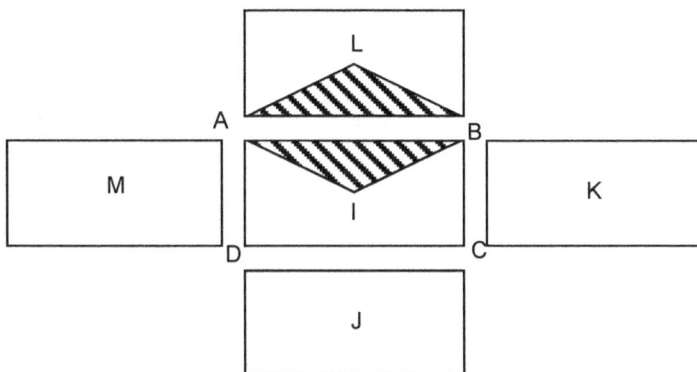

Figure 21 : Modèle pour la détermination de la consommation dans les tronçons

Ce modèle nous permet de déterminer les consommations nécessaires dans chaque tronçon en faisant l'hypothèse d'une répartition géographique uniforme du nombre d'usagers à desservir dans l'îlot considéré. Se référer à l'annexe 10 pour les détails du calcul.

Vérifier le réseau consiste à voir si les vitesses et les pressions dans les conduites sont dans les marges admissibles. La vitesse et la pression doivent vérifier les deux relations suivantes :

$$0,1 \text{ m/s} < V < 1,2 \text{ m/s} \qquad (32)$$
$$10 \text{ m CE} < p/\rho g < 50 \text{ m CE} \qquad (33) \text{ (avec 1 bar = 10 m CE = 1 Kg/cm}^2)$$

où p est la pression au sol et ρ désigne la masse volumique de l'eau
Le tableau récapitulatif de la vérification du réseau actuel est présenté dans l'annexe 10.

b) Extension du réseau d'eau potable d'Obala

Nous nous limitons volontairement à la présentation rapide de la démarche utilisée. Pour desservir systématique de tous les ménages dans cinq ans, il faut un taux annuel d'accroissement d'abonnement de 11 %. Mais en réalité seul 7 % constitue le taux fiable car il correspond d'après les enquêtes au nombre de ménages susceptible de payer les frais de branchement et de consommation mensuelle comme nous le verrons au paragraphe suivant.

Soit Q_{to} est la consommation journalière déterminée, avec une consommation spécifique de 60l/j/hab. $Q_{to} = 782$ m^3/j

Taux d'accroissement de la population 3,6%

Évolution du nombre d'abonnés 3,4 % soit un taux d'accroissement (t_a) de la   consommation de 7 %.

D'où $Q_t = Q_{to} (1 + t_a)^5$ (34)   d'où $Q_t = Q_{to} (1,11)^5 = 1316$ m^3/j

A N $Q_t = 1316$ m^3

L'approche classique nous donne une consommation horaire de q = 54,85 m^3/h ce qui conduit à une capacité minimale du réservoir de 517 m^3 contre 450m^3 pour le réservoir actuel. D'où la nécessité d'acheter une pompe de refoulement de 80 m^3/h. Le temps de fonctionnement étant de 19H/24H.

En appliquant les équations (31), (32) et (33) avec les hypothèses ci-dessus on trouve des vitesses faibles dans les conduites 3-4, 6-8, 14-15, 16-28, 22-23, 23-24 ; la pression est satisfaisante partout ailleurs (cf. organigramme de l'annexe 8 pour la méthode).

On note une augmentation de la vitesse dans le tronçon 6-8. La solution serait de favoriser les branchements sur les tronçons 3-4, 6-8, 14-15.

Dans cinq ans les principaux résultats sont les suivants :

- L'approche classique aboutit à l'achat d'une pompe de 80 m^3/h et des canalisations d'eau. Le coût total par l'approche classique est de 58,1 millions de francs CFA. L'analyse de cet échéancier sera faite après la présentation des résultats issus de l'application des modèles de développement préconisés par le biais des outils que nous avons élaborés.

- En terme de vitesse dans les canalisations l'approche classique montre que le réseau est satisfaisant exceptée la vitesse dans le tronçon 2-3 qui est élevée.

La carte ci-après présente le réseau existant avec ses extensions suivant la démarche classique.

8.4 APPLICATION DES OUTILS PROPOSÉS

Une nouvelle approche de développement des réseaux d'eau potable et d'électricité a été proposée à la seconde partie. L'objectif de ce paragraphe est d'appliquer les méthodes et outils élaborés à l'orientation de la planification du réseau d'eau potable, cas de la ville d'Obala (Cameroun) et de comparer les résultats produits avec ceux obtenus lors de la démarche utilisée dans le paragraphe précédent. Cette étude comporte quatre phases :

- l'estimation du taux d'effort,
- l'évaluation du risque,
- l'orientation du développement du réseau et l'échéancier.

La plupart des résultats sont donnés par strate.

8.4.1 Estimation du taux d'effort

La plupart des données qui suivent résultent du dépouillement de l'enquête ménage effectuée dans la ville d'Obala en 1992. Les coûts admissibles de raccordement (CAR) et les coûts admissibles de consommation mensuelle (CACM) sont des variables qui décrivent le taux d'effort des ménages. Aussi, faudrait-il évaluer les priorités, les besoins et la solvabilité des ménages par rapport à l'alimentation en eau potable. En d'autres termes l'évaluation rigoureuse de la demande devient une double exigence qualitative et quantitative. Le tableau ci-dessous présente les résultats essentiels des variables relatives à l'alimentation en eau à Obala.

n° strate	1	2	3	4	5	6	7	8
ménages	412	289	714	395	181	604	376	169
% abonné	78%	68,2%	30,4%	35%	30%	42,9%	80%	97,5%
revenu (FCFA)	128 630	131 000	72 500	72 525	75 460	106 700	49 500	95 760
CACM FCFA	2 300	1 920	2 033	2 260	1 855	1 680	1 905	1 335
CAR (FCFA)	36 760	42 500	33 500	40 000	30 070	46 760	31 030	55 000
CC (FCFA)	3 460	4 425	4 050	4 800	1 800	3 800	3 670	3 350
BF payable	3%	70%	52,2%	63,5%	20%	29,5%	0%	0%

Tableau 21 :   Récapitulatif des principaux résultats de l'enquête ménage liés à l'alimentation en eau potable - Obala.

Ce tableau présente notamment les deux composantes du taux d'effort pour chaque strate. Il s'agit des valeurs moyennes observées à Obala. Il montre que la variable *revenu* n'explique pas seul la capacité contributive des ménages. On relève par exemple que les strates 3 et 4 où les revenus moyens sont parmi les plus bas, ont les coûts de consommation mensuelles (CC) les plus élevés. Par ailleurs, les ménages non abonnés de ces mêmes strates sont de ceux qui paieraient l'eau à un montant relativement élevé en cas de la souscription d'un abonnement.

L'extension du réseau prendrait alors en compte le coût admissible de raccordement et le coût admissible de consommation mensuelle. Étant donné que l'investissement, qui traduit ici les coûts d'installation des canalisations d'eau, dépend du taux d'effort raccordement et que la taux d'effort consommation détermine l'exploitation du réseau, nous allons présenter la répartition de ces taux d'effort pour l'ensemble des strates. C'est un peu l'analyse de la distribution par strate et par rapport à l'ensemble de la ville des différents coûts admissibles dont les moyennes sont présentées dans le tableau 22.

a) Taux d'effort consommation et développement du réseau d'eau

En termes de gestion du réseau d'eau potable, le taux d'effort se présente comme indiqué dans le tableau 22. Elle met en relief la disposition du CACM de l'eau dans chaque strate.

CACM en KFCFA	Strate 1	Strate 2	Strate 3	Strate 4	Strate 5	Strate 6	Strate 7	Strate 8	toutes strates
[[0-1]	25%	0%	30,76%	35,48%	22,22%	45,95%	43,59%	50%	38,81%
[1-2]	50%	100%	38,48%	25,8%	50%	40,55%	28,2%	25%	34,86%
[2-3]	0%	0%	30,76%	16,12%	22,22%	8,10%	12,82%	25%	14,47%
[3-4]	12,5%	0%	0%	6,45%	0%	5,4%	5,12%	0%	4,62%
[4-5]	12,5%	0%	0%	12,9%	5,56%	0%	10,25%	0%	6,58%
> 8	0%	0%	0%	3,25%	0%	0%	0%	0%	0,66%

Tableau 22: Taux d'effort ménages - coûts admissibles de consommation mensuelle AEP- Obala.

42 % des ménages interrogés ne souhaitent pas payer leur facture au-dessus de 2000 francs, ce qui montre bien le risque encouru par rapport à l'investissement.

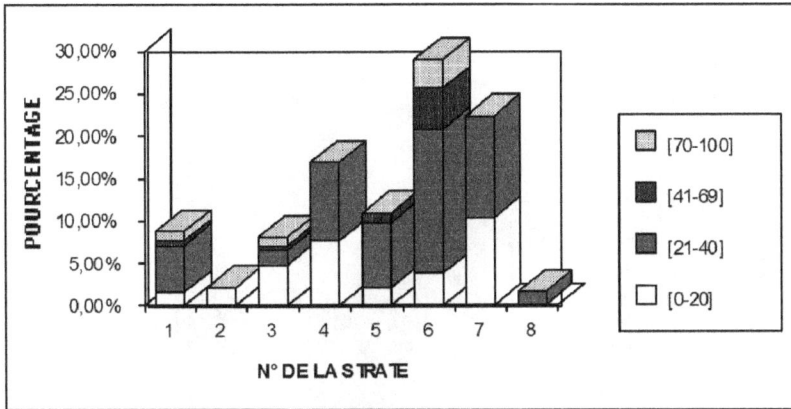

CAR en KF CFA

Figure 21: Évaluation du taux d'effort ménages - coût admissible de raccordement

Ces résultats, bien que par strates, concernent l'ensemble des ménages de la ville qui ne disposent pas de branchement particulier et qui en font leur priorité en terme d'investissement. La totalité des ménages de la strate 8 qui souhaitent une alimentation en eau potable, représentant 2 % de l'ensemble des ménages de la ville non abonnés et désireux de l'être, sont disposés à payer pour la souscription de leur abonnement une somme variant de 21 000 à 40 000 FCFA. C'est sensiblement le même pourcentage (2,4 %) pour la strate 2 mais à la différence qu'aucun ménage n'est prêt à consentir plus de 20 000 FCFA pour son abonnement. Dans les strates 1, 3 et 7, on rencontre des ménages qui peuvent financer leur abonnement à concurrence de 70 000 à 100 000 FCFA et ils représentent respectivement 2 %, 2 % et 6 % de l'ensemble des ménages de la ville souhaitant un branchement domiciliaire. Cette analyse du taux d'effort raccordement des strates par rapport à la ville est insuffisante pour apprécier la solvabilité absolue d'une strate quelconque. La figure ci-dessous (figure 22) complète l'analyse permet d'affirmer sans ambiguïté, compte tenu du coût admissible de raccordement, s'il est nécessaire d'envisager dans la strate considérée les branchements particuliers.

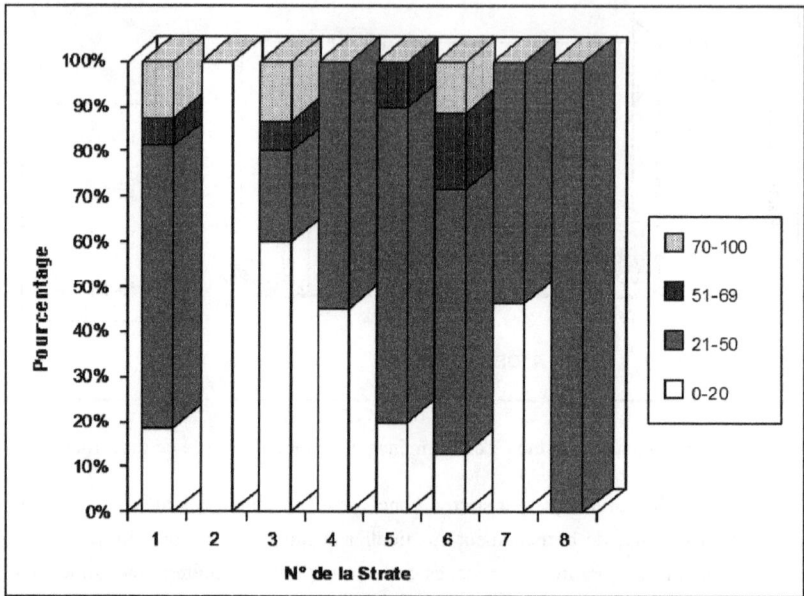

CAR en KFCFA

Figure 22 : Taux d'effort ménage - Coûts admissibles de raccordement

Cette figure présente la répartition du taux d'effort des ménages dans chaque strate. Elle permet de reconnaître directement l'importance relative des taux d'effort par strate et surtout le pourcentage des ménages concernés par rapport aux ménages non abonnés de la strate. Plus le taux d'effort raccordement est élevé, plus le ménage peut financer les frais exigés pour la souscription d'un abonnement. De même le ménage dont le taux d'effort raccordement est faible ne pourra pas s'acquitter du coût d'un branchement particulier ; en revanche il pourra s'alimenter aux bornes fontaines payantes. Ces taux d'effort correspondent aux niveaux de services ci-dessous décrits (tableau 23).

Réseau	Niveau de service		
	1er niveau	2èniveau	3è niveau
au potable	Points d'eau collectifs (BF) dans un rayon de 300m	Robinet dans la parcelle ou borne fontaine	Eau courante : raccordement systématique
Electricité	Énergie électrique alimentant exclusivement les lampes. Éclairage limité à quelques pièces principales	Éclairage de quelques pièces principales et alimentation de certains appareils électrodomestiques	Éclairage de toutes les pièces, alimentation d'appareils électrodomestiques climatisation, chauffe eau

Tableau 23 : Hiérarchisation du niveau de service.

Les tableaux 24 et 25 permettent de définir deux classifications : l'une en fonction du coût admissible de raccordement et l'autre en fonction du coût admissible de consommation et, de définir B, B étant le nombre de ménages dont le coût mensuel admissible est supérieur au coût moyen admissible observé dans chaque strate.

N° strate	CAR (FCFA)	% non abonnés	Nbre non abonnés	B
8	55 000	2,5	4	2
6	46 760	57,1	301	92
2	42 500	31,8	79	38
4	40 000	65	262	79
1	36 760	22	79	20
3	33 500	69,6	429	132
7	31 030	20	274	82
5	30 070	70	109	54

Tableau 24 :   Classification des strates en fonction du taux d'effort - coût admissible de raccordement

Les ménages des strates 3, 7, et 5 qui ont un CAR moyen inférieur au coût minimal en vigueur (35000 FCFA) sont réputés insolvables. Il n'est donc pas souhaitable d'étendre les réseaux primaire et secondaire dans leurs îlots respectifs en vue de leur raccordement. L'alimentation par point d'eau collectif constitue le niveau de desserte approprié par rapport à cette participation des abonnés potentiels.

Par rapport aux consommations mensuelles les coûts admissibles se présentent comme suit (tableau 25) :

N° strate	CACM (FCFA)	% non abonnés	Nbre non abonnés	B
1	2 300	22	79	30
4	2 260	65	262	81
3	2 033	69,6	429	132
2	1 920	31,8	79	20
7	1 905	20	274	40
5	1 855	70	109	41
6	1 680	57,1	301	95
8	1 335	2,5	4	2

Tableau 25 : Classification des strates en fonction du taux d'effort : coût admissible de consommation mensuelle.

Ce ne sont pas les strates qui présentent les coûts admissibles de raccordement les plus grands qui peuvent forcement payer les quittances mensuelles d'eau les plus élevées. Le taux d'effort consommation pour plus du tiers des ménages est supérieur à la moyenne déclarée dans chaque strate à l'exception des strates 4, 2 et 6. Cette remarque va permettre au cas où la strate n'est pas globalement solvable de savoir s'il faut mettre l'accent sur les bornes fontaines ou sur les branchements particuliers comme nous le verrons au paragraphe 8.4.2.

b)   Interprétation du taux d'effort

- Ainsi, pour le raccordement, le classement en fonction du *coût admissible de raccordement* par ordre décroissant est le suivant :

Strates : 8, 6, 2, 4, 1, 3, 7, 5 ;

- Le classement par ordre décroissant en fonction du *coût admissible de consommation mensuelle* des strates se présente comme suit :

Strates : 1, 2, 4, 3, 7, 5, 6, 8

La solvabilité des strates ne peut être assurée qu'en examinant les deux dimensions du taux d'effort par rapport aux *niveaux de référence* préalablement définis. C'est pourquoi la décision d'extension et le niveau optimal de desserte du réseau dépendent de l'analyse croisée de la capacité des ménages à payer les coûts de raccordement et des consommations.

8.4.2 ÉVALUATION DES NIVEAUX DE RÉFÉRENCE ET DU RISQUE

La connaissance du niveau de risque encouru constitue la véritable clef du processus d'aide à la décision en matière du développement du réseau.

L'élément perturbateur est le taux d'effort des ménages (cf. chapitre 6) et l'élément vulnérable est la sécurité de récupération des coûts d'investissement (équipement en réseaux), d'exploitation et de gestion des réseaux. L'estimation de la probabilité d'occurrence de ces deux événements suppose au préalable une détermination des indicateurs de fiabilité (niveaux de référence).

8.4.2.1 Construction des niveaux de références

On distingue deux cas : la consommation (exploitation des réseaux) et le raccordement (frais d'investissement).

Les niveaux de référence de raccordement sont caractérisés essentiellement par le diamètre et la longueur de la conduite de branchement. Les niveaux de référence de consommation dépendent principalement de la taille du ménage et de son degré d'équipement en plomberie sanitaire.

Les tarifs de vente d'eau potable et de branchement au réseau SNEC sont les mêmes dans toutes les villes du pays. Ce qui prédispose à des niveaux de référence valables en dehors des sites expérimentaux.

a)- Niveaux de référence des raccordements

Les coûts de raccordement dépendent de l'existence et de la proximité du réseau de distribution, en d'autres termes de la distance du réseau de distribution au point de livraison à l'abonné. Les enquêtes ont permis d'évaluer les tendances centrales et les limites inférieures de ces coûts. Ce sont ces dernières qui nous intéressent dans la détermination des coûts minimums de raccordement.

Pour les raccordements nous prenons en compte la possibilité des branchements supplémentaires sur les points de livraison existants. Cette proposition qui n'est qu'un essai de régularisation de la "revente" de l'eau aux voisins est réaliste. Cette activité de "revente" d'eau ne profite pas aux ménages qui achètent l'eau plus chère chez le voisin abonné ; elle s'effectue au détriment du concessionnaire SNEC qui bénéficierait, toute chose restant égal par ailleurs, au moins des frais mensuels de location des compteurs relatifs à l'abonnement. Les consommations spécifiques trouvées montrent que techniquement il est possible de mettre en œuvre une telle solution.

Diamètre de branchement (mm)	Forfait 5 m de branchement (FCFA)	Coût mètre linéaire (FCFA)	Branchement supplémentaire	Branchement à partir d'un point de livraison
15	46 585	1 720	22 450	34 520
20	53 510	2 080	28 755	41 085
40	78 650	3 125	52 110	65 380

Source : MÉMENTO commercial SNEC et nos propres calculs.

Tableau 26 : Tarif de raccordement au réseau AEP de la SNEC

La zone ombrée indique les NDR raccordement. Les enquêtes (Obala, Yaoundé, Bandjoun) révèlent qu'en dehors des campagnes de branchements sociaux qui sont gratuits, les ménages paient toujours au moins 30 000 FCFA pour leur abonnement.

L'expérience, confirmée par les enquêtes de terrain effectuées par l'auteur, montre que les branchements à faible coût (canalisations en PVC : longueur de 5 m et de diamètre 20 mm) coûtent à peu près 40 000 FCFA. C'est d'ailleurs très voisin du forfait fixé par la société chargée de la gestion de l'eau (42 400 FCFA) ; les frais de fouille, lorsqu'elle est réalisée par le ménage, peuvent être déduits de cette dernière somme.

Ce taux d'effort du raccordement constitue un niveau de référence au-delà duquel la probabilité que les coûts d'investissement soient récupérés tend vers l'unité. Le seuil ainsi déterminé $CAR_2 = 40\ 000$ est un indicateur de rentabilité de l'opération. Exceptionnellement, une conduite PVC de 15 mm de diamètre peut être utilisée et coûte forfaitairement 33750 FCFA à peu près 34 000 FCFA [111 - MEMENTO-SNEC] ; nous retenons $CAR_1 = 35\ 000$.

Ce seuil $CAR_1 = 35\ 000$ est un indicateur de vulnérabilité stricte pour la rentabilité. Un CAR qui tend infiniment vers CAR_1 présente une certitude et de non rentabilité des branchements domiciliaires aux réseaux d'eau potable.

Les tarifs des raccordements ont augmentés de 10 % depuis juin 1994. Les courbes 1 et 2 de la figure A.52 donnent respectivement les CAR_1 et les CAR_2 dans le temps.

Il faut remarquer que les branchements de diamètre 15 mm sont exceptionnellement accordés et ne devraient alimenter qu'un nombre très réduit de ménages. Les campagnes de branchement promotionnel adoptent en général des conduites de diamètre de base 20 mm.

$CAR_2 = 41\ 321\ \_\ 42\ 000$ FCFA ; nous retenons $CAR_2 = 42\ 000$.

b) Les niveaux de référence de consommation

1°/- Les hypothèses :

La tarification (annexe 6) et le niveau d'équipements sanitaires (annexe 12) sont les principales variables qui déterminent les niveaux de référence. Le calcul réalisé est basé sur la détermination des seuils (NDR transformé en coût financier) de consommation avec les valeurs suivantes : D'après les normes de l'OMS qui définissent les consommations admissibles, les consommations comprises entre 30 et 40 l/j/hab. sont acceptables.

* taille moyenne des ménages : 5,17 (Obala).

La tarification de l'eau est progressive suivant le volume d'eau consommée (V_c) à savoir ;

- 205 FCFA/m^3 si $V_c \_ 10$ m^3 et
- 255 FCFA/m^3 si $V_c > 10$ m^3.

Les frais de location compteur étant de 545 FCFA/mois pour un diamètre de 15 mm (Ø15) et 705 FCFA/mois pour Ø20.

Ce sont les tarifs en vigueur pendant la période d'enquêtes à Obala et à Yaoundé applicables jusqu'en juin 1994.

Depuis Juillet 1994 le mètre cube d'eau coûte :

- 235 FCFA si $V_c \_ 10$ m^3 et
- 293 FCFA si $V_c > 10$ m^3.

Les frais de location du compteur sont respectivement de 625 F et 810 F depuis Juillet 1994. Ces derniers tarifs ont été utilisés pour la détermination des NDR consommation à Bandjoun. D'une manière générale, il est admis que pour les ménages qui ne disposent que d'un robinet, une conduite de diamètre 15 mm suffit largement alors qu'un Ø20 convient à ceux disposant d'un levier, d'une chasse d'eau, d'une colonne de douche.

2°/- L'évaluation des niveaux de référence de consommation

L'application des équations (20) (21) du module 3 de la procédure conceptuelle on trouve les niveaux de référence suivant pour les ménages abonnés (figure 23) et pour ceux consommant l'eau des bornes fontaines (figure 24), ces valeurs sont plus faibles.

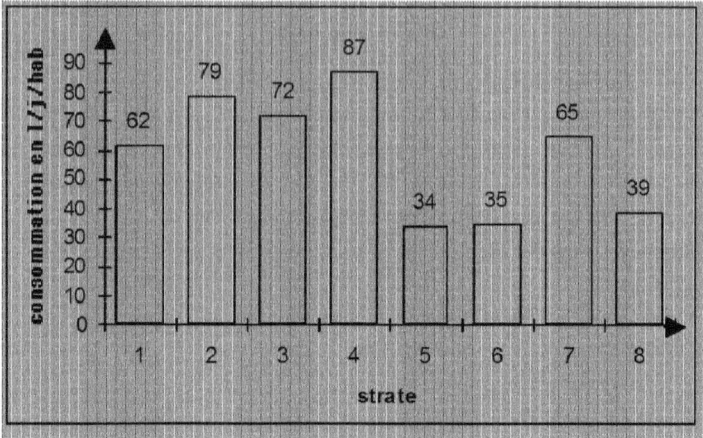

Figure 23 : NDR Consommations spécifiques suivant la strate des ménages abonnés

Ce sont les NDR que nous utilisons qui seront utilisés pour le dimensionnement du réseau. Ces consommations spécifiques déterminées sur la base des quittances mensuelles d'eau pour les ménages abonnés montrent que le niveau de consommation varie énormément suivant la strate ; l'étendue qui est 53l/j/hab., représente plus de d'une fois et demi la plus faible consommation (34l/j/hab.).

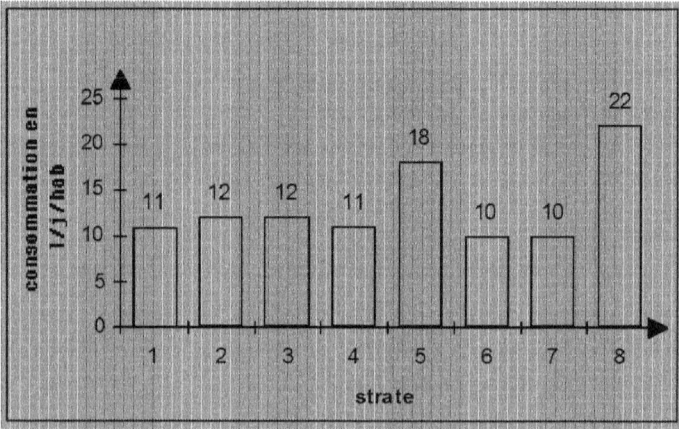

Figure 24 : NDR Consommations spécifiques d'eau des bornes fontaines

Les consommations pour des ménages s'alimentant aux bornes fontaines sont nettement plus faibles que celles ayant un (ou plusieurs) robinet (s) dans la parcelle (figure 24).

Elles varient de 10 à 22 litres et par habitant avec une moyenne de 12,6, approximativement 13 l/j/hab. (cf. formule (26)).

c)   **Analyse et interprétation des consommations spécifiques**

D'après les enquêtes 52 % des ménages de la ville d'Obala s'alimentent en eau grâce à des branchements SNEC. 22 % d'entre eux payent l'eau à un voisin ayant souscrit un abonnement et un compteur d'abonné dessert 1,3 ménages de 5,2 personnes D'autre part le coût mensuel moyen de l'eau de cette catégorie d'usager s'élève à 4120 FCFA et sur lesquels seulement 3169 FCFA correspondent à la consommation d'eau. Le reste étant un forfait destiné à l'entretien du compteur La consommation spécifique est donc de 60 litres par jour et par habitant. Ce chiffre obtenu à Obala, traduit à notre avis le niveau de consommation type dans les villes moyennes que nous avons étudiées.

La moyenne pondérée de la consommation spécifique est de 59 l/j/hab. avec un écart type de 18 l/j/hab. Le fait que la moyenne arithmétique, observée dans l'ensemble des strates soit sensiblement égale à la moyenne pondérée, traduit la stabilité de la consommation spécifique de l'eau potable.

Bien que variant de 34 à 87 l/j/hab. cette moyenne traduit parfaitement la réalité puisqu'elle est stable comme le confirme la valeur de l'écart type. Ce résultat est d'autant plus important et significatif qu'une enquête menée spécialement auprès des ménages d'un quartier d'habitat administré de la ville de Yaoundé (Biyem-Assi), considéré comme du haut standing le confirme : la consommation spécifique a été évaluée à *83 l/j/habitant* avec un écart type de 28 l/j/habitant. Le dépouillement que nous avons effectué sur la base des statistiques de gestion de la SNEC en 1989, portant sur l'ensemble des centres de distribution d'eau [79 - SNEC], montre qu'au Cameroun, cette consommation spécifique est en moyenne de 66 l/j/hab. pour les ménages disposant des branchements particuliers et de *23 l/j/hab.* pour ceux des citadins s'alimentant aux bornes fontaines d'après.

8.4.2.2 Évaluation du risque dans la programmation des réseaux

Les usages et pratiques courantes en matière d'installation de branchement et de vente d'eau nous ont amené à considérer deux seuils (NDR transformés en coût financier) :

- Le premier seuil déterminé par la valeur limite inférieure susceptible d'être atteinte. Il désigne, dans les conditions les plus favorables, le coût minimum nécessaire pour souscrire un abonnement (branchement particulier) ou le coût mensuel (montant de la quittance d'eau) auquel un ménage abonné doit s'attendre.

- Le second seuil correspond à la tendance centrale de la distribution observée (coût de raccordement, coût de consommation) ; c'est la valeur moyenne des NDR.

Ainsi, lorsque pour une strate le taux d'effort est supérieur au second seuil (NDR transformé en coût financier), on admet qu'il y a beaucoup de chance que la participation des ménages de cette strate puisse leur permettre d'accéder aux consommations d'eau à partir d'un branchement particulier. Si au contraire ce taux d'effort est plus petit que le premier seuil (NDR transformé en coût financier), la participation des ménages de la strate considérée ne permet pas de dimensionner un réseau susceptible de desservir ceux-ci par des branchements particuliers.

Simulation des niveaux de référence : Risque lié à la gestion

Il s'agit de simuler le taux d'effort des ménages à partir d'une évaluation précise de la consommation journalière par tête d'habitant et de le confronter aux résultats expérimentaux (enquêtes ménages, statistiques de gestion,...).

La consommation du ménage abonné aux consommations d'eau dépend évidemment de son niveau d'équipement sanitaire : elle varie généralement d'après nos enquêtes de 30 l/j/personne pour les ménages ne disposant que d'un robinet dans la parcelle, à plus de 100 l/j/personne pour les ménages les plus équipés (chasse d'eau, douche, évier, buanderie).

D'après nos investigations, la consommation spécifique dans un ménage disposant d'un branchement domiciliaire est supérieure à *40 l/j/habitant* (elle ne doit pas se situer en deçà de 30l/j/personne) et qu'elle équivaut à un coût mensuel de $CACM_2$ = 1770 FCFA. Ce qui entraîne le résultat suivant : pour un taux d'effort inférieur à ce seuil, il est fort probable que la consommation soit plus élevée que le coût admissible de consommation mensuel et que le risque d'insécurité ne soit pas négligeable. Dans le cas contraire c'est-à-dire que le coût admissible mensuel est supérieur à 1770, et si de plus 50 % des ménages de la strate considérée affirme payer plus que ce taux (CACM médian) alors le risque d'insolvabilité tend vers zéro.

En revanche si le CACM est inférieur à $CACM_1$ = 1450 FCFA, la même simulation montre que les ménages ne pourront presque jamais s'acquitter de leurs quittances d'eau au cas où ils auraient souscrit un abonnement. La raison principale réside dans le fait qu'il est peu probable que la consommation spécifique soit inférieure à *30 l/j/habitant*. Ces deux niveaux de référence permettent de partitionner le système selon le critère de vulnérabilité en matière de gestion des réseaux d'AEP avec trois degrés de risque expliqué ci-dessous. À chacun d'eux correspondra un modèle de développement précis du réseau.

1°) CACM> 1770 FCFA et CACM médian> 1770 FCFA

Le risque lié au taux d'effort en matière d'exploitation du réseau est pratiquement nul. Les îlots remplissant ces conditions doivent constituer les zones d'action prioritaire où la quasi-totalité des ménages devraient avoir un branchement domiciliaire. La consommation spécifique est au moins égale à la moyenne 60 l/j/hab.

2°) 1450 < CACM < 1700 FCFA

C'est la zone tampon correspondant à un risque modéré, lié au taux d'effort des ménages en matière des coûts d'exploitation des réseaux d'eau potable. Les îlots présentant cette caractéristique, bien que n'étant pas globalement insolvables ne constituent pas des zones d'action prioritaire. La desserte en eau par les points d'eau collectifs (bornes fontaines) et par les branchements individuels constitue le modèle approprié du développement du réseau d'eau.

3°) CACM < 1450 FCFA.

C'est la zone à haut risque. Dans cette plage il est déconseillé de procéder aux branchements individuels. Les ménages ne pourront pas payer les quittances correspondant à leurs consommations respectives. La recommandation ici concerne l'alimentation exclusive par les points collectifs de distribution d'eau : ce qui implique un réseau peu dense et de linéaire réduit.

Il ressort des résultats ci - dessus que les consommations spécifiques trouvées, c'est - à - dire que les NDR en consommation sont étroitement liés aux coûts admissibles de consommation, donc aux taux d'effort des ménages. En effet, les strates 2, 4 et 6 qui ont les taux d'effort les plus élevés tant en raccordement qu'en consommation, ont les plus grandes consommations spécifiques. De même, les strates 3, 5, 7, et 8 ont des taux d'effort qui sont inférieurs aux seuils de rentabilité, ont les consommations spécifiques les plus élevées aux bornes fontaines avec une pointe à 22 l/j/hab., l'existence des canalisations d'eau dans les strates n'ayant pas changé considérablement les modes d'approvisionnement en eau et la demande.

En conclusion, le taux d'effort est intimement lié au niveau de desserte.

8.4.2.3 Approche transversale du risque lié au taux d'effort

Le paragraphe précédent est centré sur la construction de trois seuils. Les deux premiers indiquant les coûts admissibles de raccordement (investissement) alors que les deux autres décrivent la capacité des abonnés à payer les quittances (gestion du réseau). Ils sont représentés graphiquement dans un système d'axes orthogonal par 4 droites deux à deux parallèles (figure 25) [116 - TAMO].

Ces seuils définissent géométriquement des axes perpendiculaires dont les intersections constituent des surfaces ou zones de risque. Les zones ainsi identifiées et délimitées résultent de la partition du plan en trois secteurs suivant le degré du risque. En admettant que le seuil de rentabilité (Sr) est le rapport de la somme des charges fixées (C_f) sur la différence entre le revenu marginal (R_m) et le coût de la production marginal (C_m), on écrire l'équation suivante :

$$S_r = \frac{C_f}{R_m - C_m} \quad (35)$$

où $C_m = \dfrac{\sum C_v}{P_a}$ (36) avec C_v est la somme des charges variables

et P_a divisée par la production annuelle en (m^3)

$R_m = r \cdot P_v$ (37) avec P_v le prix de vente moyen de l'eau

et r le rendement du réseau. r=0,85 qui à la gestion rigoureuse d'un portefeuille clients comportant 15% "d'irrécouvrables" [59 - SAUR AFRIQUE].

Le seuil de rentabilité est comparé à la capacité nominale du centre de distribution d'eau potable c'est-à-dire au nombre de m^3 qu'il est normalement possible de produire en une année en conservant toujours un équipement de secours.

Ainsi nous pouvons définir trois zones types caractérisées par le risque lié au taux d'effort et nécessitant chacune un modèle spécifique de développement du réseau.

1° Zone I (Sr < 0)

Le seuil de rentabilité négatif implique que le revenu marginal est inférieur au coût de production marginal. Rm < Cm. Cette exigence correspond aux conditions suivantes :

CACM < CACM2

et

CAR < CAR2

C'est la zone à haut risque. En effet, lorsque le prix unitaire de l'eau est fixé, les coûts minimums de raccordement sont déterminés et par ricochet les charges fixes (charges de personnel) et les charges d'amortissement du capital,...) sont données, et la consommation minimum par habitant est connue ; c'est le taux d'effort corrélé au nombre d'abonnés potentiels qui est déterminant pour l'évaluation de la rentabilité.

C'est en vertu de ces postulats que nous faisons remarquer que le rendement commercial du réseau est proportionnel au taux d'effort des ménages lui-même dépendant du coût admissible de consommation mensuelle (ou du coût admissible du raccordement).

Dans cette zone, les charges variables pour la production du m3 d'eau dont la somme donne le coût de la production marginal sont supérieures au revenu marginal. Sinon on est renvoyé au cas suivant (zone II).

2° Zone II Sr > 0 (RM < CM)

Ces deux conditions déterminent globalement les zones de solvabilité à risque limité.

Si Sr > CM   CACM < CACM1

        et

           CAR < CAR2

Les abonnés potentiels et le taux d'effort ne permettent pas d'envisager prioritairement un raccordement systématique des ménages des strates concernées, mais le dimensionnement du réseau devrait prendre en compte le fait qu'en dehors de quelques branchements individuels, les autres ménages seront desservis par les bornes fontaines publiques.

3° Zone III (Sr > 0)

La condition SR/CN > 1 correspond à l'aire définie par le système d'inéquations suivant :   CACM > CACM1

        et

           CAR > CAR1

C'est la zone à risque nul car la solvabilité des ménages est garantie. Il faudrait de ce point de vue développer en priorité les réseaux d'AEP dans les strates remplissant ces conditions.

Conclusion. À chaque seuil on associe une droite, la délimitation des droites détermine à chaque fois le degré de priorité : voir diagramme de représentation des strates en fonction du coût admissible de raccordement et du coût admissible de consommation.

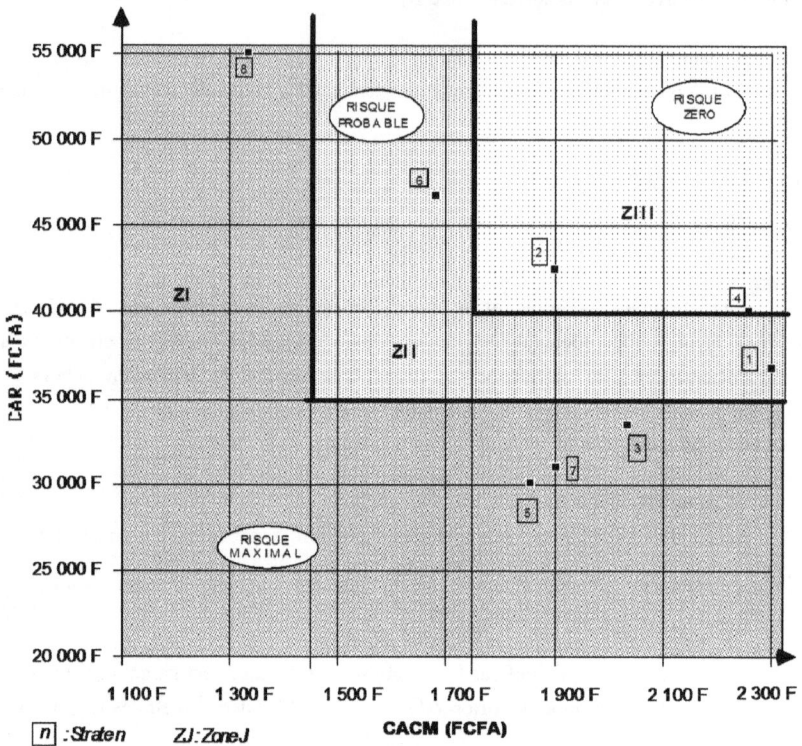

RESEAU DE DISTRIBUTION D'EAU POTABLE D'OBALA:
DIAGRAMME DE RISQUE

Figure 25: Diagramme de **risque** lié au taux d'effort des ménages

En associant le troisième critère qui est le nombre de ménages non abonnés et on obtient alors une échelle à trois catégories de priorité :

priorité 1 : strates 2 et 4 (strates solvables) ; risque zéro

priorité 2 : strates 6 et 1 (strates solvables avec risque)

priorité 3 : strates 3, 7, 5 et 8 (strates insolvables et non rentables) ; risque maximal

Ainsi l'analyse corrélationnelle entre le niveau de service (desserte en eau potable) et le risque lié au taux d'effort des ménages donne les correspondances ci-dessous décrites.

- Le 1er niveau de service est étroitement lié au risque maximal, risque dû à l'insuffisance du taux d'effort aussi bien par rapport aux coûts de raccordement que aux coûts de consommations mensuelles y afférents.

- Le 2nd niveau de desserte (alternance des bornes fontaines et des branchements particuliers) reflète un taux d'effort globalement satisfaisant mais avec une forte proportion des ménages en dessous du seuil de rentabilité des branchements individuels et corollaire en consommation ; c'est la zone II, à risque probable.

- Le 3e niveau de service (eau courante) traduit le risque minimal, Ce niveau relativement élevé de ce dernier montre que les ménages relevant de la zone considérée (Zone III) peuvent supporter des charges dans les mêmes proportions et par conséquent disposer de plus d'équipement (douche, buanderie, évier, chasse d'eau, baignoire,...).

En conclusion, les niveaux de desserte en infrastructures (AEP) sont isomorphes au degré de risque lui-même lié au taux d'effort des ménages

8.4.3 LA PROGRAMMATION DU DÉVELOPPEMENT DU RÉSEAU

Les principales hypothèses utilisées sont les suivantes :

- le risque lié au taux d'effort des ménages est l'une des variables les plus déterminantes dans l'orientation de la planification stratégique du réseau.

- les consommations spécifiques par strates obtenues après dépouillement des fiches d'enquête ménages sont prises en compte dans la programmation. Le nombre de ménages non abonnés ainsi que leur poids relatif sont connus.

- le taux d'accroissement des consommations est connu.

Les échéances utilisées dans la programmation classique sont conservées. Les résultats essentiels sont présentés ci-dessous.

8.4.3.1 Étude de l'extension à court terme

a) développement du réseau

L'extension se fait en prenant pour base les données statistiques de l'enquête ménage. Le taux d'effort est pris en compte par le biais des consommations spécifiques de chaque strate.

Elle ne concerne que les strates situées dans la zone à risque zéro et à risque probable. Les strates à risque maximal devront être desservies par les bornes fontaines.

• Extension dans la strate 2

Pour montrer comment fonctionne la méthode proposée, les détails de calculs sont présentés dans les lignes qui suivent.

- *Extension dans l'îlot 40*

L'extension va engager 99 ménages. En prenant la consommation spécifique 92 l/j/hab., on obtient un débit de 0,63 l/s. Nous prenons le coefficient de pointe 3 puisque c'est un faible débit. Nous avons ainsi un débit de pointe de 1,89 l/s. En choisissant une conduite PVC de 80 mm de diamètre, nous obtenons une vitesse de 0,35 m/s qui est acceptable.

- Coût d'extension du réseau : la longueur totale de conduite est 800 m, le coût du linéaire du réseau est 8 500 FCFA par mètre soit un coût total évalué à 6 800 000 FCFA.

- Extension dans les îlots 28 et 39

75 ménages sont concernés par l'extension. La consommation journalière est 550 l/ménage. Le débit moyen est de 0,48 l/s. En considérant la faible conduite nous prenons un coefficient de pointe et nous avons ainsi un débit de pointe de 1,44 l/s. D'après la table de Colebrook et en prenant une conduite PVC de 80 mm nous obtenons une vitesse de 0,3 m/s.

- Coût d'extension du réseau : la longueur totale de conduite est 850 m. Le coût du linéaire est de 8500 FCFA par mètre ce qui donne un coût total égal à 7 225 000 FCFA.

• **Extension dans la strate 4**

La vérification du réseau existant montre que les sections des canalisations sont surdimensionnées. On aura tout simplement à faire des branchements.

• **Extension dans la strate 6**

L'extension va se faire dans les îlots 36, 52 et 34 qui ont au total 123 ménages. La consommation journalière par ménage est de 473 l soit 78 l/j/hab., ce qui correspond à un débit moyen de 0,7 l/s. En prenant un coefficient de pointe de 3 (conduites de faibles diamètres) nous avons un débit de pointe qui est de 2,1 l/s. En considérant une conduite PVC de 63,2 mm, d'après la table de Colebrook on aboutit à une vitesse de 0,7 m/s ce qui est acceptable.

- Coût d'extension : la longueur est de 600 m. Son coût linéaire est de 6 500 FCFA/m. Le coût total donne une valeur de 3 900 000 FCFA.

• **Extension dans la strate 1**

La strate 1 comprend les îlots 5, 6, 7 ,8, 9, 10, 12 et 45. Compte tenu du fait que le réseau passe déjà dans cette strate nous allons faire une étude de l'influence du branchement sur le réseau. Il faut y prévoir l'installation de quelques bornes fontaines.

Les strates à risque maximal sont les strates 3, 5, 7, et 8. Compte tenu du risque lié au taux d'effort des ménages (cf. figure 53), ce sont quelques bornes fontaines qui y seront installées. La technologie et le mode de gestion de ces bornes fontaines sont proposés au paragraphe 2.1 du prochain chapitre. Les canalisations qui desservent les îlots de ces strates ne seront pas renforcées ; la consommation spécifique est de 22 l/j/hab.

b) Vérification du réseau après extension

La vérification des réseaux obéit au même principe que pour le réseau existant.

* Estimation des débits

L'estimation des débits se fait en utilisant les niveaux de référence établis précédemment (paragraphe 8.4.2).

Pour les autres usagers à savoir les abonnés et ceux qui prennent de l'eau chez le voisin, les consommations spécifiques sont beaucoup plus élevées. Il faut noter que les consommations spécifiques tiennent compte des "reventes d'eau" par le voisin abonné. Celles relatives aux abonnés disposant d'un raccordement sont présentées à la figure 51. Cette figure illustre la corrélation entre les aspirations et les pratiques usuelles. En effet, les strates 4 et 2 ont les CACM les plus élevés mais également les consommations spécifiques. De même, les strates 5 et 6 qui ont les consommations spécifiques les plus fortes ont des coût admissibles de consommation les moins élevés. Ce sont les NDR élaborés précédemment (figure 51) que nous utilisons pour le dimensionnement du réseau. Ces consommations spécifiques déterminées sur la base des quittances mensuelles d'eau pour les ménages abonnés montrent que le niveau de consommation varie énormément suivant la strate ; l'étendue qui est 53/l/j/hab., représente plus de d'une fois et demi la plus faible consommation (34l/j/hab.).

Un calcul rapide montre une consommation de 782 m^3/j à laquelle il faut ajouter les consommations des édifices et des agro-industries à savoir :
- Consommation des élèves de l'internat du lycée et des mini-cités 12 m^3/j ;
- Consommation pour la culture des champignons (agro-industrie) 22m^3/j ;
- Consommation du centre administratif 10 m^3/j ;
- Consommation du centre commercial 5 m^3/j.
- Pertes sur le réseau 15 % =
On obtient une consommation totale Q_t = 956 m^3/j, ce qui pour un entretien normal implique un débit moyen Q_m = 11 l/s. D'après la modulation SNEC, nous prenons un coefficient de pointe général de 2,4 ; le débit de pointe est alors de 26,4 l/s. C'est le débit à injecter dans le réseau aux heures de pointe.

En procédant comme au paragraphe précédent mais en prenant Q = 40 m^3/h et q= 39,8 m^3/h où Q désigne le débit de refoulement des pompes et q la consommation horaire moyenne, on obtient une capacité minimale du réservoir de 375 m^3. Cette capacité minimale du réservoir prouve que le réservoir sera satisfaisant car actuellement il a une capacité de 450 m^3.

Dans cinq ans, $Q_5 = Q_{to}(1,07)^5$ ce qui donne q = 47,5 m^3/h avec Q = 40 m^3/h ; et une capacité minimale du réservoir de 448 m^3. Ce qui prouve que le réservoir actuel de capacité 450 m3 est satisfaisant.

La formule de Bresse établit le diamètre économique : $D = 1,5\sqrt{Q}$ (38) en fonction du débit (en m^3/s).

Le débit transitant par la canalisation de refoulement vaut : $Q = \dfrac{24}{19}q = 57,76$ m^3/h. Ce qui donne en appliquant (29) D = 0,189 m, soit 190 mm ; cette valeur est inférieure la valeur du diamètre (actuel (200 mm) de cette canalisation. De plus, la condition imposée sur la vitesse de refoulement est Vr_2,5 m^3/s. Or $V_r = \dfrac{4Q}{\pi D^2} = 0,51$ m^3/s.

Donc la canalisation de refoulement est hydrauliquement satisfaisante.

L'analyse du tableau de vérification et de dimensionnement du réseau met en évidence des faibles vitesses dans les tronçons 3-4, 6-8, 14-15, 23-24 et 22-23. Comment prévoir la demande future pour les besoins d'extension du réseau ?

* Prévisions de la demande future et extension

La consommation spécifique trouvée ne varie pas de façon significative quelque soit la saison de l'année comme le montre (figure 26) a demande globale enregistrée au cours de quatre années consécutives (1988 - 1991).

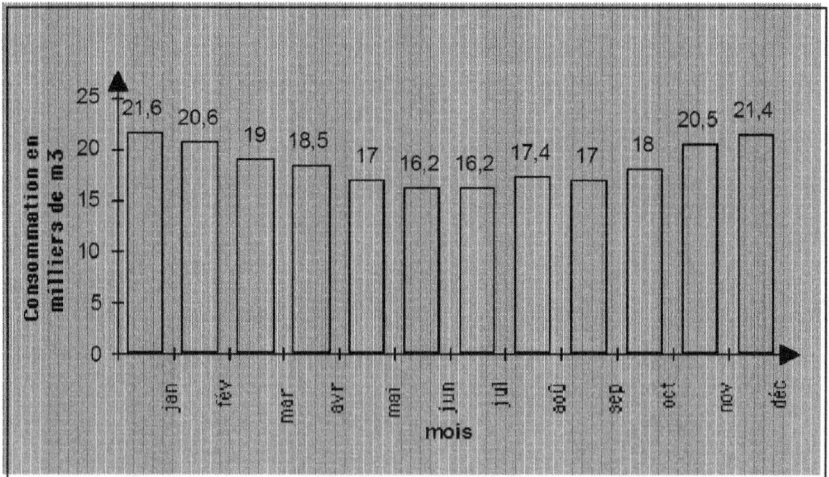

Source : SNEC

Figure 26: Variation de la consommation mensuelle d'eau- Obala

Les consommations mensuelles varient très peu au cours de l'année. La moyenne est de $18,58.10^3$ m^3 avec un écart type de $1,84.10^3$ m^3 ce qui confirme l'argument selon lequel les consommations conservent sensiblement le même niveau quelque soit la période de l'année.

C'est en raison de cette faible variabilité des consommations mensuelles que nous estimons les consommations futures en fonction de la moyenne actuelle que nous avons obtenue. Néanmoins, en décembre et janvier, les consommations sont plus élevées à cause de la saison sèche et des fêtes de fin d'année. Par contre en avril, la saison des pluies produit l'effet inverse mais la consommation d'eau reste néanmoins importante parce que l'existence des nuages de poussière dans l'air ne permet pas l'utilisation de l'eau de pluie pour l'usage domestique. En juin, juillet, août et septembre la forte pluviométrie fait baisser la demande en eau potable SNEC.

8.4.3.2 Étude du réseau dans 5 ans

L'étude du réseau porte sur la vérification du réservoir et sur l'extension du réseau actuel en utilisant les NDR que nous avons déterminés d'une part, d'autre part le risque lié au taux d'effort des ménages en faisant l'hypothèse que les tendances présentement observées ne vont pas sensiblement être modifiées d'ici 5 ans.

a) Vérification du réservoir

En procédant comme au paragraphe 1.3.2 de cet chapitre mais en prenant la consommation moyenne horaire q = 45,7 m^3/h, plus faible que la consommation moyenne horaire (54,85m^3/h) pour la démarche classique, on a une capacité minimale du réservoir de 430 m^3. Cette valeur étant de 548,3 m^3 par l'approche classique. Le réservoir actuel qui a une capacité de 450 m^3 est par conséquent satisfaisant pour la demande future.

b) Extension du réseau

L'étude de l'extension va se faire surtout dans la périphérie et les quartiers densifiés. On va étendre le réseau avec les hypothèses suivantes :
- le taux d'accroissement de la population est de 3,6 %,
- l'évolution de la consommation dans les quartiers densifiés va dépendre de l'évolution du taux d'abonnement qui sera supérieur à 90 %,
- l'évolution de la consommation dans les quartiers sous densifiés va dépendre de l'évolution de la croissance de la population et du taux d'abonnement que l'on prendra égal à 80 %.
- l'évolution de la demande se détermine à la base du coefficient $(1,07)^5 = 1,4$.

- la consommation horaire moyenne est 45,7 m^3/h soit un débit de pointe de 30,46 l/s en adoptant la modulation SNEC.

c) Vérification du réseau

Elle permet de conclure que :

le tronçon 14-16 va s'allonger de 320 m (avec les tuyaux de diamètre 125 mm)

le tronçon 3-4 va s'allonger de 500m (125 mm)

le tronçon 6-8 va s'allonger de 600m (125 mm)

En ce qui concerne la vitesse, le tableau de vérification montre que le réseau sera satisfaisant dans 5 ans.

d) Coût d'extension dans 5 ans

Les résultats sont les suivants : coût d'extension préalable 18,925 millions de francs CFA et coût des conduites 1420× 13 000 = 18 460 000 FCFA soit un coût total de 37,385 millions de francs CFA.

8.4.4 Conclusion sur la démarche proposée

Après avoir utilisé le logiciel élaboré dans la seconde partie pour déterminer le taux d'effort des ménages en fonction de chaque tissu urbain (strate), on a ensuite montré comment élaborer expérimentalement les alternatives aux normes de consommation et de branchement au réseau d'AEP. Les niveaux de référence ainsi déterminés nous ont permis de construire un diagramme de risque lié au taux d'effort des ménages. Ce diagramme comprend trois zones suivant le degré de risque encouru. A chaque zone correspondent un niveau de desserte par le réseau, d'équipements sanitaires des ménages et une consommation spécifique précise. Ces trois variables traduisent la participation des ménages aussi bien pour les frais de branchement que pour les dépenses mensuelles de consommation d'eau. C'est l'appartenance de la strate à une zone donnée définit son type approprié de desserte du réseau et le niveau de consommation nécessaire pour alimenter ses ménages à moindre coût. La comparaison des résultats obtenus par cette nouvelle approche à ceux résultant de la démarche classique permet de dégager l'intérêt de notre proposition.

8.5   ANALYSE COMPARATIVE DES MÉTHODES D'APPROCHE UTILISÉES

Deux démarches ont été utilisées pour élaborer la planification du développement du réseau d'eau potable de la ville d'Obala : la programmation classique et la programmation du réseau sur la base des outils élaborés. La carte de page suivante rend compte de la programmation de ce réseau suivant les deux méthodes.

168

L'analyse des résultats obtenus montre que la première démarche débouche sur les coûts d'investissement et de gestion prohibitifs. En effet dans son principe, elle suppose un branchement systématique (100 %) des ménages au réseau d'eau potable. Cette hypothèse est socialement inefficace et économique irréaliste, voire utopique à moyen terme ; elle est financièrement risquée aussi bien en ce qui concerne les ressources mobilisables que la récupération des coûts et, techniquement peu fiable du fait du surdimensionnement excessif des ouvrages du réseau. Cette démarche permet de desservir un grand nombre de ménages à moindre coût comme le montre le tableau 27.

Échéance et critères		Démarche classique	Démarche proposée	Écarts relatifs
Court terme	Longueur du réseau d'extension (km)	4,38	2,25	-49 %
	Ménages desservis par ce réseau	1498	1066	-29 %
	Nombre de ménages au km du réseau	340	474	+40 %
Moyen terme	Longueur du réseau d'extension (km)	5,18	3,67	-29 %

Tableau 27 : Tableau comparatif des niveaux de desserte en AEP suivant la démarche utilisée

En confrontant les résultats de programmation des réseaux d'AEP obtenus respectivement par la démarche classique et la démarche proposée, il se dégage ce qui suit :

1° À court terme.

- La longueur d'extension du réseau est de 4,38 km en utilisant la démarche classique contre 2,25 km obtenue par la démarche proposée, soit un réseau deux fois moins long que celui résultant de la première démarche.

- La réalisation de ces canalisations peut permettre de desservir 1498 ménages supplémentaires en appliquant la démarche classique, ce qui correspond à un taux de desserte en AEP d'environ 100 % dans la ville d'Obala. Avec la démarche que nous avons proposée, les canalisations d'extension vont desservir 1066 ménages supplémentaires dans la ville dont 552 ménages par des branchements particuliers et 514 par des bornes fontaines. Le taux de desserte en AEP au terme de cette extension est de 82 % ; ce qui correspond à 29 % des ménages non abonnés desservis en moins par rapport à la première démarche.

- Le nombre de ménages desservis au kilomètre du réseau en appliquant la méthode que nous proposons est supérieur à celui obtenu par la démarche classique.

2° *À moyen terme*, la tendance des atouts de la démarche proposée reste maintenue avec des amplitudes moins larges en valeurs absolues.

Interprétation des résultats

A priori, le nombre de ménages desservis en utilisant la démarche classique étant plus élevé que celui obtenu avec la démarche que nous avons proposée représente un avantage en faveur de la démarche classique. Mais cette avantage n'est qu'apparent. En effet, les résultats de l'enquête montrent que seuls 37 % des ménages non abonnés peuvent payer les coûts de raccordement et les coûts de consommation correspondant à un tel niveau de desserte (minimum de 40l/j/hab.). Ce résultat remet en cause l'avantage de la démarche classique concernant la desserte de la quasi-totalité des ménages dans la ville. Il est donc très probable que l'investissement (extension du réseau) émanant de la démarche classique, ne soit rentable ni pour la société concessionnaire (SNEC), ni pour le ménage :

- Pour la société concessionnaire (SNEC), qui ne pourra pas équilibrer ses charges d'investissement et d'exploitation du réseau. En effet celles-ci sont relatives à un réseau surdimensionné alors qu'en raison du faible taux de raccordement des ménages le niveau effectif des recettes est insuffisant.

- Pour le ménage, une tranche importante des ménages concernés ne pourront pas réunir l'argent nécessaire pour avoir un branchement ou ne pourront pas s'acquitter de frais de consommation en cas de branchement. Dans ce dernier cas, leurs abonnements seront résiliés et on retrouverait le problème initial qui est le faible taux d'accès des ménages à l'eau potable.

La prise en compte de la participation des ménages, qui est une composante essentielle de notre démarche, permet d'étendre efficacement ce réseau et de rationaliser les investissements relatifs à son développement. La démarche proposée permet d'aller au-delà des performances de la démarche classique par un accroissement du ratio *ménages desservis au km du réseau* de l'ordre de 40 % [116 - TAMO].

La seconde démarche se veut donc plus pertinente et plus efficace. En effet elle part de l'évaluation des consommations spécifiques par jour et par habitant pour planifier le réseau en fonction de l'échelle de préférence et du taux d'effort des potentiels bénéficiaires. Les considérations macro-économiques ne sont pas en reste puisqu'elles sont implicitement intégrées dans le processus. A titre d'exemple, le coût d'extension du réseau actuel d'Obala est de dix-huit millions neuf cent vingt-cinq mille francs CFA soit moins de la moitié du montant du coût d'extension du même réseau en appliquant la première démarche. Il en est de même du coût des extensions à moyen terme (5 ans) dont le montant total est inférieur à la somme à mobiliser dans l'immédiat (court terme) en se référant aux prescriptions de la première démarche.

Plus concrètement, les ressources mobilisables pour l'équipement graduel et progressif en infrastructures d'eau potable, d'après le modèle que nous proposons au cours des six prochaines années sont équivalentes à celles nécessaires pour satisfaire les besoins immédiats selon les principes d'évaluation de ces derniers que suggère la première démarche.

Coût total du développement du réseau d'AEP (FCFA)

Terme	Programmation classique du réseau d'AEP	Programmation suivant la démarche proposée
Immédiat (court terme)	44 500 000	18 925 000
Moyen terme (5 ans)	58 100 000	37 385 000

Tableau 28 : Tableau comparatif des ressources mobilisables en fonction de la démarche utilisée.

En terme d'investissement, le gain réalisé à court terme en utilisant la démarche que nous proposons est de 57 % par rapport à la démarche classique [116 - TAMO].

Enfin, nous n'avons pas tenu compte de la surévaluation de la consommation dans la programmation lorsque l'on suit la démarche classique. En prenant une consommation spécifique de 150 l/j/hab., c'est-à-dire sensiblement le triple du résultat que nous avons obtenu, les coûts de programmation des investissements par la méthode classique vont s'accroître du tiers de la valeur calculée ci-dessus ; ce qui correspond à des coûts de programmation du réseau d'eau de l'ordre de 59,3 millions et de 77,5 millions de francs FCFA, respectivement pour le court terme et le moyen terme.

Conclusion : On a ainsi appliqué le modèle de développement des réseaux proposé dans la seconde partie de ce mémoire. C'est un test satisfaisant à plusieurs titres :

1°/ Il montre notamment que la prise en compte de la participation des ménages est techniquement possible et financièrement incontournable.

2°/ Il a permis ce faisant, de "caler" certains paramètres de notre modèle à l'instar des consommations spécifiques (AEP) et autres puissances installées (AEE). Les niveaux de référence ainsi déterminés sont utilisés pour le dimensionnement des réseaux mais sont également recommandables dans toutes villes présentant des caractéristiques socio-économiques et urbanistiques voisines de celles que nous avons étudiées.

3°/ Il a permis de mettre au point une méthode graphique d'évaluation du risque dans la programmation des réseaux en fonction du taux d'effort des ménages. C'est ce risque qui détermine la configuration du réseau à installer.

4°/ Il met en exergue l'intérêt de notre approche conceptuelle qui permet en particulier d'alimenter plus de ménages au linéaire de réseau que la méthode classique.

Or compte tenu du fait que de tels réseaux répondent à des besoins bien précis à un instant et pour un site donné, il reste à examiner notre approche conceptuelle dans le processus plus large de planification des réseaux. Cette analyse d'évolution des réseaux fait l'objet du chapitre 9.

CHAPITRE 9

VERS UNE POLITIQUE OPTIMALE DE DÉVELOPPEMENT DES RÉSEAUX D'EAU POTABLE ET D'ÉLECTRICITÉ

La méthode et l'outil informatique proposés dans la deuxième partie servent à identifier des priorités sur la demande existante. Il est nécessaire de travailler aussi sur l'évolution de la demande. Dans ce chapitre va mettre en exergue l'intérêt de notre démarche dans la planification des réseaux d'eau potable et d'électricité. Pour ce faire, l'accent va être mis sur la généralisation des résultats de l'expérimentation que nous avons menée pendant cette recherche et sur montrer qu'il est possible d'optimiser le développement des réseaux en prenant en compte la participation des ménages.

Par rapport aux modèles et moyens jusque-là utilisés dans les pays développés, nous pouvons affirmer que la réduction drastique des objectifs d'investissement (dans les PED) s'impose donc de manière à les rendre plus compatibles avec les possibilités financières des usagers et les fonds mobilisés. Ce point de vue est également partagé par plusieurs spécialistes [103 - GROUPE HUIT] [104 - GODIN]. La stratégie doit porter à la fois sur le temps, l'espace (type de desserte des réseaux),et la qualité du produit distribué. Il en découle que la conception du développement optimal des réseaux de distribution d'eau et d'électricité repose essentiellement sur la comparaison technico-économique des différents systèmes envisagés. La décision optimale consistera alors à choisir le système qui minimise la dépense globale comprenant les dépenses d'investissement, les frais d'exploitation et éventuellement le coût de la défaillance (préjudice causé à la clientèle). D'où la nécessité de définir au préalable un cahier des charges :

Le cahier des charges : Il s'agit de décrire les finalités du système que l'on veut réaliser. Le décideur a une certaine idée du projet qui va se traduire en objectifs initiaux. La description des moyens permettant d'atteindre ces objectifs doit être correctement définie. Cette vision du projet du maître d'ouvrage étant évidemment restrictive, elle doit être complétée par l'appréciation les bénéficiaires. En outre, les acquis inhérents aux potentialités éventuelles des réseaux existants participent de l'identification complète du projet sur tous les aspects : techniques, sociaux économiques et institutionnels.

Lorsque le réseau existe sur un site où l'on souhaite intervenir, l'analyse de l'existant consistera à examiner principalement la capacité résiduelle des réseaux et la confronter dans un deuxième temps à la nouvelle demande. Plus concrètement, il faut :
- définir les composants et la nature du réseau ;
- les caractéristiques physiques du réseau (exemples : section, longueur et nature des conducteurs et canalisations
- les caractéristiques fonctionnelles du réseau (la capacité du réservoir, la puissance des postes de transformation, la pression aux différents nœuds, les vitesses, la tension, ...).
La démarche utilisée est à la fois sectorielle et transversale :
- Sectorielle car elle est focalisée sur un réseau (AEP ou AEE) bien que l'impact des autres réseaux soit prise en compte dans les phases de programmation et de mise en œuvre.
- Transversale parce que l'orientation stratégique du réseau est un processus qui intègre les aspects techniques, la dimension financière, les aspects socio-économiques et institutionnels.

9.1 ÉLÉMENTS POUR UNE PRISE EN COMPTE DE LA PARTICIPATION DES MÉNAGES DANS LA PLANIFICATION DES RÉSEAUX D'EAU

L'étude et la programmation du réseau de distribution d'AEP qui sont préconisées nécessitent de connaître :
- la population présente et future à desservir,
- la consommation journalière par habitant (liée au taux d'effort),
- le coefficient de pointe en fonction du temps (saison, mois, jour, heure).
Il faut en outre disposer des variables explicatives de la demande que sont les ressources financières mobilisables dans le temps et les ressources en eau disponibles.

C'est la consommation de pointe qui détermine le diamètre des canalisations compte tenu de la pression minimale. L'évaluation correcte des populations desservies, leur consommation par tête, les coefficients de pointe ainsi que les taux d'effort sont les facteurs sur lesquels l'optimisation du développement des réseaux est basée. Cette évaluation est fondamentale et doit s'effectuer par des enquêtes par sondage (cf. deuxième partie) ; elle pourrait s'appuyer en outre sur la comparaison avec des cas semblables rencontrés dans le même pays ou des pays présentant des caractéristiques similaires du point de vue socio-économique et climatique.

Le problème est dynamique, car non seulement il convient d'apporter des solutions crédibles aux problèmes urgents, mais il faut en plus prévoir des scénarios à court, moyen et long termes. Deux thèses alimentent le débat dans le processus d'estimation et de prise en compte des variables de programmation et de conception des réseaux [71 - SAISATIT] :

- la première consiste, à partir des statistiques des consommations antérieures et présentes, à extrapoler les variables dans le futur : c'est le modèle utilisé en France.

- la seconde se base sur une approche déterministe à l'aide des variables socio-économiques pour évaluer les demandes futures des consommations : c'est le modèle conjoncturel.

Le modèle tendanciel est difficilement applicable dans les PED pour deux raisons essentielles : le manque de statistiques de consommations et un environnement économique. L'approche déterministe semble la méthode la plus adaptée dans les PED, puisqu'elle part des données socio-économiques pour évaluer les variables explicatives de la demande aussi bien actuelle qu'ultérieure. L'efficacité à long terme de ce modèle est sujette à caution. Les facteurs exogènes et endogènes de la demande, notamment les facteurs macro-économiques (inflation, variation du PNB et du PIB) et micro-économiques (pouvoir d'achat des ménages), sont fortement liés aux ajustements structurels en vigueur dans la plupart des PED ; par conséquent, leurs effets ne sont pas bien cernés. Une maîtrise approximative du développement urbain fragilise également les prévisions à moyen et long termes de la demande.

9.1.1 Principe général

L'organigramme ci-après montre l'articulation des différents éléments qui interviennent dans le processus d'orientation des réseaux d'eau potable. Le contraste indique les éléments que nous avons proposés et la place de choix qu'ils occupent dans la planification des réseaux. Les organigrammes de certains modules sont présentés en annexes.

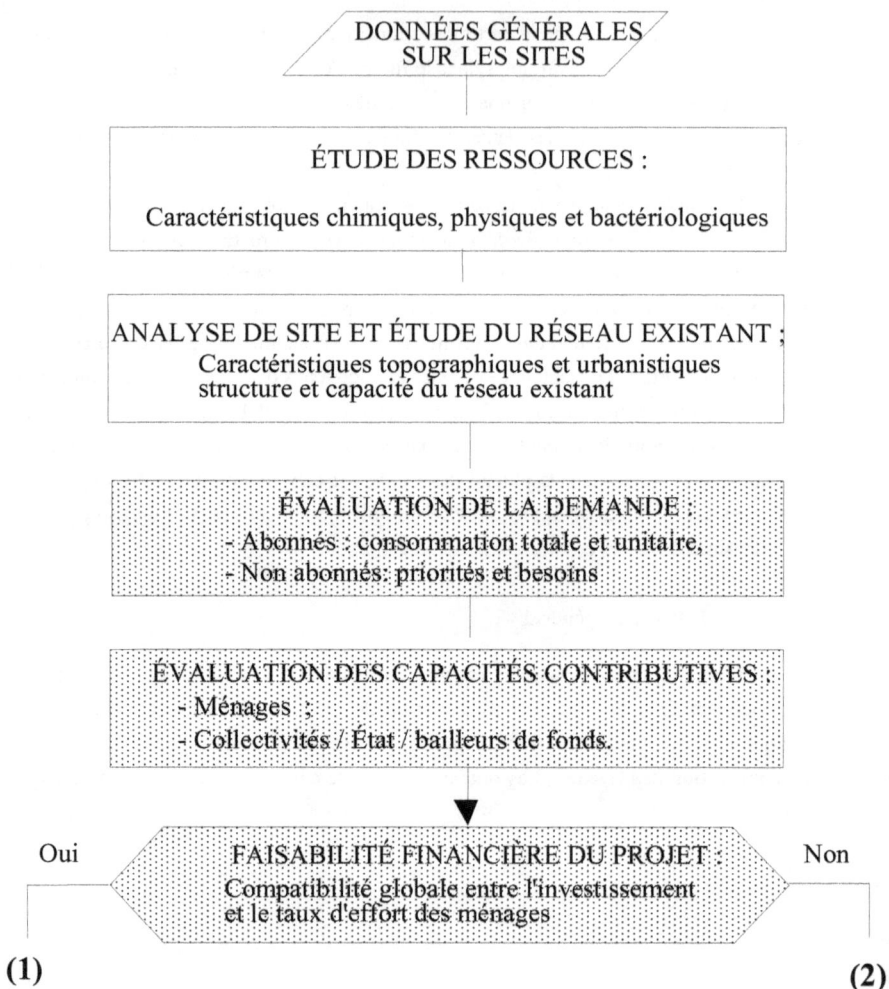

DONNÉES GÉNÉRALES
SUR LES SITES

ÉTUDE DES RESSOURCES :

Caractéristiques chimiques, physiques et bactériologiques

ANALYSE DE SITE ET ÉTUDE DU RÉSEAU EXISTANT :
Caractéristiques topographiques et urbanistiques
structure et capacité du réseau existant

ÉVALUATION DE LA DEMANDE :
- Abonnés : consommation totale et unitaire,
- Non abonnés: priorités et besoins

ÉVALUATION DES CAPACITÉS CONTRIBUTIVES :
- Ménages :
- Collectivités / État / bailleurs de fonds.

Oui   FAISABILITÉ FINANCIÈRE DU PROJET :   Non
          Compatibilité globale entre l'investissement
          et le taux d'effort des ménages

(1)   **(2)**

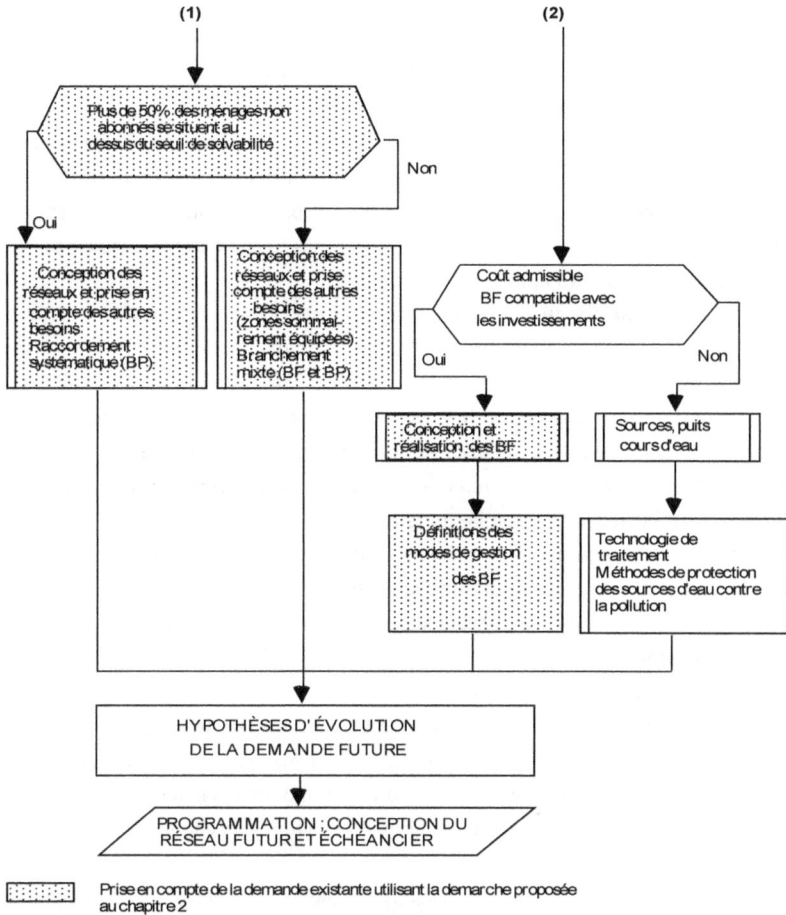

(1)   **(2)**

Plus de 50% des ménages non abonnés se situent au dessus du seuil de solvabilité

Non

Oui

Conception des réseaux et prise en compte des autres besoins: Raccordement systématique (BP)

Conception des réseaux et prise compte des autres besoins (zones sommairement équipées) Branchement mixte (BF et BP)

Coût admissible BF compatible avec les investissements

Oui   Non

Conception et réalisation des BF

Sources, puits cours d'eau

Définitions des modes de gestion des BF

Technologie de traitement Méthodes de protection des sources d'eau contre la pollution

HYPOTHÈSES D'ÉVOLUTION DE LA DEMANDE FUTURE

PROGRAMMATION : CONCEPTION DU RÉSEAU FUTUR ET ÉCHÉANCIER

Prise en compte de la demande existante utilisant la demarche proposée au chapitre 2

Figure 27: Organigramme de l'orientation du développement du réseau d'eau potable

a) Les niveaux de service et les axes du développement prioritaires

Le modèle de planification du réseau que nous proposons a pour ossature la hiérarchisation du niveau de desserte et la priorité d'extension et/ou du renforcement. Le risque lié au taux d'effort des ménages devrait non seulement déterminer le niveau de service mais aussi permettre la définition des priorités de développement.

- **Évaluation de la participation des populations au développement des réseaux d'eau potable.** L'évaluation des capacités contributives des pouvoirs publics (collectivités locales et État), ne pose aucune difficulté particulière. Les services privés et les industries sont en général solvables. Reste à estimer le taux d'effort des abonnés domestiques et les niveaux de référence ; nous y avons proposé des éléments de réponses à la deuxième partie.

- **Niveau de desserte et priorité d'action.** Le degré de desserte des populations devrait être intimement lié à sa capacité financière mobilisable pour l'AEP. Le risque lié au taux d'effort des ménages détermine le niveau de desserte. On a donc mis en relief trois niveaux de desserte correspondant aux possibilités financières (cf. chapitre 6).

b) Type de réseau approprié

- **Le type du réseau.** Les seuils définis à cette phase sont élaborés à partir des pratiques usuelles des populations vivant dans des conditions très voisines. L'optimisation porte sur le niveau de service et le phasage d'un réseau évolutif qui seront renforcés au fur et à mesure de la densification des populations solvables.

Ainsi, un réseau ramifié nous semble recommandable. Un réseau ramifié au départ n'aura pas besoin d'être démoli puis remplacé ; il évoluera par le prolongement des branches et la création des mailles progressives.

Le réseau maillé est plus onéreux à l'investissement mais il offre de bonnes conditions de sécurité d'alimentation en eau potable (car il est possible d'intervenir en un point du réseau sans rompre l'alimentation des abonnés en aval du dit point).

- **L'évolutivité du réseau.** Le problème d'extension et/ou de renforcement du réseau peut se résumer comme suit (figure 28) :

1° alternative 1 : Les conduites primaires sont construites au départ pour supporter la demande future. Une fois qu'on a choisi de calibrer les canalisations en fonction des besoins ultime de l'horizon de la planification, la modification du réseau consistera simplement à rajouter des canalisations le long des voies non encore desservie à cette échéance.

2° alternative 2 : La taille des canalisations initiales ne permet pas de répondre aux besoins ultimes de l'horizon de la planification. L'extension du réseau sera réalisée lorsque la capacité maximale est atteinte et peut l'être de deux façons :

- doublement des canalisations initiales sous-dimensionnées par des canalisations parallèles ;

- remplacement des canalisations initiales par de nouvelles de plus grand diamètre.

Niveau de service initial
avec bornes fontaines
(BF)

Niveau de service après extension
branchements des particuliers
(BP)

Alternative 1

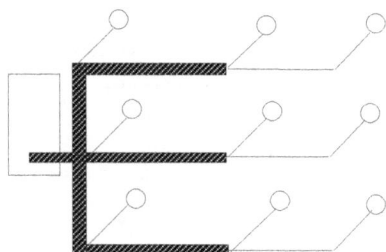

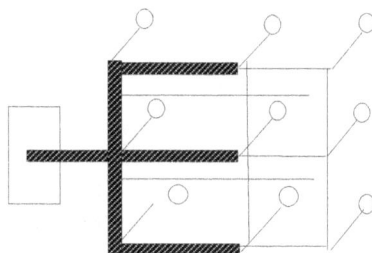

Alternative 2

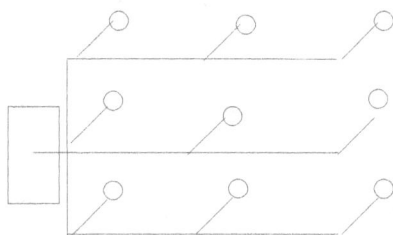

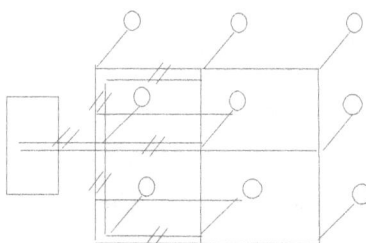

Légende :

Canalisation initiale dimensionnée pour la demande finale
Canalisation initiale dimensionnée pour la demande initiale
Canalisation d'extension
Borne fontaine

Canalisation
Canalisation parallèle de renforcement

Figure 28: Phasage du réseau

Ce schéma présente le problème de choix du type de réseaux (maillé ou ramifié) dans la planification des réseaux d'eau potable. Deux arguments militent en faveur d'un réseau évolutif : aspect financier et la sécurité de la gestion. En effet, aucune des recherches effectuées jusqu'à présent ne s'est proposée d'élaborer un modèle général de choix de l'alternative optimale des date et capacités optimales d'expansion du système en fonction du taux d'actualisation de la demande et en fonction du coût considéré [61 -

MOREL]. Des études faites par Herbert et Lauria au Brésil et en Indonésie [78 - LAURIA], confirment notre position : elles montrent que les économies d'échelle associées aux constructions des réseaux ramifiés, lorsque ces derniers sont conçus pour satisfaire la demande "de base", sont généralement plus grandes que celles des réseaux maillés. C'est l'alternative 2 qui répond mieux au problème d'accès du plus grand nombre de ménages à l'eau potable ; nous avons démontré que tout surdimensionnement du réseau primaire ne permet pas forcement l'augmentation de la desserte en eau et qu'une telle opération coûterait inutilement cher aux pouvoirs publics et aux autres acteurs.

9.1.2 Éléments d'aide à la programmation, à la conception et à la réalisation des réseaux d'eau potable

Il s'agit des ingrédients qui complètent les variables fondamentales (taux d'effort, niveaux de référence, risque) dont la mise en œuvre et le test ont été présentés dans les chapitres précédents. Ils s'inscrivent donc parfaitement dans le processus de planification du développement des réseaux d'eau potable. Ainsi, pour le dimensionnement des réseaux de branchement, d'autres solutions innovatrices peuvent porter sur trois variables : la demande, la main d'œuvre, le matériau.

9.1.2.1 Facteurs influençant la demande

Le coefficient de pointe, les besoins d'incendie, le rationnement et le rendement technique du réseau ont un impact considérable sur la régulation du volume d'eau que transite le réseau et par conséquent sur les caractéristiques géométriques et fonctionnelles de ce dernier.

- **Coefficient de pointe :** La diminution du coefficient de pointe est un élément favorable à la minimisation, de la quantité d'eau que véhicule le réseau, donc à la réduction des caractéristiques (pompes, réservoirs, diamètres des conduites,...), de ce dernier. Il convient alors de rechercher les moyens d'inciter à des économies pendant les heures de pointe.

- **Besoins de lutte contre l'incendie :** Il faut dimensionner le réseau, tertiaire en particulier, à partir des besoins domestiques et non pas à partir des besoins d'incendie (17l/s à 1bar). Les modèles jusqu'ici utilisés prévoient un espacement de 200 à 300m entre les bouches d'incendie. Cette hypothèse entraîne une consommation d'au moins 70 l/j/hab., ce qui est supérieur à la valeur que nous avons trouvée (60 l/j/hab.) dans une ville moyenne.

- **Rationnement :** La distribution intermittente d'eau avec des heures ou des jours sans eau ou de faibles pressions dans certains secteurs de la ville pourrait permettre de réduire les coûts de traitement ainsi que la quantité d'eau à pomper. Elle diminuerait malheureusement la marge bénéficiaire de la société chargée de la distribution. Cette solution n'est pas très efficace dans la mesure où elle ne permettrait de maintenir le rendement commercial du réseau et où elle obligerait la population à s'approvisionner à des eaux malsaines à la consommation.

- **Rendement technique du réseau :** L'amélioration du rendement technique du réseau (volume consommé/volume produit), implique la diminution des pertes qui doivent être inférieures à 20 %. Ceci suppose une action de maintenance continue:
- minimiser les fuites au niveau des joints ;
- éviter les pertes dues aux cassures des conduites (érosion du sol, pose des tuyaux semi-enterrés ou superficiels) ;
- connaître et mettre à jour les plans précis des réseaux ;
- diminuer le nombre d'incidents sur les réseaux en assurant une bonne coordination des travaux sur les réseaux et la voirie ;
- remplacer les canalisations vétustes.

Il ressort de ce paragraphe que l'amélioration du rendement des réseaux existants et la prise en compte des besoins effectifs des usagers constituent deux paramètres sur lesquels le concepteur du réseau peut agir pour bien redresser la demande.

9.1.2.2 Choix des matériaux et des composants du réseau

Un choix judicieux de la nature du matériau des canalisations et des composants du réseau contribue à l'optimisation des coûts d'investissement et d'exploitation du réseau.

- **Choix du matériau des canalisations** Les critères de choix sont les suivants :
- propriétés mécaniques (adaptées aux sollicitations extérieures et à la pression d'eau) ;
- fragilité, étanchéité et résistances aux termites et à l'agressivité des eaux ;
- facilité de pose et le coût.
Exemples : le PVC (Polychlorure de vinyle) est préféré lorsqu'il est fabriqué localement pour les faibles diamètres. Il présente en outre l'avantage de diminuer les pertes de charges ; de même les jonctions sont facilement exécutées (par collage, ou par soudure à l'air chaud). L'amiante-ciment résiste moins bien aux chocs et à la corrosion.

- **Composants du réseau** Le fonctionnement et l'exploitation d'un réseau de distribution nécessite que l'on dispose d'un certain nombre d'accessoires parmi lesquels certains sont indispensables (a, b, c, d) et d'autres peuvent être soit adaptés (e) soit supprimés (f).

a- Robinet : pour isoler une conduite en particulier pour réparations, on utilise des robinets - vannes et des robinets quart de tour(en petits diamètre seulement). Les robinets de prise doivent être présents sur chaque branchement.

b- Ventouses : pour évacuer l'air, éventuellement entraîné par l'eau qui s'accumulerait aux points hauts des conduites du réseau sans pertes inutiles d'eau.

c- Décharges : ce sont des robinets placés aux points bas des canalisations pour en permettre la vidange.

d- Clapets : les clapets ont pour fonction d'empêcher le retour de l'eau en sens inverse de l'écoulement prévu.

e- Compteurs : ils sont en général sophistiqués et importés ; ils coûtent cher et le stock est souvent limité. À cause de ces difficultés, une action en faveur de l'étude et de la fabrication locale des compteurs serait une solution possible.

D'autres aménagements techniques vont dans le sens de la suppression de certains composants qui concourent à rendre le coût des investissements très élevé avec les standards des pays industrialisés. En supprimant la bouche à clef et le tube allonge et en remplaçant le tabernacle en fonte par un "couvercle protecteur du robinet de prise en charge" en plastique, on peut économiser soit 17250 FCFA qui représente plus de 20 % du coût total du branchement et cette réduction des coûts de branchement entraîne une augmentation du taux d'accès de ménage au réseau .

Les "robinets à serrure" devant permettre de fiabiliser ses coupures pour impayés sans avoir recours à l'intervention sur le robinet de prise en charge par le bras de la boucle à clef.

f- Réduction du nombre des bouches d'incendie voire leur suppression pure et simple à l'exception de celles des marchés, des centres administratifs ou des zones à hauts risques. L'expérience des incendies au Cameroun montre que ces bouches sont rarement utilisées. Par contre, former les sapeurs-pompiers et les équiper en matériels de télécommunication et en réserves d'eau, constituerait une réponse adéquate aux problèmes d'incendies. Par ailleurs, une bouche d'incendie tous les 200 à 300m est une hypothèse irréaliste qui accroît inutilement les coûts d'investissement. L'enquête que nous avons effectuée auprès des services des sapeurs-pompiers montre qu'ils s'en servent une fois sur dix en cas d'incendie.

La rationalisation des coûts d'investissement permet ainsi, avec les mêmes moyens financiers, d'étendre/de renforcer le réseau dans d'autres zones où le risque lié au taux d'effort des ménages est faible. L'apport en main d'œuvre peut également être en considération dans la participation des ménages au raccordement.

9.1.2.3 Contribution en main d'œuvre des ménages

L'apport de la main d'œuvre des ménages constitue une solution pour diminuer le coût des branchements. Les frais de tranchées, de transport et pose des conduites, représentent un pourcentage non négligeable (> 5 %) des coûts de raccordement. Les ménages pourraient les effectuer sous la supervision des techniciens de l'organisme gestionnaire du réseau. Cette pratique en gestation dans certaines villes (Obala notamment) devrait être généralisée et vulgarisée.

En définitive, ces éléments d'aide au développement des réseaux sont des facteurs sur lesquels le Technicien chargé de programmer, de concevoir, de construire ou de gérer le réseau peut agir efficacement en complément de la prise en compte du risque lié au taux d'effort des ménages (élément central de la démarche proposée). Ils contribuent à la rationalisation des coûts de réalisation des réseaux et à la l'amélioration de leurs rendements techniques. En dépit de toutes ces stratégies à moindre coût, les coûts du branchement particulier restent et demeureront encore financièrement inaccessibles pour bon nombre de ménages. C'est pourquoi le recours aux bornes fontaines est inéluctable pour une frange importante de la population urbaine.

9.1.3 Desserte par des points d'eau publics : pour une nouvelle conception des bornes fontaines

Il est irréaliste de penser que les ménages peuvent être raccordés à 100% aux réseaux d'AEP. On assiste à la fermeture progressive des bornes fontaines (BF) dont les frais d'exploitation étaient jusque-là pris en charge par les municipalités. Ce désengagement des municipalités s'est traduite notamment par :
- L'abandon de l'entretien des BF, ce qui a provoqué des pertes d'eau considérables. Les enquêtes que nous avons menées à cet effet ont permis de recenser des pertes de 40 % liées aux BF qui coulent sans arrêt. Citons l'exemple de la ville de Douala au Cameroun où en décembre 1993, 96 des 237 BF coulent 24h/24h pendant que 34 autres sont hors service.
- Le non règlement des quittances d'eau que nous avons développé au chapitre 2.

Avec la fermeture des bornes fontaines ou leur éloignement, la seule alternative pour les ménages souhaitant consommer une eau potable et qui ne peuvent pas souscrire un abonnement, est de payer l'eau à un voisin (abonné). Ce mode d'approvisionnement en eau potable ne fonctionne pas sans inconvénient vis à vis des populations concernées. Plusieurs auteurs [60 - OKUN] [61 - MOREL] montrent que dans les PED ces " redistributeurs " vendent l'eau 10 à 20 fois plus cher que le tarif "social". C'est à juste titre que Laugeri dénonce "l'eau chère aux pauvres" [62 - LAUGERI]. Les enquêtes que nous avons réalisées dans les villes camerounaises révèlent que l'eau coûte en moyenne 2500 FCFA/mois avec un écart-type de 1300 FCFA pour les ménages qui s'approvisionnent chez leur voisin pour une consommation effective qui reviendrait à 320 FCFA le mois à ceux qui sont abonnés. L'eau est ainsi "revendue" 7 fois plus cher aux ménages non abonnés. On peut donc conclure que la "redistribution" est un mode d'alimentation en eau qui pénalise fortement les ménages les plus démunis. Cette catégorie de ménage, qui représente plus de 30 % des ménages des villes camerounaises que nous avons étudiées, se trouve face à un dilemme : choisir entre payer l'eau potable (BF ou redistributeurs) et payer des frais médicamenteux pour soigner les maladies d'origine hydrique.

Or les mêmes investigations montrent que, contrairement à une opinion très répandue selon laquelle l'eau des bornes fontaines ne peut être que gratuite aux usagers, les populations non abonnées sont prêtes à payer l'eau des bornes fontaines à condition qu'elles soient dans un rayon de 200 à 300m. En effet les résultats des enquêtes sont assez éloquents : à Obala par exemple, où 33 % des populations utilisent l'eau des BF, 75 % d'entre elles sont prêtes à payer [25 - TAMO] ; le coût admissible de l'eau des BF dans la ville est de 520 FCFA/mois/ménage, soit l'équivalent de 19 l/j/hab. Ce ratio est de loin supérieur au minimum requis par l'OMS (5 l/j/hab.).

Dans les strates où le risque lié au taux d'effort des ménages est élevé, la borne fontaine payante constitue la réponse technique la plus appropriée [25 - TAMO]. Le recours aux bornes fontaines payantes permet d'améliorer les conditions de vie des populations desservies par l'eau potable, de limiter le gaspillage, de minimiser les frais d'investissement relatifs au réseau et de contribuer à la réduction des maladies d'origine hydrique. Par ailleurs, elle constitue la desserte adaptée à zones difficilement accessibles telles que les quartiers spontanés denses. Ce mode de distribution serait adapté aux zones I et II définies au paragraphe 8.4 du précédent chapitre. Dans ce cas, le type de la borne fontaine et son mode de gestion sont des éléments sur lesquels le Technicien peut agir pour rationaliser l'investissement et l'exploitation d'une borne fontaine. Nous abordons ces aspects dans les paragraphes suivants.

9.1.3.1 Technologie des bornes fontaines

Les bornes fontaines relèvent techniquement des quatre grands types suivants :
- Borne fontaine de type "Stanpipe" : elle est rudimentaire (tuyau sortant de la terre). Ces bornes fontaines sont fragiles et facilement détériorables. Elles conviennent à un usage temporaire et provisoire.

- Borne fontaine à corps de béton : elle conduit à des gaspillages en l'absence d'un fontainier (solution robinet type PRESTO, ou BF à réservoir, flotteur et manivelle).

- Borne fontaine de type "Siphoïde" ou "Siphon" : Elles se caractérisent par des tubes de prise plongeant dans l'eau maintenue à niveau constant à l'intérieur de la cuve par un système à flotteur. Chaque utilisateur, muni de 1m ou de 2m de tuyau en caoutchouc, branche celui-ci sur une des (4) tubes de prise et l'amorce par succion. Elle est indéréglable et économique au fonctionnement, mais coûteuse à l'investissement.

- Borne fontaine à corps de fonte à volent ou bouton poussoir.

Par rapport au principe de fonctionnement, on peut globalement envisager deux catégories de bornes fontaines : les bornes fontaines automatiques et les bornes fontaines non automatiques (à déclenchement manuel sans introduction d'une pièce de monnaie). Notre choix porte sur la seconde catégorie. L'analyse comparative des modes de gestions présentée ci-dessous montre la pertinence de ce choix.

9.1.3.2 Gestion des bornes fontaines

Ce paragraphe analyse succinctement les principaux modes de gestion de borne fontaine et propose un cadre organisationnel pour la forme de gestion retenue.

a) Types de gestion

On peut distinguer trois modes de gestion :

- **Scénario 1 :le prélèvement direct (des taxes) à la source** (salariés) Il ne constitue pas une réponse satisfaisante pour plusieurs raisons : mobilité des salariés dans l'espace, reversement hypothétique de l'argent collecté, la plupart des ménages utilisant l'eau des bornes fontaines ne sont pas salariés ; risque d'une double paie de l'eau chez certains abonnés. Cette solution qui a montré ses limites dans la gestion des bornes fontaines des villes camerounaises est à abandonner.

- **Scénario 2 : la conception et la réalisation des bornes fontaines automatiques** Les bornes fontaines automatiques fournissent des mesures fiables : justesse et précision garanties) et elles sont moins contraignantes en terme d'heures ou périodes de puisage (à tout instant de la journée).Ceci élimine les doubles paies, interdit les fraudes puisqu'il faut introduire des pièces qui vont laisser passer la quantité d'eau correspondante. L'eau est disponible 24h/24h. En revanche, elles ont un coût élevé aussi bien à l'investissement, estimé 7 à 10 fois celui d'une borne fontaine "classique" par certains auteurs [70 - PESCAY] [69 - LAURIA], qu'à l'exploitation car les coûts de la maintenance sont nettement plus élevés. Le gros inconvénient est qu'elle coûte cher à la réalisation ; elle est d'entretien difficile. Les voleurs auront tendance à la casser pour récupérer toutes les pièces qui s'y trouvent. Les BF à pièces ont montré leurs limites au Congo, en Côte d'Ivoire et en Thaïlande [69 - LAURIA] [17 - MOREL].

- Scénario 3 : la conception et la réalisation de borne fontaine concédée à un fontainier-percepteur L'inconvénient majeur de ce mode de gestion provient du fait que le puisage de l'eau s'effectue à des horaires bien déterminés danse la journée et par conséquent contraignant pour l'usager. Par contre, ce mode pallie aux autres désavantages afférents aux bornes fontaines automatiques : coûts d'investissement et d'exploitation moins élevés, faibles risques d'endommagement du fait de son utilisation ou de la recherche des piécettes, emploi d'une personne pour sa gestion. Le fontainier percepteur est un particulier qui gère la BF. Il est désigné par le comité de bloc du quartier ou la région . C'est un homme, résident de préférence dans le bloc ou le quartier desservi par la BF ; il a pour fonction d'assurer la gestion de la BF mise à sa disposition. Bien que contraignante en terme d'heure de puisage, cette solution présente de nombreux atouts : Sur le plan de l'emploi, elle permet d'occuper de façon permanente une personne qui bénéficiera auparavant d'une formation rapide à la gestion et à l'entretien de la borne fontaine. Sur le mode de règlement, (petit montant de 5, 10 à 50 FCFA payable immédiatement), cette solution permet d'alléger les ménages qui ne peuvent pas payer une quittance élevée après 1 à 2 mois et empêche les voleurs de casser les BF. En terme d'investissement, le coût de cette solution est bon marché par rapport aux bornes fontaines automatiques ; elle est de technologie simple et nécessite un compteur d'eau aval car l'utilisation des récipients étalonnés provoque des pertes non négligeables ; en outre, l'entretien est dans ce cas précis très facile. Cette solution, bien que originale, n'est pas étrangère aux pratiques déjà existantes dans certaines régions où un moulinier-percepteur assure à peu près des fonctions similaires (l'activité de ce dernier consistant à écraser les céréales tels que le maïs, le blé, les arachides, ..., moyennant une somme d'argent).

C'est le fontainier-percepteur qui assure les charges d'entretien voire de renouvellement des pièces défectueuses. Il n'est pas recruté par le concessionnaire, ni par la collectivité. Le fontainier-percepteur signe avec la collectivité un contrat qui stipule notamment les conditions d'exploitation et de rémunération. Ce contrat d'affermage précise en particulier la caution à déposer auprès de la collectivité contractuelle et les conditions que doit remplir un fontainier-percepteur, les tarifs de vente de l'eau, les conditions de rétribution, la durée du contrat.

b) Cadre organisationnel de la gestion des bornes fontaines payantes

Ce cadre a pour but de préciser le profil et le mode de désignation du fontainier-percepteur ainsi que les modalités de gestion des recettes issues des ventes d'eau à la borne fontaine.

- Profil du fontainier-percepteur Les conditions à remplir par le fontainier-percepteur doivent être les suivantes :

- niveau scolaire : être titulaire d'un CEP ou d'un titre équivalent,

- âge : 17 ans au moins,

- moralité : bonne moralité (appréciable à travers par exemple un extrait de casier judiciaire et le témoignage des habitants du quartier/bloc),

- dépôt d'une caution équivalente au moins au double des frais de consommation mensuelle présumés des bornes fontaines.

- Mode de désignation Dans les quartiers/blocs plus ou moins organisés, le fontainier-percepteur devrait être proposé par le comité de quartier/bloc après que ce dernier ait suscité et examiné les multiples candidatures.

Dans les autres cas, quartiers/blocs ne bénéficiant pas de structures organisationnelles, un appel d'offre lancé et correctement diffusé, favoriserait la présentation de plusieurs candidats ; une commission comprenant le chef du quartier/bloc, le représentant des élus locaux et un ou plusieurs représentants des populations concernées, étudient les dossiers et procèdent au choix.

- Aspects tarifaires et rétribution du fontainier-percepteur Les tarifs appliqués aux usagers des bornes fontaines doivent à la fois :

- permettre au gérant de régler les quittances de la société concessionnaire ;

- recouvrer les charges d'entretien et sa propre rémunération ;

- dissuader le consommateur de recourir au système de revente de voisinage (prix plus bas que ceux de la revente).

En vendant l'eau des bornes fontaine au prix de 5 FCFA pour 10 litres, le fontainier-percepteur dégage une marge bénéficiaire de 247 FCFA/m3 d'eau vendue (puisqu'il la paie à 253 FCFA le m^3). Le ménage paierait, une somme de1008 _1000 FCF/mois contre 2500 FCFA chez le voisin pour un volume d'eau consommé qui, d'après le NDR de consommation aux bornes fontaines (13/j/hab.), est plus du double de celui qu'il prend chez le voisin (5/j/hab.).

Le bénéfice tiré de ces ventes, que nous estimons entre 60 000 et 200 000 FCFA en moyenne par mois, seraient reparti entre la rétribution du gérant (50 %), les frais d'entretien (10%), les taxes communales d'assainissement (10 %), l'amortissement (15 %) et l'investissement (15 %) (figure 29).

187

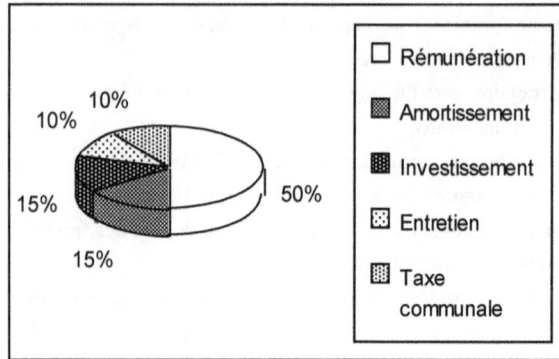

Figure 29 : Répartition des bénéfices résultant de la vente de l'eau à la borne fontaine

Une partie (10 %) du bénéfice résultant de la vente de l'eau aux bornes fontaines sera épargnée pour la réalisation de nouvelles bornes fontaine. Le souci n'étant pas d'enrichir le fontainier-percepteur.

En définitive, la borne fontaine constitue une réponse adaptée aux strates dont le risque lié au taux d'effort des ménages n'est pas négligeable. Bien que l'eau soit vendue 2,4 fois plus cher à la borne fontaine qu'aux branchements particuliers, ce mode d'approvisionnement présente de nombreux atouts.

- Il contribue à l'éradication ou tout au moins à la diminution de l'occurrence des maladies hydriques dont les premières victimes sont les ménages qui ne consomment pas de l'eau potable.

- Il présente en outre des avantages psychologiques et financiers en ce sens que l'achat de l'eau à chaque puisage (5, 10, 20 FCFA) ne "pèse" pas sur le budget journalier autant que le cumul des frais de consommation auxquels il devrait s'acquitter en un seul versement à la fin du mois. Par ailleurs, le ménage qui s'approvisionne aux bornes fontaines réaliserait des économies pouvant atteindre 60 % de ce qu'il paierait "forfaitairement" à son voisin (abonné).

- La reproductibilité de l'opération basée sur l'autofinancement est possible avec le mode de gestion que nous avons proposé.

Lorsque les ménages sont situés à une grande distance du réseau de distribution, les réponses préconisées ci-dessus sont moins adaptées à cause des coûts prohibitifs qu'elles impliqueraient.

9.1.4 Cas spécifique des ménages situés hors zone d'influence du réseau de distribution

Des réponses efficaces à ce type de demande peuvent concerner l'installation d'une canalisation d'extension, ou l'aménagement d'un point d'eau autonome ou d'une source.

9.1.4.1 Participation à l'installation d'une canalisation d'extension

La croissance spatiale et horizontale qui caractérise les villes étudiées entraîne le plus souvent le développement des quartiers d'habitats spontanés et non viabilisés. Étant donné que ces derniers sont généralement situés à plusieurs kilomètres du noyau urbain central, notre propos ici est de montrer comment prendre en compte le taux d'effort des ménages de ces quartiers, qui sont géographiquement éloignés des canalisations de distribution d'eau potable. Le problème se formuler de la façon suivante : on considère un îlot non desservi et excentrique au réseau de distribution d'eau potable dans lequel un particulier sollicite un abonnement et ce dernier est donc prêt à payer les frais relatifs à cette extension. La question qui se pose est la suivante : Faudrait-il dimensionner la canalisation pour la desserte exclusive de ce client ou tenir compte des raccordements probables d'autres ménages ? C'est le risque lié au taux d'effort d'extension, de raccordement et de consommation qui permet de définir les caractéristiques de cette canalisation, ceci pour deux raisons majeures :

- La première vient du fait que les cahiers de charges du concessionnaire SNEC prévoient qu'au terme de la 5e année suivant la mise en service d'une "extension du réseau de distribution" ce réseau appartienne au concessionnaire SNEC [30 - CONVENTION]. La clause y afférente stipule notamment que "pendant les 5 premières années qui suivent la mise en service d'une extension du réseau de distribution un nouvel abonné 'i' ne pourra être alimenté à partir de cette extension que moyennant le versement d'une somme égale à celle qu'il aurait payée lors de l'établissement de la canalisation diminuée de 1/5e par année de service de cette exploitation". Cette somme est en outre proportionnelle à la distance qui sépare l'origine du branchement à l'origine de l'extension ($0I = L_i$) et inversement proportionnelle à la somme des longueurs des canalisations fictives d'extension des abonnés. On note que t_0 = 5 ans = 60 mois.

- La seconde, due au modèle réalisé qui rend possible l'évaluation et la prise en compte d'un tel risque ; en effet, l'enquête ménage permet notamment de déterminer le taux d'effort des ménages et d'estimer les niveaux de référence. Ce cadre méthodologique offre également d'une part, la possibilité aux décideurs de connaître le nombre d'abonnés susceptibles de se raccorder et d'autre part, les techniciens devront s'appuyer sur cette variable (taux d'effort des ménages) pour dimensionner la canalisation afin d'éviter un renforcement coûteux et un surdimensionnement excessif de cette dernière.

Le coût admissible de raccordement à la canalisation d'extension sera comparé cette fois non pas au coût usuel mais à celui résultant effectivement des frais du 1er établissement. Sur la base de la clause énoncée ci-dessus nous établissons la formule permettant la détermination du niveau de référence relatif à la participation au coût de la canalisation d'extension.

Soient :

- L_1 la longueur de l'extension, c'est-à-dire la distance du point de raccordement au réseau de distribution (nœud origine 0) au point de livraison 1 (compteur) de l'abonné potentiel ayant sollicité le premier un branchement (cf. figure ci-dessous) ; $L_1=01$.

- L_j la distance entre le nœud origine 0 et le point de raccordement J du $j^{\text{è}}$ demandeur d'abonnement ; $L_j=0J$.

- CRe_1 le coût de raccordement initial (frais du 1er établissement) en (FCFA).

- m_i le nombre de mois écoulés entre la date de mise en service de la canalisation entre et la date de raccordement du ménage i.

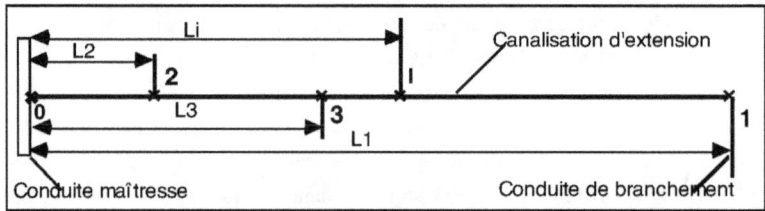

Figure 30 :   Alimentation des ménages situés hors zone d'influence du réseau d'eau potable

La participation du $i^{\text{ème}}$ ménage à la canalisation d'extension doit donc être égal à :

$$C\,Re_i = C\,Re_1 \cdot \frac{L_i}{\sum_{i=1} L_i} \cdot \frac{t_0 - m_i}{t_0} \quad \text{(en FCFA)} \quad (39) \quad \text{où} \quad t_0 = 60 \text{ mois.}$$

Cette formule définit le niveau de référence (NDR) relatif à l'extension. Autrement dit pour que le ménage i de l'îlot considéré puisse bénéficier d'un abonnement, il faut que sa participation financière (taux d'effort) à la canalisation d'extension soit égale à $C_{Re\,i}$, ou tout simplement qu'il soit prêt à y consacrer une somme d'argent équivalente au moins à ce montant.

En définitive l'effort supplémentaire (par rapport au coût réel de l'extension) que les premiers ménages sont appelés à fournir sera compensé au fur et à mesure que d'autres ménages souscrivent des abonnements. Ainsi la somme $C_{Re\,i}$ sera répartie entre les 'i-1' abonnés existant au prorata de leurs participations.

Remarque: La participation à la canalisation d'extension n'inclut pas le coût de branchement du ménage. Dans le cas où les dépenses de premier établissement seraient très élevées par rapport au taux d'effort des ménages à ce type d'extension, la décision de construire une canalisation d'extension doit résulter d'une démarche qui met en parallèle les coûts de cette "extension" et ceux de réalisation d'un point d'eau autonome.

9.1.4.2 Technologie alternative au réseau d'eau potable : Participation à la réalisation et la gestion d'un Point d'eau autonome

Le point d'eau autonome peut constituer une réponse appropriée à un îlot excentrique à la zone d'influence du réseau de distribution d'eau potable. d'un point d'eau autonome (forage, puits aménagés, ...). L'installation d'un point d'eau autonome est nécessaire lorsque le coût relatif à la canalisation d'extension est exorbitant par rapport au taux d'effort des ménages concernés d'une part, d'autre part lorsque ce coût est supérieur à celui de la réalisation du point d'eau autonome. L'approche précédente peut être utilisée moyennant quelques hypothèses pour déterminer la participation financière à la réalisation de ce point d'eau autonome. On suppose que tous les "abonnés" prennent l'eau à l'unique point de livraison. Comme il n'y a pas de branchement particulier le facteur $\dfrac{L_i}{\sum_{i=1} L_i}$ de la formule (i) n'intervient pas dans la

détermination des NDR extension. Par conséquent $CRpea_i = CRpea_1 \cdot \dfrac{t_0 - m_i}{t_0}$ (40) dans

laquelle $CRpea_i$ désigne les dépenses du premier établissement du point d'eau autonome (pea) et t_0 la durée (en mois) de l'amortissement, détermine la participation minimale du ménage 'i' aux frais de mise en œuvre de ce point d'eau autonome. Le mode de gestion de ce point d'eau sera identique à celui nous avons préconisé dans le cas de la gestion d'une borne fontaine à la seule différence qu'ici la maîtrise d'ouvrage peut être attribuée à la collectivité territoriale ou à la communauté concernée si cette dernière est bien organisée. Après la durée d'amortissement t_0 qui peut être extrêmement variable, les ménages non "abonnés" pourront participer seulement à la gestion c'est-à-dire payer l'eau dans les mêmes conditions que les ménages "abonnés". La facturation tient évidemment compte de l'entretien.

Si le taux d'effort des ménages ne permet pas d'envisager l'une ou l'autre des solutions proposées précédemment, il faudrait engager pour les ménages concernés des actions spécifiques visant notamment à :
- mettre au point des procédés de traitement et de conservation d'eau de boisson qui soient moins onéreux et faciles à réaliser,
- élaborer des techniques de protection des sources d'eau contre les diverses pollutions.

9.1.4.3 Amélioration des sources d'eau existantes

Pour des raisons diverses (solvabilité, tradition,...) il existe des ménages qui sont et seront dans l'impossibilité de consommer de l'eau du concessionnaire SNEC. Dans ce cas, il faut vulgariser les méthodes préalablement mises sur pied, de traitement et de conservation de l'eau. Ces technologies iront de la définition du périmètre de protection des puits, des sources et des cours d'eau, au filtrage et à la stérilisation poussée en passant par le chauffage à ébullition de l'eau de boisson. À cet effet, la sensibilisation à grande échelle des usagers jouera un rôle déterminant.
Nos enquêtes, tout comme des études financées par le Fonds d'Aide et de Coopération, ont montré que beaucoup de ménages n'ayant pas accès à une eau saine, consacrent une part considérable de leurs revenus (10 % environ) pour l'achat des médicaments destinés à combattre les maladies hydriques. D'où la nécessité d'expliquer aux ménages qu'il est plus avantageux de consacrer 1 à 5 % de son revenu pour l'AEP que d'en utiliser plus de 10 % pour guérir les maladies : ces avantages sont d'ordre économique (l'eau revient moins chère que les remèdes) et énergétique puisqu'il n'y aura pas d'énergie importante à compenser pour la corvée d'eau; enfin le rendement personnel va s'améliorer du fait de l'activité qui n'est pas arrêtée pour cause de maladie.

Le principe de la planification du réseau de distribution d'électricité est presque identique à celui d'alimentation en eau potable.

9.2 ÉLÉMENTS POUR UNE PRISE EN COMPTE DE LA PARTICIPATION DES MÉNAGES DANS LA PLANIFICATION DES RÉSEAUX ÉLECTRIQUES

La méthode de conception et les algorithmes de dimensionnement des réseaux de distribution d'énergie électrique que nous avons mis au point sont présentés à l'annexe 6.

9.2.1 Le principe général de la planification des réseaux

Planifier le développement d'un réseau de distribution d'énergie électrique (EE), conduit à prendre un grand nombre de décisions concernant, soit le renouvellement d'ouvrages existants, soit la création d'ouvrages nouveaux de manière à faire face à l'accroissement de la demande. La solution dite optimale sera celle de "coût minimum", caractérisé par [105 - FREMAUX] [106 - PERSOZ] : des dépenses en investissement, des frais d'exploitation, de la gêne économique au niveau de l'utilisateur.

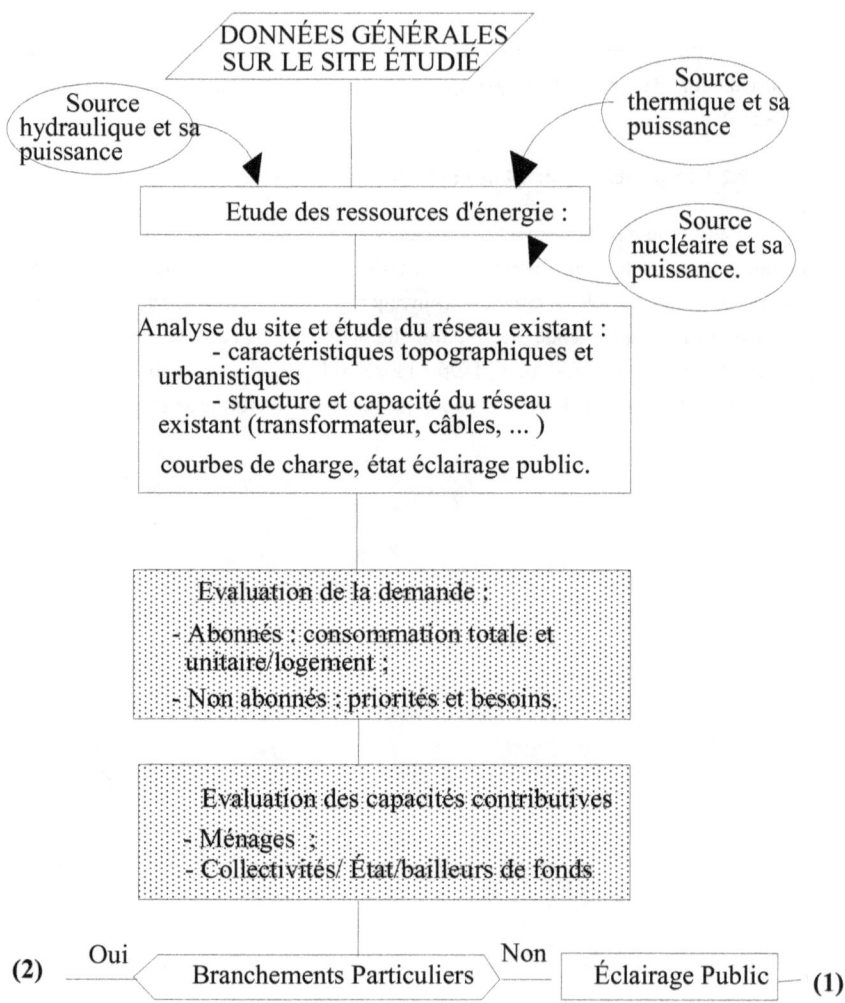

DONNÉES GÉNÉRALES
SUR LE SITE ÉTUDIÉ

Source
hydraulique et sa
puissance

Source
thermique et sa
puissance

Etude des ressources d'énergie :

Source
nucléaire et sa
puissance.

Analyse du site et étude du réseau existant :
- caractéristiques topographiques et
urbanistiques
- structure et capacité du réseau
existant (transformateur, câbles, ...)

courbes de charge, état éclairage public.

Évaluation de la demande :

- Abonnés : consommation totale et
unitaire/logement :

- Non abonnés : priorités et besoins.

Évaluation des capacités contributives

- Ménages :
- Collectivités/ État/bailleurs de fonds

(2)   Oui   Non
_____< Branchements Particuliers >_____   Éclairage Public — (1)

194

(2)

Faisabilité financière du projet
(Compatibilité globale entre l'investissement et
le taux d'effort des ménages)

Oui

Non

Solution individuelle

(1)

Plus de 50 % des ménages
non abonnés se situent au
dessus du seuil de
solvabilité ?

Non

Oui

Hiérarchisation des voies,
conception du réseau
d'éclairage public en fonction
du % du budget communal
alloué à l'éclairage public

Conception des réseaux
et prise en compte
des autres besoins
Raccordement
systématique
Niveaux de desserte et
d'équipements élevé

Conception des réseaux
et prise en compte des autres
besoins
(Zones sommairement équipées
et desservies)

Choix rationnel des foyers
(Nature des poteaux,
lumineux : section optimale,
chute de tension admissible)

Hypothèses d'évolution
de la demande future

Programmation :
(Conception du réseau
futur et échéancier)

Prise en compte de la demande existante,
utilisant la démarche proposée au chapitre 2

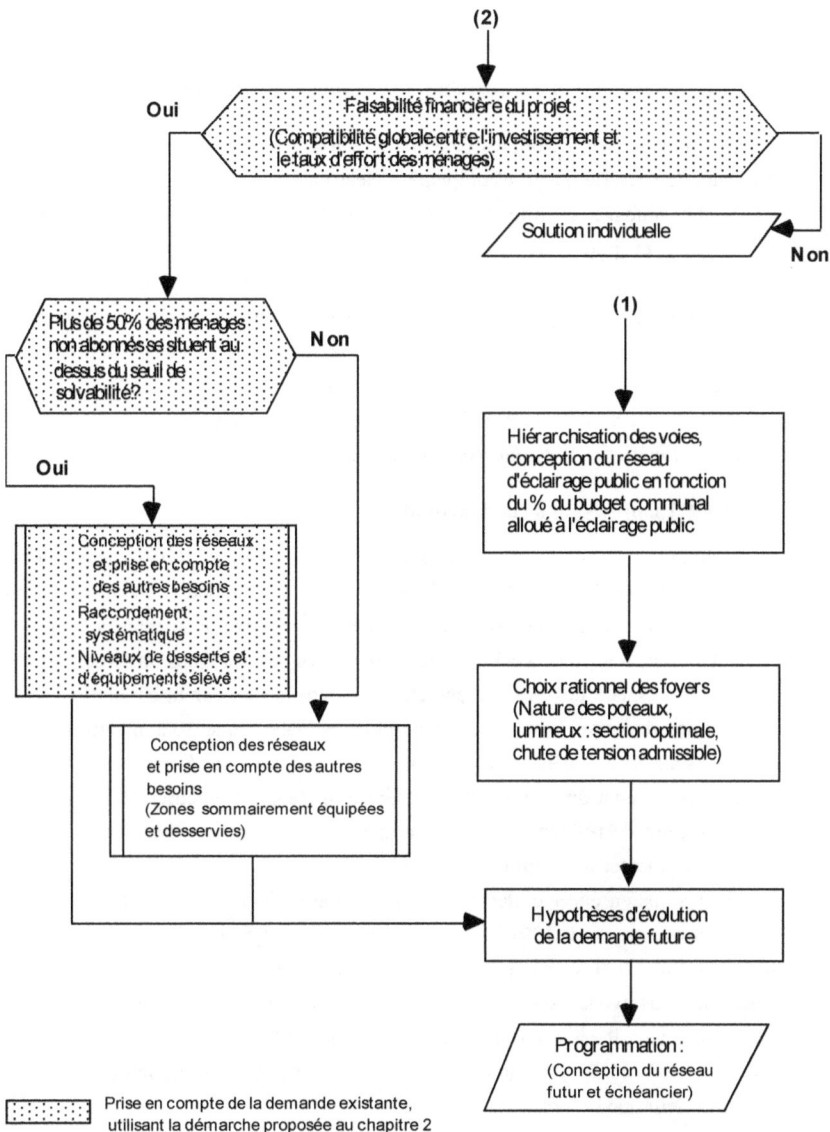

Figure 31 : Organigramme du développement des réseaux d'énergie électrique

Le problème est dynamique puisqu'il concerne la connaissance de la demande actuelle et future.

9.2.1.1 L'évaluation des variables déterminant la demande

Pour chaque tissu urbain, les facteurs qui caractérisent la demande sont : réseau existant, taux de desserte, profil d'équipement électrique des ménages, couple besoins - ressources. Le sondage stratifié aléatoire fournit des données relatives au nombre d'abonnés réels et potentiels par strate mais surtout leurs taux d'efforts, leurs équipements électriques et les périodes d'utilisation. Ce sont des paramètres liés au confort, au mode de vie et aux traditions de chaque communauté. Les besoins totaux en kilowatts (KW) des ménages tiennent compte des facteurs de simultanéité à l'échelle des ménages et du coefficient de foisonnement au niveau de l'îlot. Aux besoins domestiques, il faut ajouter les besoins industriels et du secteur tertiaire. Les profils d'équipements électriques sont élaborés et présentés en annexe.

9.2.1.2 La prévision de la demande

Plusieurs modèles ont été développés (MEXICO, MESA ROVIL et PESTEL (GIROD), MEDEE (IEJE), MEDEE-SUD (MINMEE)). Ces modèles généraux (portant sur tout le secteur énergétique) sont difficilement applicables à la planification des réseaux d'électricité à fortiori, à celle des réseaux électriques des villes camerounaises.

La connaissance des besoins actuels est déterminante, car la simulation de la demande future devra se baser sur des paramètres fiables que sont notamment les puissances installées aux ménages et les consommations d'énergie électrique par jour et par habitant. Autrement dit, la projection des besoins d'énergie électrique s'effectuera à partir des niveaux de référence de consommation, eux-mêmes déterminés suivant la démarche expérimentée au chapitre précédent.

Les besoins en énergie électrique par ménage varient à Obala entre 976 W et 2719 W. La moyenne est de 1991 W, connue avec un écart type de 513 W. La littérature propose 6 000 à 9 000 W par ménage, valeur qui est 3 à 4 fois plus élevée que la moyenne que nous avons trouvée à Obala. Par rapport au "tout électrique", l'écart est plus impressionnant, il est 4 à 9 plus élevé à Yaoundé (Éfoulan) où nous avons obtenu une moyenne de 3146 W avec un écart type de 530 W ; ceci correspond environ à la moitié de la valeur que la "norme" prévoit.

9.2.1.3 Pour un réseau évolutif

De la même manière que pour le réseau d'eau potable, la mise en œuvre des équipements électriques devrait être progressive. Il est souhaitable de pratiquer une stratégie de développement des réseaux d'électricité par phasages évolutifs. Ce paragraphe a pour but de montrer comment procéder au renforcement de tels réseaux.

La demande est déterminée en fonction du taux d'effort, du niveau d'équipement ainsi que du tarif de l'énergie électrique. Les contraintes techniques rencontrées sur les réseaux sont essentiellement les chutes de tension : quelques mesures faites à Obala en bout des lignes des "branchements sauvages" présentent des chutes de tension de plus de 10 % de la valeur nominale.

L'accroissement des consommations peut se manifester de deux manières : "l'accroissement en profondeur" qui correspond à une augmentation de la consommation des abonnés existants et "l'accroissement en surface" qui se traduit par l'apparition de nouveaux abonnés que l'on doit raccorder.

La recherche du développement optimal consiste à choisir l'une des deux variantes suivantes (figure 32 ; N0) :

Variante 1 : implanter un nouveau poste MT/BT (N1) ; cette opération fractionne les départs existants, diminue la longueur des lignes et les puissances transitées, donc les chutes de tension ;

Variante 2 : augmenter la section des conducteurs de certains tronçons (N2) ; ce qui diminue leur impédance, donc la chute de tension qui leur est imputable et améliore la qualité de tension offerte aux abonnés situés en aval de ce tronçon.

Le premier type de renforcement est plus efficace bien que plus onéreux [107 - SARRAND]. Il correspondra aux zones d'intervention prioritaires et le second s'appliquera aux cas intermédiaires (cf. chapitre précédent), compte tenu du fait que plus de 50% des ménages (figure 32) qui souhaitent un raccordement aux réseaux d'électricité, ne peuvent payer le minimum nécessaire.

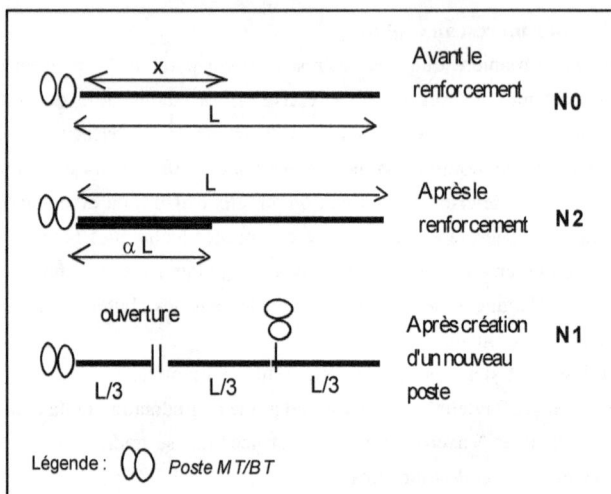

Figure 32 : Variantes du développement optimal du réseau électrique

Dans tous les cas, le niveau de desserte est fonction du risque lié au taux d'effort des ménages.

- Impact du risque lié au taux d'effort des ménages sur la programmation du réseau. On ne s'intéresse pas ici aux besoins des services et industries ; nous avons montré comment les prendre en considération (cf. annexe 8).

Les trois niveaux de service que nous proposons dans la suite résultent du risque lié au taux d'effort des ménages ainsi qu'aux ressources financières mobilisables par les pouvoirs publics (notamment pour l'éclairage public).

1er niveau : risque maximal Le réseau (postes de transformation, câbles) sera dimensionné et construit pour l'éclairage des voies principales. Il pourra exceptionnellement alimenter au passage quelques riverains (ménages) dont l'usage de l'énergie électrique est limité à l'éclairage domestique comportant un maximum de 3 foyers lumineux. Si des solutions d'électricité collective ont été expérimentées, elles se sont néanmoins limitées à l'utilisation collective des cuisinières électriques, des congélateurs, des réfrigérateurs. L'éclairage domestique, par définition ne peut se résoudre collectivement.

2e niveau : risque élevé Outre les besoins d'éclairage des rues principales, le réseau sera conçu pour satisfaire un nombre considérable des ménages. Cette desserte des ménages en énergie électrique leur permettrait d'une part, d'assurer l'éclairage des pièces principales du logement et d'autre part de faire fonctionner quelques (2 ou 3) appareils électrodomestiques. Ce niveau de desserte correspond au 2e niveau d'équipement mis en relief à l'annexe 8.

3e niveau: risque nul En plus de l'éclairage des voies primaires et secondaires, le réseau devra satisfaire les besoins domestiques de la presque totalité des ménages ; le taux d'abonnement avoisine les 100 %. L'éclairage concerne toutes les pièces de la maison. Le degré d'équipement en appareils électrodomestiques est élevé ; un certain nombre de ménages disposent de climatiseurs.

On a vu qu'il est possible et avantageux de concevoir un réseau de distribution d'énergie électrique qui puisse s'adapter à l'évolution de la demande. Pour compléter nos propositions, nous allons présenter des techniques susceptibles de minimiser les consommations d'énergie électrique, techniques qui permettraient notamment aux ménages les plus défavorisés d'alléger leurs dépenses énergétiques.

9.2.2 Les orientations spécifiques des systèmes d'alimentation en énergie électrique

La sensibilisation est une composante essentielle de l'amélioration du taux d'accès des ménages à l'électricité. Des économies importantes peuvent être réalisées dans la conception et la gestion des réseaux électriques et favoriser l'accès ainsi que l'usage de l'énergie électrique par un grand nombre de ménages.

9.2.2.1 Distribution d'énergie électrique

Pour rationaliser les coûts d'investissement et d'exploitation des réseaux, les mesures que nous préconisons portent entre autres sur les lampes d'éclairage, les équipements électrodomestiques et les facteurs géo-climatiques (figure 33).

La sensibilisation joue un rôle capital dans cette phase, car pour le ménage par exemple l'optimisation des dépenses énergétiques commence dès la conception de son logement (orientation, direction des vents, ouvertures, nature des cloisons, sol, plafonds,...). Elle se poursuit par un choix judicieux des équipements électriques, précédé par un dimensionnement adéquat du réseau amont du compteur d'abonné et du circuit interne. Le mode d'emploi des appareils ainsi que leur entretien conditionnent le niveau des quittances d'électricité. Pour le concepteur du réseau, il s'agira de minimiser les dépenses d'investissement et de fonctionnement (figure 33).

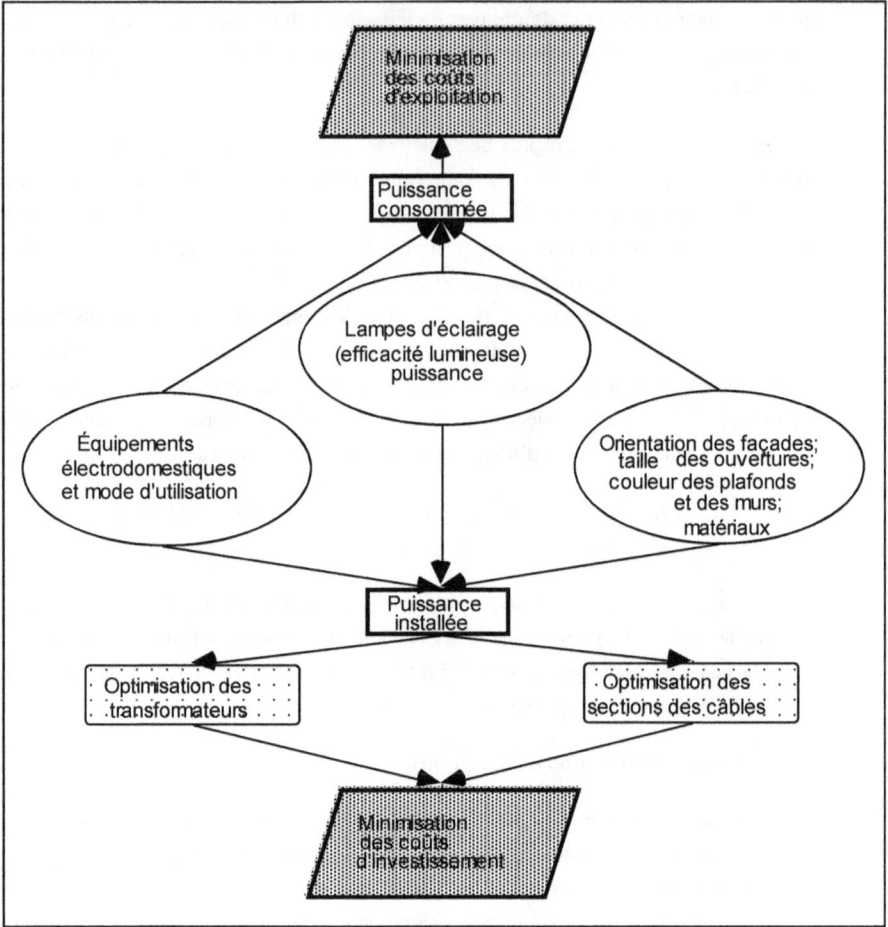

Figure 33 :   Éléments pour la sensibilisation des ménages et techniciens sur les
économies d'énergie électrique

a) Type d'équipement et appareil d'utilisation

Les investissements sur le réseau doivent être choisis au terme d'études où les coûts tiennent compte du taux d'actualisation. Éviter le surdimensionnement des réseaux en évaluant correctement la demande. Un matériel du réseau doit être fiable et durable.

Le type de poste de transformation par exemple peut être en conformité avec la puissance appelée, car un transformateur ne doit pas fonctionner en dessous de 80 % de sa puissance nominale ; sinon il coûterait inutilement cher. Sa position doit être le plus proche possible du centre de gravité des usagers et son rayon d'action (150 à 300m) devrait être respecté pour limiter les chutes, et par conséquent les pertes d'énergie qui remettraient en cause la rentabilité des systèmes d'électricité.

Une section faible des conducteurs provoque beaucoup de pertes par effet joule. Si la section des câbles est grande, la ligne coûtera très cher. Il faut faire un arbitrage sachant que l'usager ne peut accepter qu'une chute de tension relativement faible de 3 à 8 % et les investissements doivent être rentabilisés.

En général, lorsque la chute de tension admissible est respectée et compte tenu de l'incidence négligeable des courants de court-circuit , surtout lorsqu'il y a une faible densité d'utilisation comme c'est le cas dans la plupart des villes étudiées, le choix d'une section optimale doit s'opérer entre la section technique et la section économique qui prendra en compte les taux d'intérêt et d'amortissement (cf. annexe 9). Un contrôle des circuits électriques en aval du compteur permettrait de réduire considérablement une partie de ces pertes tout en garantissant la sécurité de l'usager.

b) Les appareils d'utilisation

Les caractéristiques nominales des appareils d'utilisation influencent considérablement les consommations d'énergie électrique.

- Action sur le facteur de puissance (COSΦ) : L'amélioration du facteur de puissance entraîne la diminution d'énergie réactive et par là même son prix. On a alors intérêt à relever le facteur de puissance pour qu'il soit voisin de 1 (0,8 - 0,9). Les conséquences sont les suivantes :

- sur un réseau existant, diminution de l'intensité apparente, donc des chutes de tension et des pertes par effet Joule ;

- sur un réseau neuf, réduction des frais du prix de premier établissement et diminution de la puissance souscrite.

Ce qui améliore le rendement du réseau d'AEE sans astreindre à la rentabilité de ce dernier.

- Choix des appareils d'utilisation d'énergie électrique : ce choix est fondamental tant sur le plan technique qu'économique.

Au plan technique, ce sont les demandes inhérentes au fonctionnement des appareils électriques qui dimensionnent les réseaux.

Du point de vue économique, un choix judicieux permet de minimiser la consommation d'énergie électrique, dont les frais d'investissement et d'exploitation.

Les particuliers ont intérêt à tenir compte des puissances nominales de tout appareil électrique qu'ils se procurent. À performances comparables, ils peuvent minimiser de façon considérable les dépenses d'énergie.

- Un exemple d'application : Pour l'éclairage domestique, l'utilisation des tubes fluorescents de puissances(P) variant de 16 à 120 W, ont une efficacité lumineuse (f_e) (donc l'éclairement $E = \dfrac{\Phi}{S}$ (41) , $f_e = \dfrac{\Phi}{P}$ (42), où Φ est flux lumineux) 25 à 75 lumen/watt, de durée de vie 4000 à 7 600 heures, est vivement recommandée par rapport à l'utilisation très courante des lampes à incandescence dont la puissance est variable de 25 à 200W , ont une efficacité lumineuse très faible (8 à 14 l_m/w) avec une durée de vie de 1 000 heures.

Le coût d'installation d'une lampe à incandescence (< 2 000 FCFA) peut paraître avantageux par rapport à celui du tube fluorescent (6 000 FCFA) ; illusion car au bout de 4 000 heures d'utilisation, le tube de 20 watt (45 lm/W) consommera 5 fois moins d'énergie électrique qu'une lampe à incandescence ; celle-ci a une efficacité lumineuse plus faible (moins du tiers de celle du tube) et sera remplacée 4 fois pendant la durée du tube.

Critère	Lampe à incandescence	Tube fluorescent	Écart relatif
Puissance (W)	100	200	- 80 %
Efficacité lumineuse (l_m/W)	14	45	221 %
Durée de vie (heures)	1 000	4 000	4 fois plus
coût d'installation (FCFA)	2 000	6 000	+ 20 %
Coût de revient après 4000 heures	28 700	11 040	- 60 %

Tableau 29 :   Éléments de comparaison pour le choix de lampes à économie d'énergie pour l'éclairage domestique

Après 4 000 heures de fonctionnement, soit 2 ans trois mois à raison de 5 heures par jour l'usage de la lampe à incandescence revient 60 % fois plus chère que celui du tube fluorescent. De plus, le niveau d'éclairement est plus élevé pour les tubes fluorescents.

A 63 FCFA le KWh, tarif pratiqué au Cameroun, le coût d'énergie électrique s'élève à 5 040 FCFA pour le tube et à 25 200 FCFA pour la lampe à incandescence, coût auquel il faut ajouter 1500 FCFA pour l'achat de lampe de substitution pendant le même temps. Soit en tenant compte des investissements initiaux, 11 040 FCFA pour le tube, contre 28 700 FCFA pour la lampe à incandescence (plus de 2,5 fois pour la lampe au bout de 4 000 heures de fonctionnement).

L'aspect esthétique que procure les luminaires munis de lampes à incandescence justifie l'usage de ce type de foyer lumineux. En définitive, en jouant sur l'éclairage on peut diminuer au moins du tiers la consommation mensuelle des ménages plus riches et des trois quart celle des ménages les plus démunis.

Les pertes d'énergie liées à une mauvaise utilisation d'appareils électriques sont importantes. Les causes sont aussi diverses que variées : mauvais usage des interrupteurs, déperdition thermique due à une utilisation inadéquate des climatiseurs, exploitation inefficace des fer à repasser et autres équipements électroménagers. Des campagnes d'information des usagers sur des techniques susceptibles de mieux faire connaître les appareils électriques et leurs conditions de rendement, peuvent constituer une première réponse problème de dépenses énergétiques.

Enfin, quels que soient les soucis louables d'économie du concepteur, le matériel électrique devra être toujours de bonne qualité, choisi avec des marges de sécurité suffisantes et installé dans les meilleures conditions. La conception des parois des locaux ainsi que la ventilation et l'aération de ceux-ci participent dans des proportions considérables à la planification optimale des réseaux d'électricité. Cette approche vise à intégrer notamment les considérations thermiques : nature et caractéristiques physiques des parois, facteur de réflexion du plafond et des murs (utilance).

9.2.2.2 Éclairage Public

Les fonctions de l'éclairage public sont très importantes pour la sécurité, le confort, le développement des activités commerciales nocturnes, ... Elles justifient la place de choix qu'occupe l'éclairage public dans le cadre général d'une planification urbaine et particulièrement dans le développement des réseaux d'énergie électrique.

La hauteur des foyers lumineux, la nature des poteaux, le type de lampes, le luminaire et la part du budget alloué à l'éclairage public, constituent des facteurs sur lesquels le projeteur devrait s'appuyer pour concevoir un éclairage public qui satisfasse aux exigences des pouvoirs publics et de leurs administrés.

En opérant un choix judicieux des lampes (telles que décrites précédemment), les municipalités peuvent réaliser un bénéfice de 50 à 75% des frais d'exploitation tout en multipliant le rendement par 5 ou 40 (fe) et la durée de vie par 4, de leurs réseaux actuels ; ce qui permettra d'étendre celui-ci dans des zones ou quartiers qui n'en bénéficient pas . C'est la raison pour laquelle que nous avons envisagé, au paragraphe 9.2.1, l'éclairage de toutes les voies principales. Cette mesure est accompagnée par une bonne régulation du fonctionnement du réseau en fonction de la luminosité. Le degré de sophistication (esthétique, commande automatique, centralisée ou non) dépend des ressources mobilisables pour l'éclairage.

En conclusion : on a présenté une nouvelle approche de l'orientation du développement des réseaux d'eau et d'électricité. Cette planification basée sur le risque lié au taux d'effort des ménages met en relief l'intérêt d'un réseau évolutif qui sera renforcé avec l'accroissement de la demande. La desserte des ménages les plus défavorisés est abordée. Pour cela, des réponses portant sur l'alimentation en eau par les bornes fontaines et des techniques susceptibles d'engendrer des économies d'énergie électrique sont présentées. Cependant, compte tenu du fait que pour une agglomération donnée, les caractéristiques géométriques et fonctionnelles des réseaux à installer dépendent plus des ressources mobilisables des ménages du secteur considéré que des options volontaristes de la tutelle institutionnelle, il est indispensable que les acteurs chargés du développement des réseaux d'eau et d'électricité disposent des attributions en matière de décision. Le chapitre suivant est consacré à l'étude de cette réforme du cadre institutionnel.

CHAPITRE 10

POUR UNE RÉFORME DU CADRE INSTITUTIONNEL DES SYSTÈMES D'ALIMENTATION EN EAU ET EN ÉLECTRICITÉ

L'inertie et la vétusté de l'arsenal juridique ont non seulement empêché l'éclosion d'un nouveau type d'acteurs à même de favoriser le dynamisme du secteur, mais aussi, entravé les innovations dans le système de gestion des réseaux d'eau potable et d'électricité. L'objectif ultime à travers ce chapitre est moins de proposer un modèle institutionnel applicable dans tous les pays en développement que d'indiquer des pistes et des moyens adaptés aux nouvelles exigences du développement des réseaux étudiés.

10.1 RÉFORME DU CONTEXTE INSTITUTIONNEL

Le cadre institutionnel (lois, décrets, arrêtés, outils de planification et documents réglementaires, moyens juridiques, ...), constitue l'un des facteurs déterminants pour la planification et la gestion des réseaux d'eau potable et d'électricité.

10.1.1 Des raisons de remodelage des aspects réglementaires de l'eau potable et de l'électricité

Deux arguments de base justifient l'urgence et la nécessité de remodelage : la vétusté des textes réglementaires et leur application peu rigoureuse. La conséquence de cette incohérence institutionnelle sont :
- l'absence de décrets d'application des lois N° 020 du 22/11/1983, et N° 013 du 05/12/1984 portant respectivement régime d'électricité et régime de l'eau ;
- l'absence des textes réglementant les installations intérieures étant donné que le domaine de compétence des sociétés concessionnaires est limité aux compteurs.

Cette situation de crise est confortée par des insuffisances dans le système des finances locales, mettant les communes dans une position d'extrême vulnérabilité. Parmi les insuffisances identifiées lors du diagnostic de la chaîne fiscale, on peut citer :
- l'absence de diversification des modes de financement locaux,
- l'encombrement excessif des taux et des tarifs par les taxes indirectes,
- l'insuffisance des taux de recouvrement,
- les moyens limités des directions des impôts et du trésor.

10.1.2 Les principes directeurs d'élaboration d'une nouvelle Réglementation

Il s'agit en clair, de définir le canevas dans lequel viendront se greffer les variantes et constantes susceptibles de réguler tout système visant à développer les réseaux d'eau potable et d'électricité. Trois étapes nous semblent nécessaires lorsqu'on souhaite obtenir l'adhésion du plus grand nombre de personnes concernées et aussi en plus lorsqu'on veut définir les finalités vers lesquelles le système doit tendre.

1ère Étape : Définition des objectifs recherchés à travers la modification de la structure institutionnelle existante : La structure institutionnelle doit être le reflet des résultats escomptés : (accessibilité croissante à un réseau, quantité et qualité du service suffisantes, satisfaction d'un grand nombre de ménages solvables, autofinancement des secteurs, assurer la rentabilité....

2ème Étape : Identification des différents acteurs : La description des différents intervenants, leurs fonctions leurs rôles, les droits et devoirs de chacun doivent être clairement précisés à ce niveau.

3ème Étape : Estimation sommaire des moyens : Évaluation rapide des ressources financières, de l'expertise capitalisable, des matériels de travail. En définitive, il est souhaitable et indispensable que les textes puissent refléter au mieux les aspirations des principaux acteurs ; les lois doivent être suivies immédiatement par les décrets d'application.

10.2 L'ÉMERGENCE DES NOUVEAUX ACTEURS

Les enjeux socio-économiques et politiques du développement des systèmes d'alimentation en eau potable et de distribution d'énergie électrique, sont d'autant plus importants qu'ils engendrent inéluctablement l'émergence d'un nouveau type d'acteurs ; ce qui implique une redistribution des compétences, des rôles, des devoirs et obligations entre les différents acteurs.

10.2.1 Les principaux intervenants

Les principaux intervenants sont regroupés dans trois pôles. Leurs rôles ont été élucidés dans la première partie. L'innovation consistera à créer un service de contrôle et de véritables services techniques au niveau des collectivités locales.

Les Services de contrôle auraient pour tâche principale d'assurer le contrôle des prestations depuis la réalisation des ouvrages jusqu'au contrôle de la qualité et de la fiabilité des produits distribués et consommés. Ils doivent avoir notamment un regard sur les installations intérieures, le souci étant de minimiser les risques d'incendie, les chutes de tension électriques, les coups de bélier, les faibles pressions, les infiltrations d'eau. Ces services de contrôle peuvent être des services techniques déconcentrés de l'administration, des collectivités locales, ou des bureaux d'études techniques privés.

La création des Services techniques communaux (figure 34)

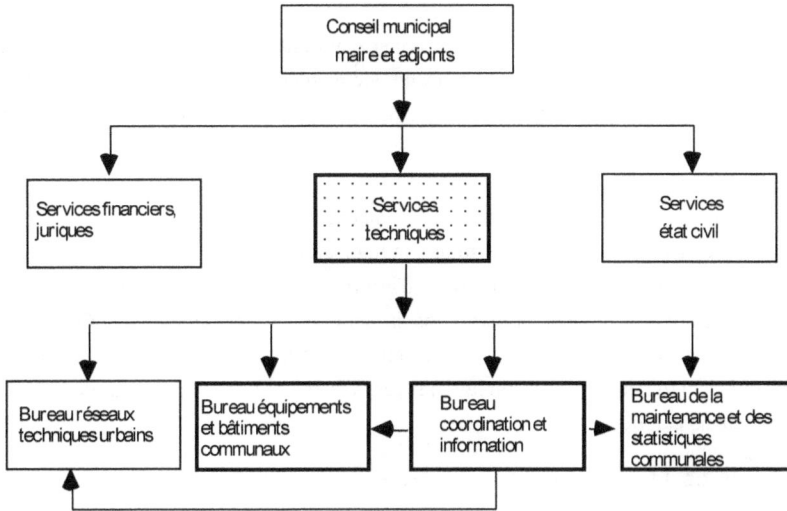

Figure 34 :   Organigramme théorique d'une commune mettant en relief la création des services techniques communaux

Outre les missions traditionnelles d'entretien et de petite maintenance, les services techniques des collectivités locales doivent aussi :
- assurer des tâches de maintenances préventives, par anticipation sur les risques de dysfonctionnement des infrastructures et superstructures communales ;
- remplir les fonctions d'études, de contrôle, de conception et de mise en œuvre des réseaux techniques urbains ou des plans d'urbanisme ;
- coordonner les différentes interventions (approche sectorielle ou globale) dans leurs zones d'influence.

Les communes ne disposant que de très peu de ressources financières, s'associeraient avantageusement à des communes voisines. Ce découpage n'ayant à priori aucun lien avec les limites administratives actuelles.

Compte tenu du caractère technique de certaines attributions du conseil municipal, à savoir :

- approbation des plans d'urbanisme,
- gestion de l'éclairage public, de l'approvisionnement en eau potable et d'entretien des bornes fontaines,
- réalisation et entretien de la voirie urbaine municipale,
- validation des permis de construire,
- étude et réalisation des marchés, collecte et transports des ordures ménagères...,

la commune doit disposer d'un service technique bien étoffé pour assumer les missions qui lui sont assignées. Le service technique des communes doit comporter un minimum de 4 bureaux :

. Bureau des réseaux techniques urbains.,

. Bureau des équipements et bâtiments communaux,

. Bureau de maintenance et des statistiques municipales

. Comité technique de coordination et d'information : celui-ci pourrait assurer la coordination des différents projets dans la ville ou la région étudiée. Ce comité technique de coordination facilite les communications et la circulation verticale et horizontale entre les différents bureaux : il gère l'interface entre les collectivités locales et les acteurs extérieurs.

10.2.2 L'organisation des acteurs (cf. chapitre 4)

10.2.3 Les aspects financiers : participation des acteurs

L'apport financier, aussi bien du maître d'ouvrage que des bénéficiaires est vital pour tout projet d'aménagement urbain.

a) Pôle Politique

Ce pôle joue le rôle de maître d'ouvrage. L'État devra intervenir dans le financement de certains équipements mais également au niveau central dans le cadre d'une coordination administrative entre les différents acteurs. Par ailleurs, la déconcentration consiste à doter les services extérieurs provinciaux, départementaux, ..., de personnels techniques qualifiés. Elle favoriserait la rapidité dans l'exécution des projets. Il convient de souligner avec insistance la nécessité de ce transfert de compétences à l'échelon régional ; en effet si certains départements ministériels, impliqués dans le processus du développement des réseaux d'eau et d'électricité disposent de services extérieurs, il faut dire qu'ils ne disposent d'aucun pouvoir de décision.

Pour que la contribution des collectivités locales soient davantage significative, il faudrait prendre rapidement des mesures susceptibles de contribuer efficacement à :
- l'amélioration de la situation financière (tarification plus appropriée des prestations, transfert de l'État aux communes, limitation de gaspillage et autres pertes, ...) ;
- l'affirmation d'une plus grande autonomie financière ;
- l'amélioration de l'expertise technique à leur disposition ;
- la mise en place des recettes municipales : la rentabilité de la mesure ne sera maximisée que si les registres des personnes imposables aux taxes communales sont mises en place au niveau des communes ;
- la révision des taux d'impôts locaux devrait normalement permettre d'améliorer le rendement de la fiscalité sans que des études lourdes nécessaires, à la mise en place d'impôts nouveaux, ne soient engagées.

b) Les usagers
Ce sont les bénéficiaires. Les ménages joueront davantage un rôle important par leur participation effective à la formulation, la mise en œuvre et la gestion des projets d'eau potable et d'électricité (nous avons présenté du rôle des ménages au chapitre 4).

10.3   DES PROPOSITIONS POUR UNE GESTION RATIONNELLE DES RÉSEAUX

10.3.1 Les principes directeurs pour une restructuration des systèmes de gestion de réseaux

Toute approche objective visant à rationaliser le système de gestion des réseaux d'eau et d'électricité est fondée sur l'étude des indicateurs qui le décrivent. Ces principaux indicateurs peuvent être des variantes ou des constantes.

a)   **Variantes :** Ce sont des caractéristiques intrinsèques ou non du mécanisme de production et distribution des services marchands d'eau et d'électricité. Elles sont variables suivant chaque pays, voire chaque région à l'intérieur d'un même pays ; elles concernent notamment :
- le mode de gestion (régie, gérance, affermage, concession,...) ;
- le nombre de sociétés gestionnaires ;
- l'étendue géographique des sociétés gestionnaires ;
- le rôle de l'État, celui des autres acteurs et le respect des lois.

b)   **Constantes :** Constituées des données permanentes et valables dans la quasi-totalité des PED, les constantes sont des facteurs auxquels tout système de gestion des réseaux d'eau et d'électricité devrait se référer indépendamment du pays ou de la

209

région. L'objectif étant le même (améliorer l'accessibilité des ménages aux réseaux), elles comprennent en l'occurrence :
- l'autonomie financière des sociétés gestionnaires des réseaux ;
- la déconcentration administrative des centres de décision ;
- la décentralisation au profit des collectivités territoriales ;
- la tarification progressive de la consommation unitaire en m^3 d'eau et en KWh d'énergie électrique.

10.3.2 Pour une autonomie de gestion des réseaux

L'amélioration du fonctionnement des services publics de proximité passe par une autonomie de gestion de ceux-ci, et induit une prise en charge plus efficace par les collectivités territoriales des services dont elles ont légalement la charge, par l'application stricte de la réglementation en vigueur dans le domaine considéré.

a)   Analyse comparative des différents modes de gestion

Plusieurs formules existent pour l'analyse des différents modes de gestion : concession, affermage, gestion en régie directe,... En général, ce sont les pouvoirs publics (État, ...) qui sont les maîtres d'ouvrage des réseaux d'eau et d'électricité. La gestion peut avoir un caractère privé, public ou parapublic [110 - VALIRON]. Tout est spécifié dans les clauses de la convention, du traité, du contrat ou des cahiers de charges.

Principales Caractéristiques	Principaux modes de gestion des réseaux d'eau et d'électricité				
	Régie Directe (1)	Régie Interne (2)	Gérance (3)	Affermage (4)	Concession (5)
Caractère de la gestion	Public	Public	Privé	Privé	Privé
Nom usuel du document contractuel	Convention	Convention	Convention	Traité ou contrat	Traité ou cahier des charges
Étendue géographique, fixation des tarifs	Communal/ Collectivité	local/ national/ collectivité	local/ national/ collectivité	local/ national/ collectivité	local/ national/ collectivité
Destination des recettes	Collectivité	Collectivité	Collectivité	Fermier	Concession
Rémunération du contractant	Collectivité	Collectivité	rétribution suivant le contrat par la collectivité	Bénéfice inclus dans le tarif per çu sur les usagers	Bénéfice inclus dans le tarif per çu sur les usagers
Durée du contrat	fixer le contrat (5 à 10 ans)	fixer le contrat (5 à 10 ans)	fixer le contrat (5 à 10 ans)	fixer par le contrat (en général, 20 à 30 ans)	fixer par le contrat < 99 ans (en général, 50 à 60 ans)
Construction d'ouvrages	Non	Non	Non	Non	Oui (partici pation aux frais de 1er établissment)
Exploitation des ouvrages (commercialisat ion)	Oui	Oui	Oui	Oui	Oui
Entretien	Non	Oui	Oui	Oui	Oui
Renouvellement des équipements	Non	Non	Non	Oui (à l'exception du génie civil et production : captage)	Oui
Travaux neufs, Extension	Non	Non	Non	Non	Oui
Observations	Pas de bénéfice, ni de frais généraux retributifs calculés suivant le contrat		(3)	(4)	(5)

Tableau 30 : Tableau Synoptique caractérisant les modes de gestion

(1) : Régie sans personnalité juridique, ni autonomie financière et comptable ; la collectivité assure à ses frais la construction du/des réseau(x) qu'elle exploite directement à l'aide du personnel recruté et appointé par elle. Elle supporte toute les dépenses d'exploitation, d'entretien, de renouvellement, d'amortissement technique et des charges financières.

(2) : Personne publique ou morale de droit privé qui assure l'exploitation et l'entretien des ouvrages pour le compte de la collectivité moyennant une rémunération issue d'une prime fixée en pourcentage du chiffre d'affaires, complétée par une prime de productivité.

(3) : La collectivité est déchargée de toute sujétion d'exploitation en plus de sa rémunération pour l'exploitation et l'entretien du réseau, le gérant est rémunéré pour ses interventions de réparation. Comme en régie intéressée, le gérant ne prend aucun risque puisque sa rémunération est toujours entièrement portée en dépense au compte d'exploitation.

(4) et (5) : L'exploitation des ouvrages se fait à ses risques et périls : une société privée ou d'économie mixte assurent la gestion des ouvrages.

b)   Spécificités de la gestion de l'eau potable

La réforme du cadre institutionnel en matière d'AEP constitue le point de départ d'un développement harmonieux, progressif et durable des systèmes d'alimentation en eau potable. Le service de l'eau étant avant tout local, (aucun lien à priori entre le réseau d'eau de Sangmélima (dans le Sud) et de Kousséri (dans l'Extrême-Nord)), la ressource doit être mobilisée aussi près que possible du lieu d'utilisation, car il est difficile et coûteux de transporter l'eau sur une longue distance. Rien à voir avec l'énergie électrique caractérisée par des distances importantes entre le lieu de production et le lieu de consommation et par une interconnections à l'échelle nationale. En conférant une autonomie de gestion locale de l'eau dans les Communes, syndicats de communes, départements ou régions physiquement rapprochés et techniquement dépendants, les organismes seront vraisemblablement plus efficaces que la structure nationale actuelle. Plusieurs arguments militent en faveur de cette proposition :

- les sociétés nationales présente l'inconvénient de se situer parfois loin des problèmes locaux et de l'intérêt des usagers ;

- l'organisme devrait rendre compte aux usagers davantage exigeants sur la qualité du service ;

- l'amélioration du rendement devrait s'en suivre (renouvellement des équipements, petites extensions,...) ;

- la rentabilité des ouvrages par le recouvrement des coûts de distribution collectifs (BF) et de ceux des autres usagers (administration) ;
- la tarification devrait refléter la réalité des coûts ;
Le choix du mode de gestion va dépendre des principaux facteurs suivants :
* **Ressources financières des collectivités locales** (part du budget consacré à la conception, la réalisation et la gestion des systèmes d'AEP) ;
* **Ressources humaines disponibles** : (nombre et qualification des techniciens municipaux ainsi que leurs spécialités) ;
* **Population desservie ou à desservir ;**
* **Facteurs géo-climatiques ;**

La stratégie développée à partir de la crise des solutions centralisées existantes (sociétés nationales), qui souvent correspondent à la logique sociale, à la prise en charge par l'État des services de base et du bien-être, fondée sur un système de subvention . En effet, les sociétés nationales (très répandues en Afrique Francophone), fonctionnent d'ordinaire sur un modèle à subvention, voire à déficit. A la lumière de ce qui précède, la SNEC ne devrait s'occuper que de la gestion des grandes métropoles telles que Douala et Yaoundé. D'autres organismes prendraient alors la gestion de l'eau dans les provinces. Ils se constitueraient sous forme de régie municipale, concession, d'affermage ou de gérance suivant les critères définis plus haut. Cette solution offre plus d'avantages en palliant à la plupart des inconvénients des gestions centralisées de l'eau :
- Au plan administratif, les dossiers doivent circuler rapidement car les décisions d'investissement et de renouvellement des équipements sont prises localement. Ce gain de temps implique une amélioration de la rentabilité et une économie des moyens de déplacement vers les autorités centrales ;
- Socialement, les demandes de création des réseaux neufs ou d'abonnements, ont des chances d'aboutir dès que la solvabilité des requérants est acquise ; une simple identification des potentiels abonnés permettrait d'appliquer le règlement échelonné des coûts de raccordement du réseau.
- Au plan technique et financier, le rendement sera certainement amélioré avec des équipes qui travailleront dans l'esprit d'une entreprise privée et non d'un agent de l'administration.

Encourager la mise en œuvre d'une telle synergie, c'est favoriser la création d'emplois pour des techniciens, des commerciaux et des personnels d'appui.

c)   **Des retombées possibles de l'autonomie des gestionnaires des
réseaux d'eau et d'électricité**

L'autonomie des sociétés gestionnaires suppose plusieurs conditions au rang desquelles des compétences décisionnelles (choix des projets, participation à la tarification des prestations), de l'autofinancement des sociétés, des capacités du pilotage autonome des ouvrages (renouvellement, petite extension, entretien et commercialisation). Ce qui implique la recherche permanente de l'efficacité dans toutes les opérations inhérentes à la gestion. L'autonomie pourrait se traduire par l'amélioration du rendement des ouvrages constituant le réseau, l'augmentation de la qualité de service rendu et le perfectionnement de la quantité du service fourni.

D'autre part, une exigence non moins capitale que confère cette autonomie est l'obligation faite aux pouvoirs publics de s'acquitter régulièrement de leurs frais de consommation. La révision des prix unitaires n'étant pas exclue.

10.3.3 LE RÔLE DES COLLECTIVITÉS TERRITORIALES DANS LA MAÎTRISE D'OUVRAGES

Ce sont les moyens dont disposeraient les collectivités territoriales qui détermineraient la portée de chaque cahier de charge.

a) Champ d'action potentiel des collectivités territoriales.

Les collectivités territoriales auront un rôle prépondérant dans la gestion des réseaux techniques urbains sur un triple plan : i) technique à travers leurs services techniques, ii) sélection des projets : elle exige une décentralisation qui entraîne le transfert des pouvoirs de décision des autorités centrales aux responsables locaux des collectivités territoriales, iii) financier : les moyens d'accompagnement issus de la décentralisation doivent permettre aux collectivités territoriales de contribuer substantiellement au financement des ouvrages.

b) Recentrage des compétences des collectivités territoriales

L'amélioration de l'organisation des collectivités territoriales en général et des communes en particulier passe par deux préoccupations complémentaires :
- une meilleure définition des responsabilités à travers la mise en place des nouveaux organigrammes (gestion locale de l'eau, services techniques des communes,...),
- la mise en œuvre des nouveaux modes de fonctionnement (amélioration des procédures, ...).

L'amélioration des procédures est indispensable. Une double approche sera nécessaire pour atteindre cet objectif : Formaliser les procédures pour introduire plus de rationalité mais parallèlement, formaliser les procédures trop lourdes, source de lenteur voire de paralysie ; la simplification des formulations par exemple participerait de cette logique.

En conclusion, l'élaboration d'un cadre réglementaire et juridique conférant une autonomie aux gestionnaires des réseaux d'eau et d'électricité ainsi qu'aux collectivités territoriales semble incontournable : c'est sans doute une condition indispensable pour un développement des réseaux et du cadre de vie des populations. Cette exigence fondamentale implique entre autres :

- la définition des attributions des différents acteurs ;
- la clarification et la simplification des procédures ;
- la mise au point d'une politique tarifaire optimale ;
- l'émergence de nouveaux acteurs et la création d'organismes nouveaux ;
- la déconcentration et la décentralisation administratives ;
- la gestion des bornes fontaines qui peuvent constituer un niveau de desserte en eau potable pour beaucoup de citadins.

CONCLUSION

Cette partie rend compte de l'application aux cas réels du modèle de développement des réseaux d'eau potable et d'électricité que nous avons proposé. L'échantillonnage réalisé à cet effet a permis de choisir trois villes dans lesquelles un sondage stratifié aléatoire des ménages a été effectué. Les niveaux de référence, le risque lié au taux d'effort des ménages jouent un rôle prépondérant dans les réponses techniques et financières que nous avons formulées.

Au plan technique, nous avons montré que les niveaux de référence ont une influence considérable sur deux aspects des systèmes d'AEP et d'AEE :

- ils permettent tout d'abord un dimensionnement judicieux des réseaux de distribution, particulièrement en ce qui concerne les postes de transformation et les câbles des réseaux électriques, les réservoirs et canalisations primaires et secondaires des réseaux d'eau potable ;

- ils donnent ensuite la possibilité de déterminer les caractéristiques des équipements de branchement, adaptés au taux d'effort des ménages ; il s'agit notamment des disjoncteurs, des puissances installées, des sections des conducteurs (AEE), des diamètres des conduites de branchement et des calibres des compteurs d'eau (AEP).

Ainsi, les besoins en énergie électrique varient, à Obala, en fonction de la strate de 976 à 2719 W. Dans cette même ville, La moyenne trouvée est de 2000 W alors que la littérature prévoit plus du triple de cette valeur.

Pour l'alimentation en eau potable, les niveaux de référence en consommation déterminés en fonction des strates, varient de 34 à 87 l/j/hab. La consommation spécifique moyenne que nous avons trouvée pour un ménage abonné est de 60 l/j/hab. L'analyse comparative de la programmation du réseau d'eau potable d'Obala suivant la méthode classique et de la programmation prenant en compte le risque lié au taux d'effort des ménages du même réseau montre le grand intérêt de notre démarche. Pour un kilomètre du réseau d'extension, l'utilisation de la démarche proposée permet de desservir 40 % de ménages en plus par rapport à la démarche classique.

Au plan financier, en appliquant la démarche proposée dans le cadre de ce travail, le taux de desserte passerait de 53 % à 82 % à court terme (avant 5 ans) ; le gain en investissement réalisé serait de 57 % par rapport à la méthode classique.

Trois degrés de risque lié au taux d'effort des ménages ont été mis en relief. Ils induisent trois niveaux de service distincts que sont l'alimentation par la borne fontaine, la systématisation des branchements particuliers et l'alimentation mixte.

En matière de planification, le risque lié au taux d'effort des ménages dessine la configuration du réseau (AEP, AEE) comportant trois niveaux de desserte ; il constitue le fil conducteur de l'orientation de la programmation optimale des réseaux d'eau et d'électricité. Qu'il s'agisse du réseau électrique ou du réseau d'eau potable, nous avons identifié et caractérisé trois niveaux de services possibles suivant le taux d'effort des ménages. Ces réseaux sont évolutifs, c'est-à-dire conçus et réalisés pour desservir dans un premier temps une population donnée, leur renforcement ultérieur étant ensuite fonction de l'accroissement des besoins. En marge de cette idée force, d'autres éléments d'aide à la programmation, à la conception et à la réalisation des réseaux sont développés dans l'optique de réduire les coûts d'investissement et en conséquence d'accroître le taux de desserte. Nous avons en outre montré dans quelle mesure l'alimentation (en eau potable) par bornes fontaines payantes était un niveau de desserte convenable pour un nombre important de ménages urbains. Et enfin, nous avons présenté des techniques à l'usage des ménages et du technicien qui permettraient de minimiser les dépenses d'énergie électrique, en gardant un niveau de confort acceptable.

L'élaboration d'un cadre réglementaire et juridique conférant autonomie et responsabilité aux gestionnaires des réseaux d'eau et d'électricité est sans doute une des conditions nécessaires pour un développement des réseaux et du cadre de vie des populations.

CONCLUSION GÉNÉRALE

L'objet de cette recherche était de montrer qu'il est possible de concevoir un modèle de développement des réseaux susceptible de favoriser l'accès à la consommation d'eau potable et d'électricité à un grand nombre de ménages, et à moindre coût, dans les villes des pays en développement.

L'approche méthodologique proposée dans le cadre de ce travail s'articule autour d'une technique de collecte des informations, des outils de traitement des données et d'une méthode de conception des réseaux d'eau et d'électricité. La technique de sondage stratifié, complétée par les autres sources d'informations statistiques ou non et le programme de traitement informatique des données que nous avons mis au point en constituent l'ossature (chapitre 7). Elle vise, pour un tissu urbain donné, l'évaluation du taux d'effort des ménages, relatif aux coûts de branchement et aux coûts de consommation mensuelle. Ce but n'est atteint qu'au terme de la modélisation des préférences des ménages, de l'estimation de leurs besoins et des ressources financières que les ménages peuvent mobiliser à cet effet. Sur la base d'une part, des considérations socio-économiques, des statistiques de consommation et des pratiques en vigueur en matière de raccordement, et d'autre part des aménagements technologiques réalisables, nous avons élaboré des niveaux de référence qui doivent se substituer aux "normes" techniques employées actuellement.

C'est ainsi, par exemple, que nous avons trouvé, à la suite de nos enquêtes une consommation spécifique d'eau de 60 litres par jour et par habitant ; ce qui représente moins de la moitié du ratio inférieur (120 à 300 l/j/hab.), recommandé dans la littérature pour le cas d'espèce. De même pour l'électricité, nous avons trouvé une puissance moyenne de 2 000 W par ménage, alors que les "normes" prévoient plus du triple de ce niveau de référence en besoin électrique. Ces valeurs sont par conséquent déterminantes pour l'optimisation du dimensionnement et de l'exploitation du réseau.

Pour chaque tissu urbain, la compatibilité entre le taux d'effort des ménages et les niveaux de référence quantifiés en valeur monétaire induit les caractéristiques structurelles et fonctionnelles du réseau à installer. La méthode d'évaluation graphique du risque financier que nous avons mise au point constitue un outil d'aide à la décision pour étendre ou pour renforcer un réseau. Elle permet de mieux appréhender et d'intégrer le risque lié au taux d'effort des ménages dans la programmation du réseau. Nous avons mis en relief trois degrés de risque lié au taux d'effort des ménages, qui induisent trois niveaux de services distincts, que sont l'alimentation par la borne fontaine, la systématisation des branchements particuliers et l'alimentation mixte.

La démarche que nous proposons permet d'aller au-delà des performances de la démarche classique, par un accroissement du ratio *ménages desservis au km du réseau* de l'ordre de 40 %, ce qui correspond à un gain d'investissement de 57 % (chapitre 8). Ceci illustre l'intérêt de notre démarche.

En ce qui concerne la planification, le risque lié au taux d'effort des ménages constitue le fil conducteur de l'orientation de la programmation optimale des réseaux d'eau et d'électricité. Il dessine la configuration du réseau (celle-ci comporte trois niveaux de service) à installer ; plus précisément à chaque classe de risque correspond un niveau de desserte par le réseau (AEP, AEE). C'est un réseau évolutif, conçu et réalisé pour desservir dans un premier temps une population donnée, et qui sera renforcé ultérieurement en fonction de l'accroissement des besoins (chapitre 9).

Ce modèle de développement des réseaux présente de notre point de vue quatre atouts :

- *pertinence*: il s'appuie sur l'évaluation des variables telles que la priorité, les besoins et la capacité financière des ménages ;

- *efficacité*: en l'absence de données fiables, le recours à l'enquête par sondage permet de produire les données reflétant au mieux la réalité ;

- *économie* : les ménages qui paient l'eau ou l'électricité plus cher chez un voisin réaliseront des économies ; de plus, l'usage des techniques d'économie d'énergie minimise les dépenses d'électricité; il permet aussi de recouvrer les frais d'exploitation des bornes fontaines, ainsi que ceux dus à l'éclairage public, autrement dit d'améliorer les rendements commerciaux des sociétés chargées de la gestion de ces réseaux.

- *rentabilité* : c'est un outil d'aide à la décision des sociétés chargées de gérer les réseaux d'eau et d'électricité ; il donne la possibilité de diminuer les pertes liées aux chutes de tension et aux fuites elles-mêmes, causées en partie par les "branchements clandestins", donc en définitive, de perfectionner les rendements techniques des réseaux .

Si les niveaux de référence ne sont pas toujours valables en dehors de leurs sites expérimentaux, la transposition du principe de la démarche n'est pas sujette à caution. Au contraire, nous pensons qu'elle est innovante car elle place le ménage au centre de toute intervention susceptible de rentabiliser les investissements et satisfaire les exigences des populations pauvres.

Cependant, étant donné que le modèle du développement des réseaux d'eau et d'électricité que nous avons proposé est à géométrie variable, en fonction de l'environnement socio-économique des quartiers, la question de savoir ce qui se passerait dans le cas où les besoins et les ressources des ménages évolueraient de façon significative dans le temps mérite d'être approfondie, dans le but de parfaire nos propositions.

D'autres pistes restent également à explorer : elles portent aussi bien sur le type de réseau à installer (le système satellitaire par exemple), que sur les systèmes d'alimentation non réticulaires tels que les microcentrales, l'énergie solaire en ce qui concerne l'énergie électrique, les puits, les rivières, les sources pour l'alimentation en eau potable.

Par ailleurs, le problème du traitement de l'eau des rivières, des sources et des puits reste entier, étant entendu que tous les ménages ne pourront pas accéder à l'eau potable provenant du réseau pour des raisons financières.

Le canevas pour la réforme du cadre institutionnel est donc un enjeu de taille, car elle touche un domaine sensible sur le plan strictement politique.

LISTE DES SIGLES ET ABREVIATIONS

AEE :   Alimentation en Énergie Électrique
AEP :   Alimentation en Eau Potable
BF :   Borne Fontaine
BP :   Branchement Particulier
BT :   Basse Tension
CAC :   Coût Admissible de Consommation
CACM :   Coût Admissible de Consommation Mensuelle
CAR :   Coût Admissible de Raccordement
CC :   Coût de Consommation mensuelle
CES :   Coefficient d'Emprise au Sol
COS :   Coefficient d'Occupation des Sols
CR :   Coût de Raccordement
DIEPA :   Décennie Internationale de l'Eau Potable et de l'Assainissement
ENSP :   École Nationale Supérieure Polytechnique
hab. :   Habitant
HT :   Haute Tension
INSA :   Institut National des Sciences Appliquées
KWh :   KiloWattheure
MINDIC :   MINistère du Développement Industriel et Commercial
MINMEE :   MINistère des Mines, de l'Eau et de l'Énergie
MINUH :   MINistère de l'Urbanisme et de l'Habitat
MT :   Moyenne Tension
NDR :   Niveau De Référence
OMS :   Organisation Mondiale de la Santé
PDL :   Plan Directeur Local
PED :   Pays En Développement
PUD :   Plan d'Urbanisme Directeur
RTU :   Réseaux Techniques Urbains
SDAU :   Schéma Directeur d'Aménagement et d'Urbanisme
SGBD :   Système de Gestion de Base de Données
SNEC :   Société Nationale des Eaux du Cameroun
SONEL :   Société Nationale de l'Électricité du Cameroun
SPSS :   Statistical Programm of Social Science
TE :   Taux d'Effort
THT :   Très Haute Tension

RÉFÉRENCES BIBLIOGRAPHIQUES

[1]   **THE WORLD BANK**. *World Development Report 1994. Infrastructure for Development* .Oxford : Oxford University Press, 1994. 254 p.

[2]   **ONU**. *World urbanisation Prospects.The 1992 Revision*. New York : United Nations, 1993. 164 p.

[3]   **DUPUY, G**. *L'urbanisme des réseaux. Théorie et méthodes*. Paris : Armand Colin, 1991. 198 p.

[4]   **COHEN, A**. *Politique urbaine et développement économique*. Washington : BIRD, 1991. 102 p.

[5]   **GAPYISI, E**. *Le défi urbain en Afrique*. Paris : L'Harmattan, 1989. 126 p.

[6]   **CANEL, P**. *Mécanisme de financement du développement urbain. Principes généraux et étude de cas au Cameroun*. Paris : Ministère de la coopération et du développement, 1989. 75 p.

[7]   **DEBOUVERIE, J**. Quelques orientations pour le cycle de l'eau dans les pays en développement. In *L'eau, la ville et le développement*. Colloque international, Marseille 1986, Marseille : ISTED,1986. p. 135-138.

[8]   **GROUPE HUIT**. *Gestion de projets urbains*. Actes de séminaire de formation. Yaoundé : Ministère de l'urbanisme et de l'habitat, 1987. 360 p.

[9]   **ALBERT, M**. Évolution et avenir de l'équipement hydraulique à Électricité de France. *Revue de l'énergie*.1989. N° 410, p. 170-175.

[10]   **SCHAUER, A.***Is public expenditure productive ?*Chicago : Federal Reserve Bank of Chicago staff memorandum, 1989. 74 p.

[11]   **DIRECTION DE L'URBANISME (MINUH)**. *Rationalisation de la programmation des travaux de voirie des villes du Cameroun. Approche normative*. Yaoundé : Ministère de   l'urbanisme. de l'habitat, 1987. 150 p.

[12]   **IGIP (Ingenieurgesellschaft für Internationale Planungsaufgaben mbh)**. *Adduction d'eau dans onze centres urbains au Cameroun*. Yaoundé : Ministère des mines, de l'eau, et de l'énergie, 1987. 160 p.

[13]   **TAMO TATIETSE, T**. *Pour une prise en compte du taux d'effort dans le développement des réseaux d'eau potable et d'électricité dans les pays en voie de développement : Application aux villes moyennes du Cameroun*. Mémoire du Diplôme d'Études Approfondies : INSA de Lyon, Laboratoire Méthodes, 1990. 89 p.

[14]   **DE GRAND, M**. *Étude de la demande en éclairage et en petite électricité domestique en Afrique*. Paris : Ministère de la coopération - AFME, 1986. 44 p. Rapport de contrat n° 85/09/1119.

[15]   **BEAU(Bureau d'études d'aménagement et d'urbanisme).** *Développement urbain et infrastructures. L'énergie électrique* Vol. 5 Dossier 12 Kinshasa : Département des travaux publics et de l'aménagement du territoire, 1987. 21 p.

[16]   **BONNAFOUS, E.** *Installations électriques et électrodomestiques.* Paris : Bordas, 1985. 295 p.

[17]   **ZIMMERMANN, M.** *Aménagement et conception des infrastructures voiries et réseaux divers. Un système de conception assisté par ordinateur.* Thèse de Doctorat d'État ès sciences : INSA de Lyon, 1981. 232 p.

[18]   **PHILOGENE, B.** L'eau potable un besoin fondamental. *Universités.* 1992.Vol. 13 N° 3, p. 19-22.

[19]   **BOTTA, H.** *La conception assistée par ordinateur en génie civil..* Thèse de Doctorat d'État   ès sciences : INSA de Lyon, 1978. 231 p.

[20]   **CENTRE PASTEUR.** *Rapport des activités exercices 1991-1992.* Yaoundé 1993. 86p.

[21]   **DEMO 87.**7 *millions et demi en 1976, 10 millions et demi en 1987.   2e recensement général de la population et de l'habitat.* Yaoundé : Édition SOPECAM, 1991. 32 p.

[22]   **WALLISER, B.** *Système et Modèles.* Paris : Seuil, 1977. 247 p.

[23]   **BERTALANFFY, L.** *Théorie générale des systèmes.* Paris : Dunod, 1973.n p

[24]   **LE MOIGNE, J.L.** *La théorie du système général. Théorie de la modélisation.* 4e édition. Paris : Presses Universitaires de France, 1994. 338 p.

[25]   **TAMO TATIETSE, T.** Participation des ménages au développement des réseaux d'eau potable.   In   *Nouvelles   technologies   d'eau   potable   et d'assainissement.* Acte du Séminaire du Centre de Régional d'Eau Potable et d'Assainissement (CREPA). Yaoundé, 1992, Yaoundé : CREPA, 1992. p 74-89.

[26]   **LESOURNE, J.** *La notion de système dans les sciences contemporaines, Tome 1. Méthodologie.* Aix en Provence : Librairie de l'Université, 1992. 533 p.

[27]   **DE ROSNAY, J.** *Le Macroscope, vers une vision globale.* Paris : Seuil, 1975. 339 p.

[28]   **POPPER, J.** *La dynamique des systèmes, Principes et applications.* Paris : les éditions d'organisation, 1973. 272 p.

[29]   **MINMEE et LAVALIN INTERNATIONA.** *Étude du plan énergétique national. Rapport final. Vol. 1 Projet de politique et de plan énergétiques pour le Cameroun.* Yaoundé: MINMEE.   Montréal   :   Agence   Canadienne   de développement international, 1990. 220 p.

[30] **CONVENTION ET CAHIER DE CHARGES**, *concession de la distribution publique d'eau potable. Avenant n°5 ART. 20, 22, 27, 28.* Yaoundé : Ministère des mines et de l'énergie,1981. 32 p.

[31] **LOI N° 74/23** du 5 décembre 1974 portant organisation communale. Yaoundé : Présidence de la République.

[32] **ENSP (École Nationale Supérieure Polytechnique).** *Akonolinga : Schéma d'aménagement, étude préalable, propositions.* Yaoundé : ENSP, 1986. 202 p.

[33] **ENSP.** *Étude de la ville d'Obala en vue d'une proposition d'aménagement.* Yaoundé : ENSP, 1989. 204 p.

[34] **ENSP.** *Étude de la ville de Guider en vue d'une proposition d'aménagement.* Yaoundé : ENSP, 1987. 220 p.

[35] **ENSP.** *Étude de la ville de Mbalmayo en vue d'une proposition d'aménagement.* Yaoundé : ENSP, 1988. 3 volumes ; vol.1, 111 p ; vol.2, 53 p et vol.3, 73 p.

[36] **ENSP.** *Étude d'aménagement de Melong.* Yaoundé : ENSP, 185. 222 p.

[37] **ENSP.** *Étude d'aménagement de l'arrondissement de Yaoundé 3* Yaoundé : ENSP, 1992. 215 p.

[38] **ENSP, AFVP, GRET et CASS.** *Étude d'aménagement de l'arrondissement de Yaoundé 4.* Yaoundé : ENSP, 1994. 210 p.

[39] **DHS (Demographic and health surveys) et Direction nationale du Cameroun recensement général de la population et de l'habitat.** *Enquête démographique et de santé.* Yaoundé : Ministère du plan et de l'aménagement du territoire, 1991. 285 p.

[40] **BLANCHER, P. et LAVIGNE, J.C.** *Risque et réseaux urbains. Génie urbain.* Lyon : Institut National de Génie Urbain - Lyon, 1984. 11 p.

[41] **BLANCHER, P. et LAVIGNE, J.C.** *Risque et réseaux urbains : génie urbain et états des connaissances et des savoir-faire.* Lyon : Institut National de Génie Urbain - Lyon, 1988. 122 p.

[42] **THEDYS, J.** *La société "vulnérable".* Paris : Presse de l'École Nationale des Ponts et Chaussées, 1987. 87 p.

[43] **LEVEQUE, L.** *Étude des risques engendrés par une concentration de réseaux Application d'une méthodologie.* Institut National de Génie Urbain - Lyon, 1983. 75 p.

[44] **MOREAU, D. et VILAIN, G.***G.O, une méthode pour l'étude des risques liés aux réseaux électriques urbains.* Lyon : Institut National de Génie Urbain - Lyon, 1993. 49 p.

[45] **COHEN, V. et LELOU, H.** Théorie et pratique de la décision. Débat sur l'analyse du risque. *Les Cahiers du Collège des Ingénieurs.* 1988, N°1. p. 21-49.

[46]   **ACKA KROA.** *Couplage des systèmes experts et des méthodes connexionistes dans la gestion en temps réel du réseau d'assainissement.* Thèse de Doctorat : INSA de Lyon, 1993. 250 p.

[47]   **GIARD, V.** *Statistique appliquée à la gestion.* Paris : Économica, 1985. 485 p.

[48]   **BUE, J.P., GUILHAUDIN, P. et DELAYE, M.** Approche fiabiliste pour améliorer   la sécurité de l'alimentation en eau potable d'une grande agglomération. *Technique Sciences Méthodes* .1992, N° spécial. p. 557-564.

[49]   **KNIGHT, F.** *Risk, Uncertainty and Profit.* Boston. New-York : Houghtion Miffl in Co, 1921. 381 p.

[50]   **ÉCOLE NATIONALE DES PONTS ET CHAUSSÉES.** *Gérer les risques* . Paris : Presse de l'École Nationale des Ponts et Chaussées, 1988, 122 p.

51]   **VALIRON, F.** *Gestion des eaux. Tome 4. Coût et prix de l'alimentation en eau et de l'assainissement.* Paris : Presses de l'École Nationale des Ponts et Chaussées, 1991. 487 p.

[52]   **UNITED   NATIONS   CENTRE   FOR   HUMAN   SETTLEMENTS (UNCHS).** *The Maintenance of Infrastructures and its Financing and Recovery.* Nairobi : UNCHS, 1993. 72 p.

[53]   **BANQUE MONDIALE.** *Approvisionnement en eau et évacuation des déchets. Série Pauvreté et besoin essentiel.* Washington : BIRD - Banque Mondiale, 1980. 52 p.

[54]   **PETTANG, C.** *Pour un nouveau modèle de production de l'habitat en République du Cameroun.* Thèse de Doctorat : ENSP de Yaoundé, 1993. 242 p.

[55]   **LAVOIE, R.** *Statistique appliquée : Auto-apprentissage par objectif.* 2e édition. Québec : Presse de l'Université de Québec, 1983. 407 p.

[56]   **MOSCAROLA, J.** *Enquêtes et Analyse de données.* Paris : Vuibert, 1990. 307 p.

[57]   **CASTELLANI, X.** *Méthode générale d'analyse d'une application informatique Tome 2. Étapes et points fondamentaux de l'analyse organique et de la programmation.* 6e édition. Paris : Masson, 1986. 251 p.

[58]   **DUFAU, J.** *Méthodologie de concept et CAO : Éléments du génie logiciel* . INSA de Lyon, laboratoire Méthodes : 1987. 49 p. Notes de recherche.

[59]   **SAUR-AFRIQUE.** *Étude des modalités de gestion des centres SNEC de moins de 10 000 habitants.* Douala : SNEC, 1992. 86 p.

[60]   **OKUN, D.** Le prix de l'eau dans les zones urbaines. In *Coût et prix de l'eau en ville.* Actes du Colloque international. Paris, Décembre 1988, Paris : Presse de l'École Nationale des Ponts et Chaussées, 1988. 10 p.

[61]   **MOREL à L'HUISSIER, A.** *Économie de la distribution d'eau aux populations urbaines à faibles revenu dans les pays en développement.* Thèse de Doctorat : ENPC de Paris, 1990. 455 p.

[62]   **LAUGERI, L.** L'eau chère aux pauvres. In *Coût et prix de l'eau en ville.* Actes du Colloque international. Paris, Décembre 1988, Paris : Presse de l'École Nationale des Ponts et Chaussées, 1988. 8 p.

[63]   **MINMEE.** *Énergie dans le contexte socio-économique.* Yaoundé : MINMEE, 1993. 45 p.

[64]   **FEICOM (Fonds spécial d'équipement et d'intervention intercommunal).** *Statistiques générales financières et économiques sur le communes.* Yaoundé : éditions SOPECAM, 1988. 70 p.

[65]   **VILAND, M.C.** *Eau et santé. Éléments d'un manuel pédagogique pour des programmes d'hydraulique villageoise dans les pays en développement.* Paris : Ministère de la coopération et du développement, 1989. 100 p.

[66]   **SONEL.** *Plaquette SONEL.* Yaoundé : Imprimerie Saint Paul, 1993. 62 p.

[67]   **THE WORLD BANK.** *World development report 1992 Development and the environment.* Oxford : Oxford University Press, 1992. 308 p.

[68]   **MINMEE.** *Stratégie et programme d'investissement énergétique du Cameroun. Rapport de   synthèse sectorielle sur le cadre institutionnel, la réglementation, l a fiscalité, la tarification et le financement* .Yaoundé : MINMEE, 1993. 102 p.

[69]   **LAURIA, D.T., KOLSKY, P., HERBERT, P.V. and MIDDLETON, R.** *Design of lowcost water supply distribution systems. Series appropriate technology for water supply and sanitation.* Washington : The World Bank, 1980. 52 p.

[70]   **PESCAY, M.** *Bornes fontaines à kiosque. Évaluations socio-économiques, villes de Kigali (Rwanda) et de Bangui (Centrafrique).* Paris : Caisse Centrale de Coopération   Économique, 1987. 56 p.

[71]   **SAISATIT, T.** *Étude sur la prévision de la demande en eau en milieu urbain : Application à l'agglomération chambérienne.* Thèse de Doctorat. Université de Savoie. 1988. 235 p.

[72]   **ROMANH, D. et BAENREL, C.** (Agence française pour l'aménagement et le développement à l'étranger). *Manuel d'urbanisme pour les pays en développement. Vol. 3 les infrastructures.* Paris : Ministère des relations extérieures, Coopération et développement, 1983. 400 p.

[73]   **WHO.** *The health advantages associated with adequate supply of clean drinking water and hygiienic human waste disposal practices. Imperative consideration*

for the International decade of potable water and waste disposal. Genevia : WHO, 1982. 19 p.

[74] **DÉCRET N° 80/17** du 15/01/1980 fixant les taux maxima des taxes communales directes. Yaoundé : Présidence de la République.

[75] **DÉCRET N° 90/1241** du 22/08/1990 portant régime de transport et de distribution de l'énergie électrique. Yaoundé : Présidence de la République.

[76] **Loi N° 84/013** du 05/12/1984 portant régime de l'eau. Yaoundé : Présidence de la République.

[77] **SNEC.** *Statistiques d'exploitation, exercice 1992/1993.* Douala : SNEC, 1993. 210 p.

[78] **LAURIA, D.T and HERBERT, P.V.** *Optimal Staging and upgrading of community water supplies in Development Countries. Series appropriate technology for water supply and sanitation.* Washington : World Bank, 1981. 52 p.

[79] **SNEC.** Atelier Bilan de la DIEPA au Cameroun : AEP et assainissement en milieu urbain. In *DIEPA en zone urbaine. Situation au 30 Juin 1989. Perspectives. Compte rendu des journées techniques.* Colloque Ouagadougou, 1990, Ouagadougou : CIEH, 1990. p.19-54.

[80] **MINMEE.** *Stratégie et programme d'investissement énergétique au Cameroun. Synthèse sur le secteur de l'électricité.* Yaoundé : MINMEE, 1993. 62 p.

[81] **MILLER, D.** *Concepts et conséquences de l'auto-assistance et de la participation populaire.* Paris : OCDE, 1980. 89 p.

[82] **SMUH.** *Alimentation en eau.* Paris : Ministère de la coopération, 1971. 82 p.

[83] **WHITE, G., BRADLEY, D. and WHITE, A.** *Drawers of water : domestic water use in East Africa.* Chicago : The University of Chicago Press, 1972. 306 p.

[84] **BONNIN, J.** *Hydraulique urbaine appliquée aux agglomérations de petite et moyenne importance.* Paris : Eyrolles, 1977. 228 p.

[85] **DUPONT, A.** *Hydraulique urbaine Tome 2 ouvrages de transport, élévation et distribution des eaux.* Paris. Édition Eyrolles. Paris, 1971. 460 p.

[86] **GOMELLA, C. et GUERRÉE, H.** *Guide de l'alimentation en eau dans les agglomérations urbaines et rurales. Tome 1 la distribution.* Paris: Eyrolles, 1985. 296p.

[87] **MONITEUR.** *L'eau et les collectivités locales.* Paris : Éditions du Moniteur, 1991. 322 p.

[88] **HAMOU, H.** *Les réseaux de distribution de l'eau.* Paris : CATED, 1983. 40 p.

[89]   **REMOND, C.** *L'équipement électrique des bâtiments.* Paris : Eyrolles, 1986. 229 p.

[90]   **BOURGEOIS, R., COGNIEL, D. et LENALLE, B.** *Équipements et installations électriques.* Momento technique.Paris : Casteilca, 1992. 480 p.

[91]   **OVERMAN, M.** *Water in the World.*Londres: Aldus Books united, 1970. 192 p.

[92]   **AGUET, M. and MORF, J.J.** *Traité d'électricité Vol. 12. Énergie électrique* . Lausanne : Presses polytechniques romandes, 1987. 352 p.

[93]   **INSTITUT FRANCOPHONE DE L'ÉNERGIE.** *Guide de l'énergie.* Paris : Ministère   de la coopération et du développement, 1988. 449 p.

[94]   **MERLIN GERIN.** *Guide de l'installation électrique. Distribution publique BT.* Section D2(PD2) Chirolles : France Impression Conseil, 1991. 322 p.

[95]   **EDF-GDF Service.** *Guide technique de la distribution d'électricité. Normalisation de la tension BTA.* Paris : EDF, 1991. 122 p.

[96]   **DESABIE, J.** *Théorie et pratique des sondages.* Paris : Dunod, 1967. 472 p.

[97]   **GROSBRAS, J.M.** *Méthodes statistiques des sondages.* Paris : Économica, 1987. 331 p.

[98]   **GOURIEROUX, C.** *Théorie des sondages.* Paris : Économica, 1981. 272 p.

[99]   **MOSER, C.A. and KALTON, G.** *Survey methods in Social Investigation.*2nd edition. Hampshire : Gower publishing company limited, 1979. 555 p.

[100] **BALLUT, A. et GAUTHIER, M.** *Une méthode de production de données socio économiques spatialisées dans le cadre d'un schéma directeur d'aménagement et d'urbanisme.* Paris : IAURIF, 1983. 54 p.

[101] **GRAIS, B.** *Méthodes statistiques.* 3e édition. Paris : Dunod, 1992. 401 p.

[102] **TANEKAM, C.** *Prise en compte de variables pertinentes de décision dans la programmation et le dimensionnement des réseaux d'eau potable et d'électricité.* Mémoire de fin d'études d'Ingénieur : ENSP de Yaoundé, 1993. 103 p.

[103] **GROUPE HUIT BREEF - BANQUE MONDIALE.** *Finances communales et perspective de développement municipal au Cameroun.* Paris : Édition Groupe Huit, 1986. 575 p.

[104] **GODIN, L.** *Préparation des projets urbains d'aménagement. Document technique de la Banque Mondiale.* N° 66P. Washington : BIRD, Banque Mondiale, 1983. 217 p.

[105] **FREMAUX, V. et LEDERER, P.** *La planification du secteur électrique, l'expérience d'Électricité de France.* Paris : EDF, 1990. 223 p.

[106] **PERSOZ, H., SANTUCCI, G., LEMOINE J.C, et SAPET, P.** *La planification des réseaux électriques.* Paris : Eyrolles, (Collection de la direction des études et   recherches d'EDF), 1984. 421 p.

[107] **SARRAND, P.** Méthode d'étude d'un réseau BT rural. *Revue Générale de l'Électricité*. 1984. N° 1/1984, p. 22-28.

[108] **COING, H. et MONTANO, I.** La gestion de l'eau potable dans le tiers monde. *Les Annales de la Recherche Urbaine*. 1986, N° 30, p. 34-41.

[109] **VALIRON, F.** *Gestion des eaux, Tome 1 : principes, moyens, structures.* 2e édition. Paris : Presses de l'École Nationale des Ponts et Chaussées, 1990. 350 p.

[110] **VALIRON, F.** *Gestion des eaux ; Tome 2 : Alimentation en eau, assainissement.* 2ème édition. Paris : Presse de l'École Nationale des Ponts et Chaussées, 1989. 505 p.

[111] **EYENGA, V.C.** *Coût du traitement hospitalier des maladies majeures de l'enfant à l'hôpital Central de Yaoundé en 1989/1990.* Thèse de Doctorat en médecine : Centre Universitaire des Sciences de la Santé de Yaoundé, 1990. 45 p.

[112] **JAVEAU, C.** L'enquête de par questionnaire. Manuel à l'usage du praticien. Bruxelles : Édition de l'Université de Bruxelles, 3e édition, 1985. 138 p.

[113] **PNUD :** Rapport sur le développement humain au Cameroun. Washington : PNUD, 1993. 124 p.

[114] **FESTINGER, L. et KATZ, D.** *Les méthodes de recherche dans les sciences sociales. Tome 1.* Paris : Presses Universitaires de France, 1974. 380 p.

[115] **SONEL.** *Rapport d'activité 1992-1993.* Douala : SONEL, 1993. 115 p.

[116] **TAMO, T. et ZIMMERMANN, M.** Stratégie technico-financière pour améliorer l'accès à l'eau potable aux populations et les rendements des réseaux dans les villes des PED : Le cas du Cameroun. In *Nouveaux systèmes de traitement de l'eau..* Colloque international UADE. Douala : 1995.

[117] **VENNETIER, P.** *Les villes d'Afrique tropicale.* 2 è édition. Paris : Masson, 1991. 244 p.

[118] **BAIROCH, P.** *Le Tiers Monde dans l'impasse.* Paris : Gallimard, 1992. 660 p.

[119] **LABORDE, P.** *Les espaces urbains dans le monde.* Paris : Nathan, 1992. 240 p.

[120] **LACAZE, J.P.** *Aménager sa ville. Le choix du maire en matière d'urbanisme.* Paris : Éditions du Moniteur, 1988. 256 p.

[121] **HUET, A., KAUFMAN, J.C., LAGNEAU, M., PERON, R. et CLATIN, J.** *Rôle et portée économiques, politiques et idéologiques de la participation à l'aménagement urbain.* Paris : Copédith, 1973. 269 p.

[122] **SPSS Inc.** *SPSS for Windows, Tables, Release.* Chicago : SPSS inc,1993. 259 p.

[123] **MARIJA, J.** *SPSS pour Windows. Manuel d'utilisation, système de base version 6.0.* Chicago : SPSS Inc,1994. 330 p.

[124] **THIRIEZ, H.** *Excel efficace. Astuces d'utilisation pour toutes versions.* Paris : Édition PSI 1987, 263 p.

[125] **MICROSOFT.** *Excel pour Windows. Manuel de référence.* Ireland : Microsoft corporation 1990. 778 p.

[126] **VINCKE, P.** *L'aide multicritère à la décision.* Bruxelles : Éditions de l'Université de Bruxelles, 1989. 179 p.

[127] **ROY, B.** *Méthodologie multicritère d'aide à la décision.* Paris : Économica, 1985. 423 p.

[128] **CHAPUIS, R.** *Les quatre mondes du Tiers Monde.* Paris : Masson, 1994. 234 p.

[129] **PELLETIER, J. et DELFANTE, C.** *Villes et urbanisme dans le monde.* 2e édition. Paris : Masson, 1994. 200 p.

[130] **LACOSTE, X.** *La ville du service. Le service de la distribution d'eau et son territoire dans l'agglomération de Rabat-Salé au Maroc.* Thèse de Doctorat : Université Paris Val-de-Marne, 1991. 408 p.

ANNEXES

CRITÈRES DE DÉVELOPPEMENT ET GÉNÉRALITÉS SUR LE CONTEXTE DES PAYS EN DÉVELOPPEMENT

I/ CRITÈRES DE DÉVELOPPEMENT ET PED

Le sous-développement a fait l'objet de plusieurs approches. Si l'on étudie le phénomène sous l'angle statistique et économique, approche privilégiée par la Banque Mondiale et le Programme des Nations Unies pour le Développement (PNUD), plusieurs caractéristiques apparaissent :

- une explosion démographique relayée par une croissance exponentielle des populations urbaines ; le taux d'accroissement moyen annuel est actuellement de 6,3 % dans les PED contre 0,8 % dans les Pays Développés (PD) [1 - W. BANK] ;

- une crise économique aigue ayant pour principaux corollaires : un endettement particulièrement élevé; cette dette croît d'autant plus vite que ces pays sont de grands importateurs de technologie, dans un système monétaire international de change flottant. La dévaluation du franc CFA en janvier 1994, monnaie commune à 14 PED d'Afrique, est édifiante à ce propos ;

- une épargne nationale insuffisante lorsqu'elle ne fait pas totalement défaut ;

- une industrialisation qui est surtout le fait de l'État avec peu d'initiatives privées ;

- une faible proportion de la population active en dépit du fait que les populations des PED représentent les trois quart de l'humanité ; la répartition de cette population entre les secteurs d'activité est aussi inégalitaire (cf. fig. A1) : c'est ainsi que le secteur primaire regroupe 70 % des actifs tandis que le secteur industriel utilise à peine 15 % des travailleurs [1-W. BANK], le secteur tertiaire connaît une croissance hyperbolique due à l'explosion des petits métiers, de l'artisanat, en un mot du secteur "informel". Le tout est complété par une inégale distribution des revenus.

Ces repères à caractère économique sont des variables endogènes ou exogènes du produit national brut (PNB). Ce dernier désigne la somme des valeurs ajoutées, c'est-à-dire la richesse totale en biens et services créée au cours d'une année. Les données du tableau A.1, extraites des études de la Banque Mondiale [1-W. BANK] et des Nations Unies [2 - ONU] sont éloquentes des problèmes des PED par rapport aux PD.

Quelques indicateurs du (sous) développement	Pays en développement	Pays industrialisés
Mortalité infantile (°/oo)	65	7
Espérance de vie (ans)	64	77
PNB par habitant(en $ US)	1040	22160
Énergie par habitant (kg d'équivalent pétrole)	790	5101
	70	9
Population active agricole (%)	15	36
Population active industrielle (%)	38	78
Population urbaine (1992) (%)	3,7	0,8
Croissance annuelle pop urbaine - 1980/1992 (%)		

Tableau A.1 : Tableau de quelques indicateurs du développement

Sous- région	1950	1960	1975	1990	2000	2010
Afrique	11,5	14,8	21,5	30,9	37,9	44,9
subsaharienne	24,5	30,0	38,0	44,6	51,2	57,7
Afrique du Nord	41,5	49,3	61,2	71,5	76,4	79,9
Amérique Latine	16,4	21,5	24,1	34,4	42,7	49,7
Asie	29,2	34,2	37,8	45,2	51,1	56,5
Monde	53,8	60,5	68,8	72,6	74,9	77,9
Pays développés	**17,0**	**22,1**	**26,4**	**37,1**	**45,1**	**51,8**
Pays en développement						

Source : ONU, World Urbanization Prospects 1992, [2- ONU]

Tableau A.2 : Taux d'urbanisation dans le monde ; historique et perspective.

Dans les pays développés, le PNB/habitant est supérieur ou égale à 8000 $ US , alors que dans les PED, il est inférieur à 8000 $ US en 1993.Le taux élevé de mortalité dans les PED par rapport aux pays industrialisés, tout comme l'espérance de vie plus faible dans les premiers que dans les seconds, s'expliquent par les conditions d'hygiène et de salubrité qui y sont plus dégradées : le manque d'eau potable en quantité suffisante et l'absence d'assainissement adéquat en sont les principales causes. Dans les pays développés, la consommation d'énergie par habitant est 8 fois plus élevée que celle consommée par habitant dans les PED ; l'explication se trouve dans le niveau du PNB qui est 20 fois supérieur à celui observé dans les PED et le faible accès à l'électricité dans ces derniers. La nature de l'activité économique dominante (agriculture) est l'un des facteurs qui justifient la faiblesse des ressources financières des PED.

Les taux d'accès à l'eau potable et à l'électricité sont respectivement de 98 % et 100 % dans les pays développés ; par contre dans les PED, ils sont estimés à 68 % pour l'eau et 74 % pour l'électricité [1 - W. BANK]. C'est ce qui explique en partie la faible espérance de vie à la naissance dans les PED et justifie l'insuffisante accession aux services de base dans un contexte d'inflation galopante.

Outre ces indicateurs de développement, certains indices sont établis pour caractériser le bien-être des populations.

II/ TYPOLOGIE DES DONNÉES RELATIVES À LA PLANIFICATION DES RÉSEAUX D'EAU POTABLE ET D'ÉNERGIE ÉLECTRIQUE

La connaissance des facteurs susceptibles d'influencer le développement des réseaux est nécessaire pour l'application de la démarche que nous proposons dans cet ouvrage. On peut en distinguer 3 types : les données générales sur le pays ou la région, les données urbaines et celles liées à la desserte en infrastructures.

1° Les données générales sur le pays et la région

Ces données sont pour la plupart d'ordre économique, physique et démographique.

i) Le Produit National Brut : Il est l'indicateur le plus utilisé, notamment par les bailleurs de fonds telle que la Banque Mondiale, pour caractériser le degré de développement économique des pays. Cet indicateur ne concerne que les richesses des nationaux.

ii) Le Produit Intérieur Brut (PIB) : Le PIB est la richesse créée sur un territoire donné par les agents économiques quelle que soit leur nationalité.

Ces agrégats normalisés (PNB, PIB), traduisent souvent partiellement et partiellement les réalités socio-économiques, les modes et niveaux de vie, le pouvoir d'achat du pays considéré. D'où la définition en 1990 par le PNUD d'un autre indicateur : l'Indice du Développement Humain.

iii) L'indice du développement humain (IDH) : C'est un indicateur composite dont la mesure permet de saisir les multiples dimensions des choix humains au-delà de la simple expansion des produits de base et des richesses. Ses composantes essentielles étant l'espérance de vie $((\max X_i, \min X_i) = (78, 42))$, le pouvoir d'achat $((\max X_i, \min X_i) = (5079, 380))$ et le niveau d'instruction $((\max X_i, \min X_i) = (3, 0))$. Pour fixer les idées, l'IDH du Cameroun est 0,372 ; il est de 0,289 en Côte d'Ivoire, de 0,372 au Congo, et 0,545 au Gabon (IDH< 1) [113 - PNUD].

$$IDH = \left[1 - (\sum_j \frac{\max X_j - X_{jj}}{\max X_j - \min X_j}) / 3 \right]$$ (43) où j est l'indice se rapportant au

Cameroun (ou pays considéré).

Étant donné qu'il existe une correspondance entre l'accessibilité au service d'eau, d'électricité, et le bien-être des populations d'un pays, et comme il y a des relations entre le bien-être et le PNB, le PIB, l'IDH, on peut affirmer qu'il existe un lien entre le PNB et le niveau de développement de réseaux d'eau et d'électricité.

iv) L'inflation : L'inflation étant généralement perçue comme le processus cumulatif de la hausse du niveau général des prix, y compris les prix unitaires d'eau et d'énergie électrique, le taux d'inflation désigne le pourcentage de variation de l'indice des prix à la consommation. L'effet direct d'un taux d'inflation anormalement élevé sur la consommation d'eau et d'électricité, est la stagnation de la demande. Cette phase s'apparente beaucoup à l'analyse micro-économique qui vise à appréhender ces variables à l'échelle de l'individu (ménage).

2° Données urbaines

Ce sont des données relatives :

- à la démographie : structure et effectif de la population urbaine ainsi que son évolution dans le temps et l'espace ; taux d'accroissement, densités ;
- à l'habitat : description des tissus urbains, standing en fonction du niveau d'équipement,
- à l'urbanisation : programmes ou projets de développement urbain, règlements d'urbanisme, plans d'urbanisme ou plans nationaux (alimentation en eau ou alimentation en énergie électrique) et autres documents cartographiques ;
- aux activités socio-économiques : branches et domaines d'activités, revenus et catégories socioprofessionnelles ;
- aux infrastructures et aux équipements urbains.

Les deux premiers types de données permettent de mieux cerner l'environnement dans lequel s'inscrit le développement des réseaux techniques urbains considérés. Le troisième type met en relief les facteurs intrinsèques relatifs à la desserte et à la gestion des réseaux urbains d'eau et d'électricité.

3° Données sur la desserte et l'exploitation des réseaux d'eau et d'électricité

C'est l'ensemble des facteurs spécifiques à la desserte en infrastructure considérée ainsi qu'à son exploitation.

a) Niveau de desserte du réseau et consommation

Il s'agit essentiellement des données cartographiques tels que :

- les photographies aériennes ou tout autre document d'urbanisme ayant un rapport étroit avec la desserte en infrastructures de l'agglomération considérée ;
- les schémas ou plans (mis à jour) de chaque réseau précisant au maximum les caractéristiques de chaque ouvrage aussi bien du point de vue organique que fonctionnel ;
- le plan de recollement inhérent aux réseaux : c'est un plan précis de corps de rue sur lequel est indiqué de manière toute aussi précise la position des différents réseaux y compris l'altimétrie. Il permet :

> - de répertorier les différents types d'éléments de réseaux qui encombrent le sol et le sous-sol,
> - d'indiquer au géomètre qui a en charge le recollement des réseaux, la position des points à relever,
> - de fournir un système de codification et de conservation de l'information, et nous ajoutons, de faciliter les interventions du gestionnaire de réseau sur celui-ci, afin de minimiser les perturbations et autres endommagements infligeables aux réseaux voisins.

b) Données relatives à l'exploitation des réseaux d'AEP et d'AEE

Ce sont des statistiques portant sur :

- la production : fournir si possible l'inventaire des sources existantes, des ressources disponibles ainsi que leurs capacités respectives ; préciser la durée de vie des ouvrages correspondants, l'historique des volumes d'eau et les quantités d'énergie produites et les rapporter dans le temps
- la distribution : mettre en évidence les volumes d'eau potable et les quantités d'énergie électrique réellement consommés, vendus ou non, ainsi que les pertes dans le réseau ;
- les indicateurs de rentabilité des sociétés ou organismes chargés de la gestion des dits réseaux : ils concernent en particulier le rendement du réseau, la tarification, réalité des prix et les ratios d'exploitation tels que agent/volume vendu, agent/nombre d'abonnés, ...

La maîtrise de l'ensemble de ces facteurs, permet meilleure évaluation des variables d'entrée du processus de développement des réseaux d'eau et d'électricité.

ANNEXE 2

LES QUALITÉS RÉGLEMENTAIRES D'UNE EAU POTABLE. LES MALADIES HYDRIQUES ET LES MALADIES DUES À L'ÉCLAIREMENT

I/LES QUALITÉS RÉGLEMENTAIRES D'UNE EAU POTABLE

Pour être considérée comme potable et pour pouvoir être distribuée à une collectivité, l'eau doit satisfaire aux principales conditions ci-après (Recommandations OMS):

* Être incolore sous faible épaisseur et transparente. La couleur peut être due à trois causes naturelles:

     - minérale : présence des composés ferreux, de l'argile

     - animale : présence des pigments urinaires

     - végétale : présence des acides du sol provenant de la décomposition des déchets organiques et une cause industrielle pour les eaux usées.

La minéralisation totale ne doit pas excéder 2 grammes par litre.

* L'eau ne doit présenter ni odeur ni saveur désagréable.

* Répondre aux critères garantissant d'une bonne qualité bactériologique :

1° l'eau ne doit pas contenir d'organismes pathogènes, en particulier de salmonelles dans 5 litres d'eau prélevée, de staphylocoques pathogènes dans 100 millilitres d'eau prélevée et d'entérovirus dans un volume ramené à 10 litres d'eau prélevée.

2° 95 % au moins des échantillons prélevés ne doivent pas contenir de coliformes dans 100 millilitres d'eau prélevée.

3° l'eau ne doit pas contenir de coliformes thermotolérants ni de streptocoques fécaux dans 100 millilitres d'eau prélevée.

4° l'eau ne doit pas contenir plus d'une spore de bactéries anaérobies sulfito-réductrices par 20 millitres d'eau prélevée.

5° lorsque les eaux sont livrées sous forme conditionnée, le dénombrement des bactéries aérobies revérifiables, à 37°C et après 24 heures, doit être inférieur ou égal à 20 par millilitre d'eau prélevée : à 22°C et après 72 heures, il doit être inférieur ou égal à 100 par millilitre d'eau prélevée. L'analyse est commencée dans les 12 heures suivant le conditionnement.

Classification

    Coliformes/100 ml

eau utilisable après une simple désinfection   0 à 50

eau utilisable après traitement classique coagulation/filtration/désinfection

    50 à 5000

eau fortement polluée traitement poussé   5000   à
50 000

très fortement polluée inacceptable à défaut d'autres possibilités   >   50
000

Si NPP* coliformes fécaux > 40 % coliformes l'eau est classée dans la catégorie supérieure

* Être sensiblement neutre

Le pH peut baisser par dissolution dans l'eau du gaz carbonique de l'air ou suite à la réaction chimique de l'eau au contact de la chaux présente dans le sol.

Une eau trop acide est agressive et elle peut se charger en métaux au contact des canalisations.

Le pH hors normes est donc plus particulièrement gênant par ses causes ou ses effets secondaires. Comme la couleur, c'est un bon indicateur de la qualité de l'eau.

Le pH de l'eau doit être compris entre 6,5 et 9,0.

* Ne pas contenir de substances chimiques toxiques ou indésirables comportant un risque pour la santé

Substances influençant la potabilité	**limite admissible en mg/1**
Matières solides totales en suspension	1 500
Fe	50
Manganèse	5
Cu	1,5
Zn	1,5
Sulfate Magnésium	1 000
Alcoybenzene-sulfonate (ABS agents tensio actifs)	0,5
Risques pour la santé	
Nitrates	1,5
Fluorures	1,5
Toxiques	
Composées phénoliques	0,002
Arsenic	0,05
Cadmium	0,01
Chrome	0,05
Cyanures	0,02
Plomb	0,05

Sélénium	0,01
Radioéléments	1000 (pico curies p/l)

Substances indicatrices de pollution minimale	Concentration
Indicateurs DCO (demande chimique en O_2) 10	
DBO (demande biologique en O_2)	6
Azote total (abstraction de NO_3)	1
NH3	0,5
Extrait chloroformique sur charbon EEC (Polluants organiques)	1

nombre le plus probable : MPN norme OMS.

II/ MALADIES HYDRIQUES ET MALADIES DUES A L'ÉCLAIREMENT

1°- TRAITEMENT DES MALADIES D'ORIGINE HYDRIQUE

Le tableau de la figure ci-dessous présente les principales maladies hydriques, leur traitement courant et leur impact sur le rendement des victimes.

Agent étiologique	Maladie	Médicaments ou Produits	Durée de traitement (nombre min. de jours d'inactivité)	Coût du traitement d'une cure (FCFA)
Microbe	Choléra	solution salée (10 l)+ glucose Fanasil	15	13440 ± 10500
	Typhoïde (fièvres typhoïde/ paratyphoïde)	Tétracycline Ampicilline Chloramphénic ole	21	12530 ± 22000
	Dysenterie bacillaire	Amoxicilline	14	22120 ± 18500
Parasite	Amibiase	Métronidazole	10	7 090 ± 3 540
	Gardiase	Métronidazole	5	11 398 ± 3 520
	Ascaridiose	Pipérazine diamant	7	2 216 ± 1 500
	Ankilostomiase		3	
	Oxyurose	Flubendazole	3	
	Trichocéphalose	Mébendazole	10	3 365 ± 1 600
	Anguillulose	Difatozole Thiabendazole	3	3 365 ± 1 600
				3 550 ± 5 250
				1 775 ± 1 250
Virus	Hépatite virale A	Vidarabine Vira A inject	5 - 10	65650 ± 80500
	Poliomyélite	Isolement vaccination -Complexe B	15	8960 ± 12540

Tableau A.3 : Coûts de traitement des maladies hydriques (Cameroun)

Il ressort de cette figure que le traitement des maladies hydriques coûte cher.

* Les coûts de traitement ci-dessus ont été établis à Yaoundé pour les malades consultés dans des dispensaires et hôpitaux publics entre 1990 et 1993 [111 - EYENGA]. Leur niveau relativement bas est expliqué par le fait que dans ces établissements publics, les frais de consultation (600 FCFA) et d'hospitalisation sont encore subventionnés d'une part, d'autre part les prix des médicaments y interviennent à hauteur de 54 % . Les autres rubriques (frais de consultation, d'hébergement, des soins,...), ne représentent que 46 % du coût de traitement. C'est pourquoi il est plus avantageux pour les populations de faire des efforts pour payer de l'eau potable que de traiter à un coût élevé les maladies hydriques.

* Il faut signaler que ces coûts pourraient doubler voire quintupler si les soins se passent dans les formations privées (cliniques ou hôpitaux,...).

2°- MALADIES LIÉES A UN FAIBLE ÉCLAIREMENT (E< 20 lux)

La lecture par exemple exige un éclairage de 20 à 200 lux que ne peuvent procurer les feux de bois (5 à 10 lux) ou les lampes pétrole (10 à 20 lux). D'autre part une bonne lumière conserve les yeux, augmente le rendement du travail. Les maladies encourues lorsque l'éclairement est inférieur à 20 lux sont les suivantes :

- Asthénie ou fatigue oculaire,
- Spasme de l'accommodation,
- Décomposition d'une amétropie faible,
- Myopie due à l'excès d'accommodation peut également.

Les coûts de traitement varient de 5 000 à 15 000 FCFA et atteignent parfois 20 000 FCFA pour les trois premiers maux.

ANNEXE 3
LES TECHNIQUES D'ÉCHANTILLONNAGES UTILISÉES ET LA TYPOLOGIE DES VILLES DU CAMEROUN

Les sondages occupent une place de choix dans la mise en œuvre du modèle de développement des réseaux que nous avons proposé. L'enquête par sondage des populations en constitue la réponse appropriée. L'enquête par sondage des ménages ou enquête ménages complétée par les multiples enquêtes sectorielles et spécialisées (entretiens non directifs), l'analyse des dossiers et études existantes et l'analyse des comptabilités des collectivités publiques locales et des gestionnaires des réseaux d'AEP et d'AEE, atteint un double objectif :

- Elle produit des informations qualitatives et quantitatives récentes sur des éléments détaillés suivant les objectifs de l'étude ; en d'autres termes, elle permet de définir les caractéristiques démographiques, économiques et sociologiques des populations concernées par le projet [99 - MOSER] [100 - BALLUT] ;

- Elle favorise la perception directe et spatiale du milieu et une appréciation physique, psychologique des problèmes qui se posent chez le Technicien effectuant l'étude, un support culturel.

I/   CHOIX DE LA MÉTHODE DE SONDAGE

On distingue en gros deux méthodes de sondage. Leurs principales caractéristiques sont présentées dans le tableau A3.

Critères	Sondages aléatoires	Méthodes empiriques
Mise en oeuvre	exigence d'une base de sondage	ne nécessite pas de base de sondage
	échantillon imposé à l'enquêteur	choix de l'échantillon par l'enquêteur
Temps	rapide et souple	rapide et souple
Précision	plus précis, évaluation possible de la précision	peu précis, ne permettant pas d'évaluer la précision des estimations ;
Coût	moins onéreux que les enquêtes exhaustives	moins onéreux
Tirage	sondages probabilistes	sondage à choix raisonnés

Tableau A.4 : Analyse comparative des deux principales méthodes de sondage

Le temps dépend de la disponibilité d'une base de sondage, de la taille de l'échantillon. Les méthodes aléatoires nécessitent en général plus de temps que les méthodes empiriques.

a)-Précision du sondage

Toute estimation étudiée à partir d'une enquête par sondage est affectée d'une erreur d'échantillonnage et d'une erreur d'observation.

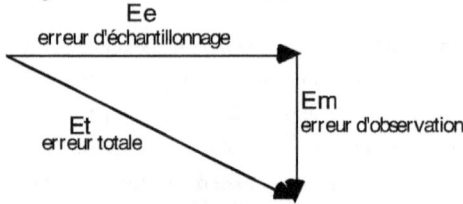

Figure A.1 : Les différents types d'erreur dans une enquête par sondage

Soit à estimer une caractéristique Θ (moyenne, ...) de la population mère. Un bon estimateur est caractérisé d'une part par l'absence de biais ($B(\theta) = E(\theta) - \Theta \approx 0$) et d'autre part, par sa faible dispersion. La variabilité d'une caractéristique θ est mesurée par sa variance $V(\theta) = E[(\theta - E(\theta))^2]$. Calculons ce denier terme :

$$E[(\theta - \Theta)^2] = E[(\theta - E(\theta) + E(\theta) - \Theta)^2] = E[(\theta - E(\theta))^2 + (E(\theta) - \Theta)^2 + 2E[(\theta - E(\theta)(E(\theta) - \Theta)]$$

$$= E[(\theta - E(\theta))^2] + (E(\theta) - \Theta))^2 = \sigma^2(\theta) + B^2(\theta) = E_e^2 + E_m^2 \text{ car}$$

$$E[(\theta - E(\theta)) \cdot (E(\theta) - \Theta)] = 0$$

On a donc : $E_t^2 = E_e^2 + E_m^2$ (44)

- L'erreur de mesure ou d'observation (E_m) provient des imprécisions du questionnaire, des erreurs professionnelles des enquêteurs. Elle peut être accidentelle ou systématique. Nous avons fait un effort pour enquêter la quasi-totalité des ménages tirés, c'est ainsi que nous avons enregistré moins de 1 % de non réponses à Obala et Bandjoun ; ce taux est inférieur à 3 % à Yaoundé. Étant donné que nous avons montré qu'à priori le biais été négligeable, la principale source d'erreurs rencontrée au cours de nos enquêtes sont du type aléatoire.

- L'erreur d'échantillonnage ou aléatoire (E_e) dépend du degré de représentativité de l'échantillon, car liée au degré d'homogénéité de la population par rapport à un caractère donné.

- L'erreur totale (E_t), résultant de la conjonction des deux types d'erreurs est inférieure à leur somme. Elle est algébriquement déterminée par la relation (44) . Une erreur de l'ordre de 10 % correspond à une mesure de bonne précision [100 - BALLUT] [112 - JAVEAU] [96 - DESABIE] [114 - FESTINGER] en urbanisme et en aménagement. La marge d'erreur de nos enquêtes est inférieure à 7% à Obala, Éfoulan et Bandjoun, et à 10 % à Yaoundé IV. Étant donné que nous avons utilisé un estimateur non biaisé pour la détermination des principales variables mesurées par l'enquête par sondage (cf. chapitre 7), l'erreur totale est confondue à l'erreur aléatoire.

b)- Coût

Les sondages stratifiés ou à plusieurs degrés permettent de jouer sur l'échantillonnage pour minimiser les dépenses en maintenant une bonne précision. À Obala et Éfoulan nos enquêteurs étaient composés d'étudiants (9) de 5e année de l'ENSP et nos amis (5) de 5e année de l'École Normale Supérieure. À Yaoundé IV et Bandjoun nous avons bénéficié des moyens logistiques et des ressources humaines de l'ENSP et de deux organisations non gouvernementales (AFVP et CASS).

c)- Documents existants

Nous avons exploités les documents cartographiques et les photographies aériennes pour faire la stratification et élaborer la base de sondage. La démarche utilisée à cet effet est la suivante :

i)- La recherche et la prise de connaissance des documents existants : photographies aériennes, documents cartographiques, publications officielles et divers ouvrages monographiques relatifs aux informations sur le site étudié et/ou les réseaux concernés ; exemple : statistiques commerciales des sociétés (entreprises) gestionnaires des dits réseaux. Cette phase de recueil des données existantes est complétée par les connaissances d'experts.

ii)- L'analyse et définition des objectifs de l'enquête : cet aspect est d'autant plus fondamental qu'il s'agira par la suite (phase enquête) de collecter des informations pertinentes pour le projet ; ce qui réduirait par conséquent le temps d'enquête.

iii)- La critériologie de la photo-analyse et constitution du fichier : il s'agit en cas d'existence de la photo-aérienne, de définir les caractéristiques des traces visibles qui ont une relation avec l'objet de l'étude ; d'élaborer le fichier et le processus de saisie des données sur les photo-aériennes (actualisation des données).

La photo-analyse qualitative et quantitative débouche sur l'établissement d'un fond de plan opérationnel qui localise chaque unité d'analyse ainsi qu'une carte de zone de même morphologie: stratification.

II/ÉCHANTILLONNAGE

Le taux optimum est celui obtenu dans une strate k, tel qu'il soit proportionnel à l'écart type (dans cette strate) de la variable étudiée.

La taille de l'échantillon (n) est également fonction du degré d'homogénéité des strates. Beaucoup d'auteurs pensent que les effectifs des sous-échantillons, c'est-à-dire du nombre de ménages des îlots enquêtés ne doivent par descendre en dessous d'une trentaine [104 - GODIN] [56 - MOSCOROLA], [112 - JAVEAU] dans le cas des projets urbains d'aménagement. Par ailleurs, il a été prouvé mathématiquement que ce chiffre de 30 individus est le minimum nécessaire pour pouvoir appliquer les règles de la loi normale dans le cas d'une distribution symétrique par rapport à la moyenne. Il faudrait travailler sur un échantillon d'une cinquantaine d'individus dans le cas d'une distribution asymétrique.

b) Tirage aléatoire : Les individus de la population sont numérotés (îlots) ainsi que les unités de sondage (ménages) de chaque îlot. Le tirage aléatoire du nombre approprié se fait soit en représentant les îlots de chaque strate par un morceau de papier déposé dans l'urne, soit à l'aide d'une table de nombres au hasard, soit à l'aide d'un tirage systématique. Nous avons généré les nombres aléatoires pour le tirage des îlots enquêtés. On détermine ainsi le choix aléatoire de plusieurs unités statistiques (ménages) dont on fera progressivement le cumul de poids en unité d'identification jusqu'à l'obtention de nombre d'identification. Un îlot tiré est exhaustivement enquêté même si le nombre d'unités d'identification est supérieur à celui dicté par le taux de sondage.

c) Enquête Pilote : Nous avons administré 3 fiches d'enquêtes en vue de tester à la fois notre questionnaire et nos enquêteurs. Cette enquête pilote (ou prétest) n'a pas duré pendant plus d'une journée.

d) Recrutement et formation des enquêteurs : Nous avons consacré en moyenne deux journées pour la formation de nos enquêteurs.

III/ TYPOLOGIE DES VILLES DU CAMEROUN - APPROCHE MÉTHODOLOGIQUE UTILISÉE

1°/ Les villes étudiées

Comme annoncé dans la troisième partie de cet ouvrage, nous distinguons deux degrés de spécification : pays et villes étudiés.

i) Le Cameroun

Les caractéristiques géographiques et urbanistiques du Cameroun résument les grands traits de la plupart des pays d'Afrique subsaharienne.

Situé au cœur de l'Afrique avec une superficie d'environ 475 440 km2, le Cameroun s'étend entre le 2è et le 12è parallèle de latitude nord. Il offre un aperçu de presque toute la gamme des climats intertropicaux ; il en est de même du relief qui est constitué de trois principaux types : la forêt dense équatoriale couvrant les provinces du Sud et de l'Est, la savane allant du Centre au plateau de l'Adamaoua, et les vastes pleines sahéliennes au Nord et à l'Extrême-Nord. L'Ouest est ceinturé par une chaîne montagneuse culminant à 4 100 m d'altitude (le Mont Cameroun). Les précipitations sont extrêmement variables, elles oscillent entre 0,6 m/an (à l'Extrême-Nord) et 5 m/an (au Littoral). Le réseau hydrographique dense comporte des lacs et des rivières ; il s'ouvre sur l'océan Atlantique sur 402 km de côte. Les températures vont de 9°C à 47°C suivant les régions et les saisons.

Sur le plan socioculturel, on note l'existence d'une diversité ethnique, religieuse et linguistique avec pour langues officielles le français et l'anglais et plusieurs langues nationales.

Le Cameroun a en 1994 une population d'environ 13,277 millions d'habitants inégalement repartis entre les centres urbains et les zones rurales. Au plan administratif, le pays compte 10 provinces, 58 départements, 268 arrondissements et 53 districts. Tout chef lieu d'arrondissement est considéré comme une ville.

Sur le plan urbanistique, le taux d'urbanisation du Cameroun est de 45,3 %, est supérieur au taux moyen (33,7 %) de l'Afrique subsaharienne. Par contre, le taux d'accroissement de la population urbaine camerounaise (5,6 %) est voisin du taux d'accroissement moyen dans les pays d'Afrique au sud du Sahara (5,8 %). Ceci montre que le rythme de croissance urbaine du Cameroun est assez représentatif du phénomène dans cette région. Outre cet argument, l'analyse du contexte de développement urbain faite dans le premier chapitre, ainsi que l'éloquence des tableaux synoptiques présentés à cette occasion prouvent que la démarche en vue du développement des réseaux urbains d'eau et d'électricité au Cameroun peut être transposée dans bon nombre des PED. Une typologie des villes semble inévitable ; car elle constitue un argument solide de la représentativité des sites retenus pour la mise en œuvre des méthodes et outils proposés.

ii) La typologie des villes camerounaise

Au-delà de la définition administrative de la ville qui est tout chef-lieu d'arrondissement, nous désignons par ville toute agglomération de plus de 5 000 habitants et disposant d'un minimum d'équipements publics (lycée, hôpital et quelques bâtiments abritant des services de l'administration).

La population (p) est l'une des principales cibles des services d'alimentation en eau potable et en électricité. De ce point de vue, nous pouvons distinguer trois types de villes au Cameroun selon leur poids démographique (tableau A.5).

- les grandes villes qui ont une population supérieure ou égale à 100 000 habitants (p> 100 000) ;
- les villes moyennes dont la population est comprise entre 10 000 et 100 000 habitants (10 000< p < 100 000) ;
- les petites villes qui ont un nombre d'habitants variant entre 5 000 et 10 000 (5 000< p < 10 000).

Province	Petites villes	Villes moyennes	Grandes villes	Total des villes
ADAMAOUA	3	4	1	8
CENTRE	6	9	1	16
EST	4	6	0	10
EXTREME-NORD	11	8	2	21
LITTORAL	2	5	2	9
NORD	5	4	1	10
NORD-OUEST	3	7	1	11
OUEST	10	10	1	21
SUD	1	3	0	4
SUD-OUEST	2	8	0	10
TOTAL	**47**	**65**	**8**	**120**

Source: Calculé par nos soins à partir des données de DEMO 87.

Tableau A.5 : Répartition des villes par province du Cameroun

Il ressort du tableau ci-dessus que le Cameroun compte 120 agglomérations de population supérieure ou égale à 5 000 habitants.

Les grandes villes : leur nombre (8) est inversement proportionnel à leur poids démographique; elles accueillent 56% de la population urbaine totale. Les deux plus grandes métropoles, Yaoundé et Douala, regroupent 38% de citadins. Ceci montre l'intérêt de tester les outils que nous proposons sur une des grandes villes Yaoundé (quartier Éfoulan et la commune urbaine d'arrondissement de Yaoundé IV). Plus de 53 % des ménages sont desservis par l'eau potable et 69 % par l'électricité.

Les villes moyennes : au nombre de 65, soit 54,2% des villes du pays, sont en valeur absolue les plus nombreuses. Avec une population d'environ 1 840 000 habitants, elles représentent 36% de la population urbaine. La plupart des études antérieures ont consacrées à cette catégorie. Moins de 50% des ménages sont ici desservis par l'eau potable et l'électricité. En raison de leur poids relatif sur la typologie urbaine, nous avons retenu Obala comme l'un des sites expérimentaux. La quasi-totalité de ces villes sont raccordées aux réseaux d'AEP et d'électricité.

Les petites villes : elles sont au nombre de 47 et ne comptent que 8 % de la population urbaine du pays. Plusieurs ne disposent pas d'adduction d'eau potable (34) ou ne sont pas desservies par le réseau d'électricité (14). La ville de Bandjoun qui compte près de 17 000 habitants est composée à 60% des ruraux, soit une population urbaine d'environ 7000 habitants. C'est la raison pour laquelle nous l'avons classée dans le catégorie des petites villes. L'élaboration d'un recensement servant de base de sondage ne pose aucune difficulté. Environ 31 % des ménages utilisent l'énergie électrique contre 23 % qui consomment de l'eau potable.

Dans l'ensemble des villes camerounaises, le taux d'accès à l'eau potable a régressé alors que celui de l'électricité est resté croissant de 1987 à 1995 comme l'indique le tableau A.6.

En mars 1995, on dénombre 149 369 abonnés SNEC et 391 599 abonnés SONEL dont 390534 abonnés BT.

Réseau	1987	1995
AEP	46 %	42 %
AEE	60 %	64 %

Tableau A.6 : Desserte des villes camerounaises en eau et en électricité

Cette diminution du taux d'accès à l'eau potable, en dépit du nombre croissant des villes desservies, provient du fait que des centaines de bornes fontaines ne fonctionnent plus à cause des factures impayées par les municipalités

2°/ L'échantillonnage

L'échantillonnage réalisé comporte deux degrés :

Au premier degré nous avons fait une analyse rapide du cas de 11 villes camerounaises parmi lesquelles les deux plus grandes métropoles et 9 villes moyennes. La sélection s'est opérée suivant les critères ci-après :

- variable géographique (chaque zone géo-climatique ou agro-écologique) ;
- critère administratif, matérialisé par la représentation de chaque province ;
- effectif de la population des agglomérations ;
- disponibilité des données urbaines ; les études existantes ont influencé notre choix; c'est ainsi que la plupart des villes choisies ont été étudiées par l'ENSP de Yaoundé [31-38 - ENSP].

IV/   PLANS DE SONDAGE
1°/ Bandjoun

Strate	Ménage	Taux de sondage	Ménages enquêtés	Taille ménage	$\frac{n_h}{n}$ (%)	$\frac{N_h}{N}$ (%)
1	266	0,12	34	5,0	12,5	9,8
2	365	0,09	33	5,9	12,1	13,4
3	457	0,14	66	5,8	24,3	16,8
4	1 635	0,08	139	6,2	51,1	60,0
Ville	2 723	0,10	272	6,0	100,0	100,0

Tableau A.7 : Résultats d'échantillonnage des ménages de Bandjoun

2°/ Yaoundé IV

Strate	Ménage	Taux de sondage	Ménages enquêtés	Taille ménage	(%)	$\frac{N_h}{N}$ (%)
1	12 769	0,02	251	5,9	29,6	44,1
2	5 366	0,02	121	4,2	14,3	18,5
3	3 631	0,02	83	5,5	9,8	12,5
4	3 383	0,03	114	6,3	13,4	11,7
5	757	0,11	84	5,9	9,9	2,6
6	1 784	0,06	109	6,0	12,5	6,3
7	1 233	0,07	85	6,6	10,5	4,3
Ville	28 923	0,03	847	5,6	100,0	100,0

Tableau A.8 : Résultats d'échantillonnage des ménages de Yaoundé IV

ANNEXE 4 :

MODÈLE DE LA FICHE D'ENQUÊTE

ÉCOLE NATIONALE SUPÉRIEURE POLYTECHNIQUE/YAOUNDÉ   INSA DE LYON

ENQUÊTES MÉNAGE OBALA/YAOUNDÉ/BANDJOUN   _____Juillet 1992

Quartier :	Enquêteur : Date Enquête : Contrôleur :

010 Identification :

Strate	Îlot	N° Parcelle	Nombre ménage/parcelle	N° Ménage
/_/_/	/_/_/	/_/_/_/	/_/_/	/_/_/

020 Nombre de personnes/ménage : /_/_/

100 <u>MÉNAGE ET ACTIVITÉS</u>

101 Nombre d'actifs = /_/_/

N°		ACTIFS					
		CM	A2	A3	A4	A5	A6
102	Nombre d'activités						
103	Qualification (niveau scolaire)						
104	Branche d'activités principales						
105	Revenu mensuel(AP) Activité principale						
106	Revenu mensuel(AS) Autre recette						
107 *	Revenu Total mensuel						

108* Revenu mensuel du ménage : /_/_/_/_/_/_/_/_/_/_/

200 <u>LOGEMENT</u>
201 Statut d'occupation du logement /_/   1. Propriétaire   2. Locataire   3. Hébergé gratuitement
202 Nombre de pièces du logement /_/_/

249

300 RESEAU D'ALIMENTATION EN EAU POTABLE

301 Approche transversale de l'approvisionnement en eau

N°		SNEC	Voisin (abonné SNEC)	Borne Fontaine	Puits	Source ou Cours d'eau	Autre à préciser
				TYPE D'APPROVISIONNEMENT			
311	Mode d'approvisionnement						
312	Principal mode d'AEP						
312'	Usage de l'eau						
313	Distance point d'eau - parcelle						
314	Volume d'eau ramené /voyage						
315	Nombre de voyage /semaine						
316	Heure ou période de puisage						
317	Coût mensuel eau						
318	Jour des grandes lessives						
319*	Nombre litre/j/personne						

330 Questions spécifiques à certains modes d'approvisionnement en eau
331 Borne fontaine
332 Accepteriez-vous de payer l'eau de BF? /_/   1. Oui   2. Non
333 Coût mensuel admissible /_/_/_/ idem 318
334 Choix entre BF payante et Alimentation, SNEC voisin /_/   1.BF payante   2. Voisin
340 Branchement SNEC
341 Date de raccordement /_/_/   00=1900,   92=1992
342 Coût du raccordement   /_/_/_/   idem 318

343 Équipement salle d'eau (quantité)/ménage

	NOMBRE
1. Lavabo	
2. Colonne de douche	
3. Baignoire	
4. WC (Chasse-d'eau)	
5. Bidet	
6. Évier	
7. Robinet simple	

344 Coupure d'eau   /_/   1. Fréquente(+ d'une fois/mois)   2. Rare (au plus une fois/mois)

400 ÉNERGIE ET ÉCLAIRAGE DOMESTIQUE
401 Principal mode d'approvisionnement en EE/_/   1. SONEL   2. Voisin(abonné)

3. Pétrole   4. Batterie, Pile

5. Gaz   6.   Groupe électrogène

7. Autre à préciser

402 Distance parcelle-câble(poteau)
        SONEL(le+proche)   /_/_/_/ (m)
410 Réseau énergie électrique (EE) SONEL
411 Abonné SONEL /_/   1. Oui   2. Non   414 Nombre de prise et fiche
                                                                                    multiple/ménage
412 Date de raccordement /_/_/   415 Coupure de courant /_/ idem 344
413 Coût de raccordement /_/_/_/   416 Coût mensuel électricité /_/_/_/

420 Éclairage Domestique (ED)
421 Énergie domestique /_/   1. Combustible   425 Prix d'achat accumulateur /_/_/_/
                                              2. Petite électri-
                                              cité/accumulateur
422 Appareil correspondant 1.Lampe à pétrole   426 Prix d'achat lampe /_/_/
                                              2. Lampe à gaz
                                              3. Batterie
                                              4. Pile
                                              5. Groupe électrogène
                                              6. Autres à préciser
423 Usage /_/   1. Éclairage   2. Cuisine   427 Coût mensuel petite électricité
                              3. Les deux
424 Coût mensuel combustible   /_/_/_/

500 DÉPENSES DU MÉNAGE

501 Coût mensuel loyer /_/_/_/   506* Dépenses de santé /_/_/_/

502 Coût mensuel EE et ED /_/_/_/   507 Dépenses de scolarité /_/_/_/

503 Coût mensuel Eau potable /_/_/_/   508 Dépenses de transport /_/_/_/

504 Coût mensuel Téléphone /_/_/_/   509 Autres Dépenses/Remboursement
                                                                    des dettes /_/_/_/
505 Dépenses alimentaire /_/_/_/   510* Dépenses totale mensuelles /_/_/_/

600 SOUHAITS, PRIORITÉS, ET EXIGENCES DES MÉNAGES

601 1er choix prioritaire des réseaux /_/   1. AEP, 2. AEE, 3. Téléphone

602 2è choix prioritaire des réseaux /_/   4. Drainage   5. Voirie   6 Rien

603 3è choix prioritaire des réseaux /_/

610 Données transversales réseaux AEP, AEE et Téléphone

N°		AEP(SNEC)	AEE(SONEL)	TÉLÉPHONE
611	Coût admissible de raccordement			
612	Mode de paiement CA raccordement			
613	Coût admissible frais de consommation mensuel			
614	Mode de paiement CA frais de consommation			

615 Exigence : Coupure tolérée   /_/   1. OUI   2. NON

630 Projets d'équipement et perspectives

Programmation temporelle

NATURE DU PROJET	AU COURS DES DEUX PROCHAINES ANNÉES	DANS MOINS DE 5 ANS
Projet de raccordement au réseau*		
Équipement prioritaire **		

* 1. AEP   2.AEE   3. Téléphone
** 1. Radio Chaîne musicale   2. Téléviseur   3. Réfrigérateur   4. Fer à repasser
     5. Ventilateur6. Autres à préciser

NIVEAU D'ÉQUIPEMENTS ÉLECTRIQUES DU MÉNAGE

Nature	Nombre	Puissance (W)	Période de fonctionnement
Ampoule (75)			
Réglette (tube fluorescent) (40)			
Récepteur radio, ou radiocassette (50)			
Chaîne musicale (200)			
Téléviseur (80)			
Magnétoscope (40)			
Fer à repasser (1200)			
Ventilateur (75)			
Climatiseur (1400)			
Moulinette (250)			
Réfrigérateur/Frigo (450)			
Congélateur (650)			
Cafetière (850)			
Plaque chauffante (700)			
Chauffe-eau (2000)			

Cette fiche est accompagnée d'un guide qui permet de lever certaines ambiguïtés.

Le contenu du questionnaire est capital pour l'évaluation du taux d'effort, il permet également de déterminer certains niveaux de référence tels que les consommations spécifiques et les niveaux d'équipement et, d'en dégager le risque lié à la participation des ménages.

En somme, la procédure conceptuelle a permis essentiellement de présenter une approche systémique du développement des réseaux d'eau et d'électricité depuis l'identification des priorités des ménages au dimensionnement du réseau en passant par la méthode de collecte des données, la définition des niveaux de desserte suivant des critères socio-économiques et techniques. Le logiciel élaboré à cet effet permet notamment la saisie et le traitement des informations d'une part, d'autre part il rend possible l'évaluation du taux d'effort des ménages ainsi que les calculs des caractéristiques géométriques et fonctionnelles des réseaux de distribution d'eau et d'électricité.

LES CORRÉLATIONS *STRATES* ET *NIVEAU D'ÉQUIPEMENT*

Nous avons choisi le test de Pearson ou test du khi 2 car il permet notamment de comparer deux variables qualitatives (nous comparons ici strate et niveau d'équipement).

L'analyse de la variance n'est pas adaptée car nous ne confrontons pas une variable quantitative à une variable qualitative. De même la régression s'adapte mieux au cas où les variables sont quantitatives.

Si $\chi_{théor} < \chi_{ce}$, alors l'hypothèse d'indépendance des variables est rejetée. Ce qui implique que la négation de cette hypothèse est vraie ; on conclut donc qu'il y a dépendance entre les variables examinées.

Dans les résultats que nous avons obtenus à ce propos et qui sont présentés dans les tableaux A.9 et A.10, le "oui" signifie qu'il y a corrélation entre les variables étudiées et le "non" l'inverse.

Équipement électrique	Obala				Éfoulan			
	V (nbre de degrés de liberté)	$\chi_{théor}$	χ_{ce}	Résultat	V (nbre de degrés de liberté)	$\chi_{théor}$	χ_{ce}	Résultat
Ampoule	7	12	114	oui	2	5	1	non
Réglette	7	12	29	oui	2	5	4	non
Récepteur	7	12	42	oui	2	5	4	non
Chaîne	7	12	17	oui	2	5	4	non
Téléviseur	7	12	37	oui	2	5	3	non
Magnétoscope	7	12	5	non	2	5	3	non
Fer-à-repasser	7	12	47	oui	2	5	5	non
Ventilateur	7	12	19	oui	2	5	4	non
climatiseur	7	12	16	oui	2	5	3	non
Moulinette	7	12	24	oui	2	5	5	non
réfrigérateur	7	12	17	oui	2	5	1	non
congélateur	7	12	19	oui	2	5	6	oui
cafetière	7	12	9	non	2	5	6	oui
plaque chauf.	7	12	8	non	2	5	11	oui
chauffe eau	7	12	7	non	2	5	3	non

Tableau A.9: Résultats du test de χ : (in)dépendance des variables strate et équipement

On note bien qu'il existe une corrélation entre la stratification que nous avons effectuée et le niveau d'équipement électrodomestique des ménages à Obala à l'exception de la cafetière, de la plaque chauffante et du chauffe-eau.

À Yaoundé (Éfoulan) par contre, il n'existe pas de lien direct entre ces deux variables. Ceci s'explique sans doute par le fait que l'accès à l'électricité, par ricochet la possession d'équipements électrique résulte moins de l'abonnement au concessionnaire SONEL que par le branchement chez le voisin qui est abonné ou non.

Équipement sanitaire	Obala				Éfoulan			
	V (nbre de degrés de liberté)	$\chi_{théor}$	χ_{ca}	Résultat	V (nbre de degrés de liberté)	$\chi_{théor}$	χ_{ca}	Résultat
Lavabo	7	12	48	oui	nd	nd	nd	nd
Colonne de douche	7	12	40	oui	2	5	7	oui
Baignoire	7	12	21	oui	2	5	7	oui
WC	7	12	75	oui	2	5	21	oui
Bidet	7	12	92	oui	2	5	9	oui
Évier	7	12	34	oui	2	5	5	non
robinet simple	7	12	94	oui	2	5	9	oui

Tableau A.10 : Résultats du test de χ^2 : (in)dépendance des variables strate et équipement

Ces résultats montrent bien que la stratification que nous avons réalisée a pris en compte la desserte en réseaux (AEP) et (AEE). En dehors du réseau électrique d'Éfoulan, le test montre qu'il y a lien entre les strates et le niveau d'équipement (électrique, sanitaire).Les niveaux d'équipements des salles d'eau, plus généralement les équipements sanitaires sont liés à la strate comme l'indique le tableau A.10 aussi bien à Obala qu'à Yaoundé.

Ces résultats confirment la fiabilité et la pertinence de la stratification que nous avons effectuée et par conséquent renforcent la validité et la portée du modèle de développement des réseaux d'eau potable et d'électricité que nous avons proposé.

L'ORGANIGRAMME DE CONCEPTION DES RÉSEAUX D'EAU POTABLE
ET CALCULS DES DÉBITS D'EAU DOMESTIQUE

I/   PRÉSENTATION DE L'ORGANIGRAMME

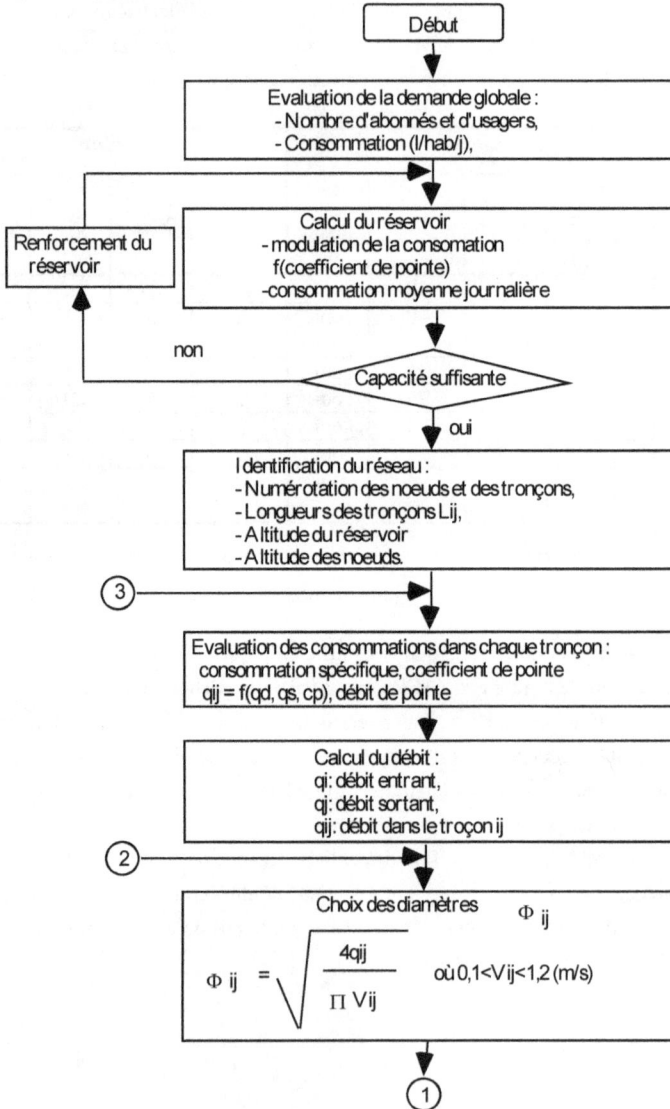

```
                        ┌─────────────┐
                        │    Début    │
                        └─────────────┘
                               │
                               ▼
        ┌────────────────────────────────────────────┐
        │  Evaluation de la demande globale :         │
        │   - Nombre d'abonnés et d'usagers,          │
        │   - Consommation (l/hab/j),                 │
        └────────────────────────────────────────────┘
                               │
                               ▼
 ┌──────────────────┐  ┌────────────────────────────────────┐
 │ Renforcement du  │  │  Calcul du réservoir               │
 │ réservoir        │  │   - modulation de la consomation   │
 │                  │  │     f(coefficient de pointe)       │
 └──────────────────┘  │   -consommation moyenne journalière│
                       └────────────────────────────────────┘
                               │
           non                 ▼
    ◄──────────────    ◇ Capacité suffisante ◇
                               │ oui
                               ▼
        ┌────────────────────────────────────────────┐
        │  Identification du réseau :                 │
        │   - Numérotation des noeuds et des tronçons,│
        │   - Longueurs des tronçons Lij,             │
        │   - Altitude du réservoir                   │
        │   - Altitude des noeuds.                    │
        └────────────────────────────────────────────┘
                               │
        ③ ─────────────────────▼
        ┌────────────────────────────────────────────┐
        │ Evaluation des consommations dans chaque    │
        │  tronçon : consommation spécifique,         │
        │  coefficient de pointe                      │
        │  qij = f(qd, qs, cp), débit de pointe       │
        └────────────────────────────────────────────┘
                               │
                               ▼
        ┌────────────────────────────────────────────┐
        │  Calcul du débit :                          │
        │   qi: débit entrant,                        │
        │   qj: débit sortant,                        │
        │   qij: débit dans le troçon ij              │
        └────────────────────────────────────────────┘
        ② ─────────────────────▼
        ┌────────────────────────────────────────────┐
        │  Choix des diamètres        Φ ij            │
        │                                             │
        └────────────────────────────────────────────┘
```

$$\Phi_{ij} = \sqrt{\frac{4 q_{ij}}{\Pi \, V_{ij}}} \qquad \text{où } 0{,}1 < V_{ij} < 1{,}2 \text{ (m/s)}$$

①

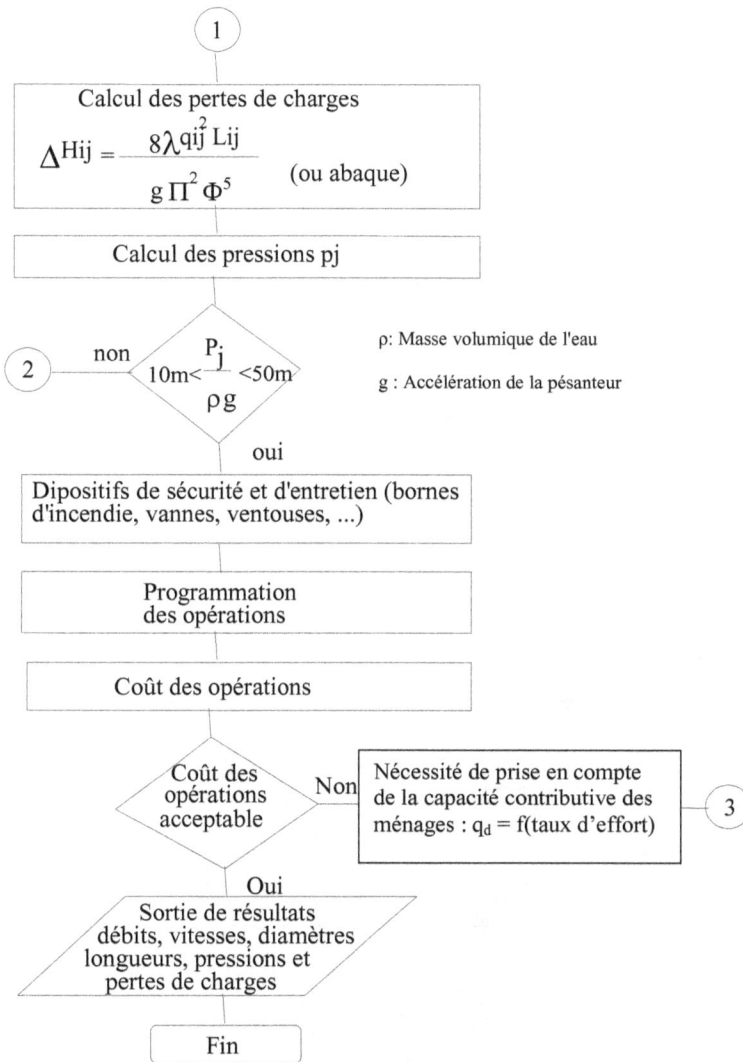

Figure A.2 : Organigramme de conception des réseaux d'eau potable

q_d : consommation des ménage ; q_s : consommation des services et industries ; c_p : coefficient de pointe

Cet organigramme présente les différentes étapes du processus de conception du réseau d'eau potable ainsi que les calculs effectués pour déterminer les caractéristiques géométriques et fonctionnelles des canalisations. La phase de "prise en compte de la capacité contributive des ménages" constitue l'élément nouveau et l'originalité par rapport à la méthode classique. Cette prise en compte du taux d'effort des ménages implique une bonne estimation du nombre de ménages à desservir (par les branchements particuliers et les bornes fontaines) et les consommations spécifiques pour chaque tissus urbain donné.

II/ DÉTERMINATION DES DÉBITS D'EAU EN FONCTION DES APPAREILS D'UTILISATION

Dans les petites agglomérations, c'est la condition d'incendie (17 l/s) qui dimensionne le réseau, ce qui entraîne à prévoir des diamètres surabondants pour des besoins normaux [85 - DUPONT].

L'évaluation des débits à fournir pour chaque ménage s'effectue en fonction du nombre et du type d'équipement (évier, lavabo,...) ainsi que du débit exigé par chaque équipement, le tout affecté d'un coefficient de simultanéité (ce qui éviterait une surestimation des besoins).

Les valeurs ci-dessous sont utilisables pour l'estimation des besoins en l'absence d'informations plus pertinentes.

APPAREIL INTÉRIEUR	DÉBIT (l/s)
Évier	0,2
Lavabo	0,1
Lavabo Collectif	0,05
Bidet	0,1
Baignoire	0,35
Douche	0,25
WC (avec chasse)	0,1
Buanderie	0,4

Tableau A.11 : Valeurs permettant une estimation rationnelle du débit d'eau

La norme préconise que pour un nombre donné d'appareils dans un immeuble, le coefficient de simultanéité ou de foisonnement est donné par la formule :

$$k = \frac{1}{\sqrt{N-1}} \quad (45) \quad \text{(Villas, immeubles)}$$

ou bien $$k = \frac{2,5}{\sqrt{N-1}} \quad (46) \quad \text{(Hôpitaux, internats,...)}$$

où N est le nombre d'appareils.

ANNEXE 7

MÉTHODE DE CONCEPTION DES RÉSEAUX DE DISTRIBUTION D'ÉNERGIE ÉLECTRIQUE

I/ L'ORGANIGRAMME DE CONCEPTION DED RÉSEAUX

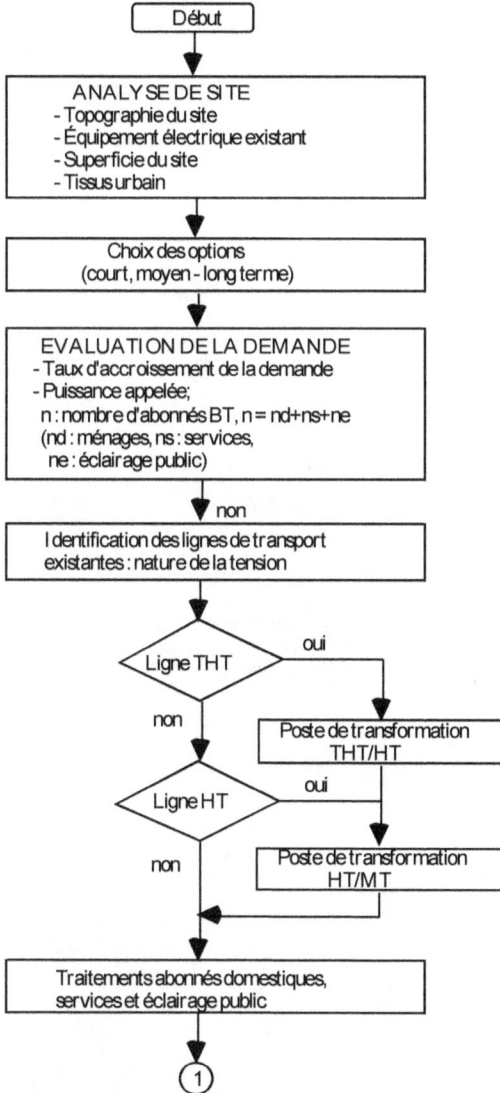

```
                    ┌──────────────┐
                    │    Début     │
                    └──────┬───────┘
                           ▼
    ┌──────────────────────────────────────────┐
    │           ANALYSE DE SITE                 │
    │  - Topographie du site                    │
    │  - Équipement électrique existant         │
    │  - Superficie du site                     │
    │  - Tissus urbain                          │
    └──────────────────┬───────────────────────┘
                       ▼
    ┌──────────────────────────────────────────┐
    │           Choix des options               │
    │      (court, moyen - long terme)          │
    └──────────────────┬───────────────────────┘
                       ▼
    ┌──────────────────────────────────────────┐
    │       EVALUATION DE LA DEMANDE            │
    │  - Taux d'accroissement de la demande     │
    │  - Puissance appelée;                     │
    │   n : nombre d'abonnés BT, n = nd+ns+ne   │
    │   (nd : ménages, ns : services,           │
    │    ne : éclairage public)                 │
    └──────────────────┬───────────────────────┘
                       ▼ non
    ┌──────────────────────────────────────────┐
    │  Identification des lignes de transport   │
    │  existantes : nature de la tension        │
    └──────────────────┬───────────────────────┘
                       ▼
             ◇ Ligne THT ◇ ─── oui ───┐
                  │ non                 ▼
                  │         ┌──────────────────────────┐
                  │         │ Poste de transformation   │
                  │         │        THT/HT             │
                  │         └───────────┬──────────────┘
                  ▼                      │
          ◇ Ligne HT ◇ ─── oui ───┐     │
                  │ non            ▼     │
                  │     ┌──────────────────────────┐
                  │     │ Poste de transformation   │
                  │     │         HT/MT             │
                  │     └───────────┬──────────────┘
                  ▼                  │
    ┌──────────────────────────────────────────┐
    │  Traitements abonnés domestiques,         │
    │  services et éclairage public             │
    └──────────────────┬───────────────────────┘
                       ▼
                      ( 1 )
```

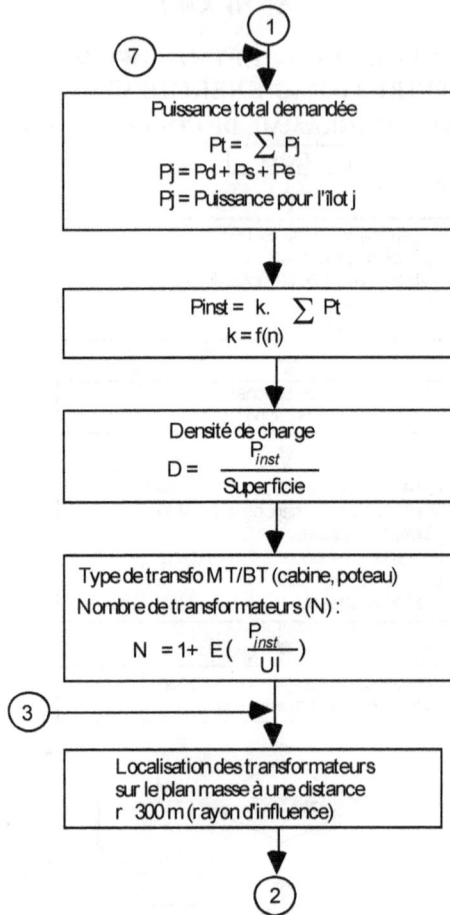

Puissance total demandée

$$Pt = \sum Pj$$

$Pj = Pd + Ps + Pe$

Pj = Puissance pour l'îlot j

$$Pinst = k. \sum Pt$$

$$k = f(n)$$

Densité de charge

$$D = \frac{P_{inst}}{Superficie}$$

Type de transfo M T/BT (cabine, poteau)

Nombre de transformateurs (N) :

$$N = 1 + E\left(\frac{P_{inst}}{UI}\right)$$

Localisation des transformateurs
sur le plan masse à une distance
r 300 m (rayon d'influence)

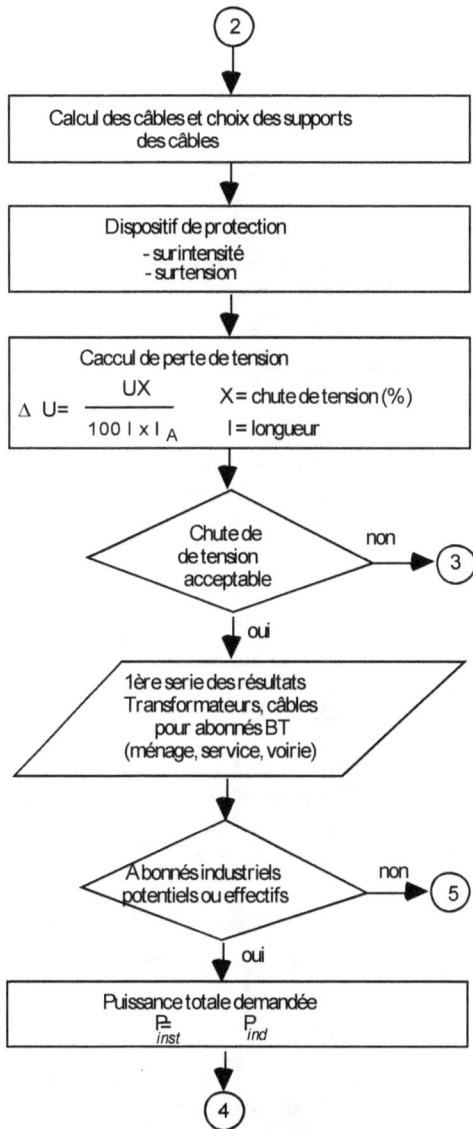

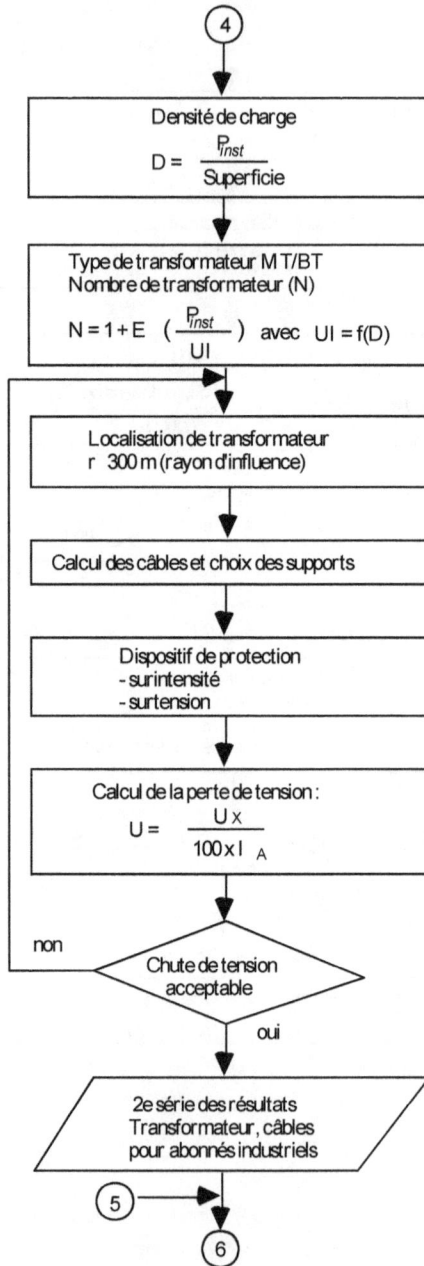

```
                              ( 4 )
                                │
                                ▼
        ┌───────────────────────────────────────┐
        │          Densité de charge            │
        │                  P_inst               │
        │          D =  ───────────             │
        │                 Superficie            │
        └───────────────────────────────────────┘
                                │
                                ▼
        ┌───────────────────────────────────────┐
        │      Type de transformateur MT/BT     │
        │      Nombre de transformateur (N)     │
        │                                       │
        │                  P_inst               │
        │      N = 1+E  ( ──────── )  avec  UI = f(D) │
        │                   UI                  │
        └───────────────────────────────────────┘
                                │
        ┌───────────────────────►│
        │                       ▼
        │      ┌───────────────────────────────────────┐
        │      │      Localisation de transformateur   │
        │      │      r  300 m (rayon d'influence)      │
        │      └───────────────────────────────────────┘
        │                       │
        │                       ▼
        │      ┌───────────────────────────────────────┐
        │      │  Calcul des câbles et choix des supports │
        │      └───────────────────────────────────────┘
        │                       │
        │                       ▼
        │      ┌───────────────────────────────────────┐
        │      │      Dispositif de protection         │
        │      │      - surintensité                   │
        │      │      - surtension                     │
        │      └───────────────────────────────────────┘
        │                       │
        │                       ▼
        │      ┌───────────────────────────────────────┐
        │      │   Calcul de la perte de tension :     │
        │      │                  U x                  │
        │      │      U =  ───────────                 │
        │      │               100 x I_A               │
        │      └───────────────────────────────────────┘
        │                       │
   non  │                       ▼
        │               ╱───────────────╲
        └──────────────◄  Chute de tension  ╲
                        ╲   acceptable     ╱
                         ╲───────────────╱
                                │ oui
                                ▼
                      ╱───────────────────────╲
                     ╱  2e série des résultats  ╲
                    ╱   Transformateur, câbles   ╲
                    ╲  pour abonnés industriels  ╱
                     ╲───────────────────────────╱
                                │
             ( 5 )──────────────►│
                                ▼
                              ( 6 )
```

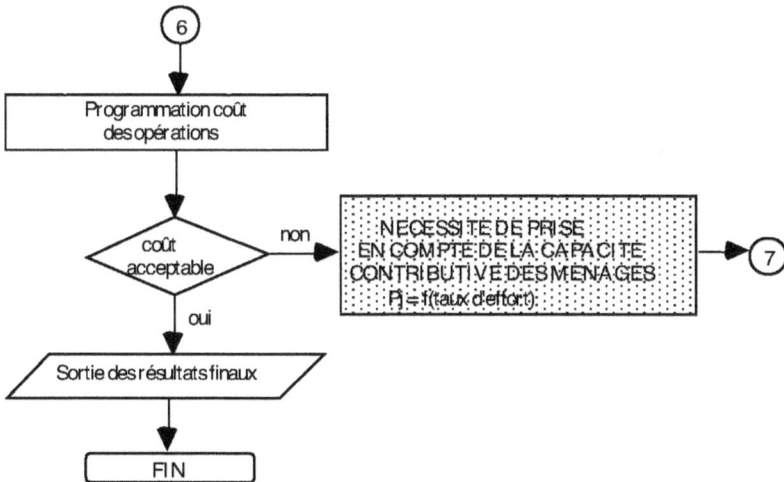

E(X) : fonction partie entière
K : coefficient de foisonnement
U : tension ;   I : intensité ; P_{inst}: puissance installée ; P_{ind} : puissance industrie
* Dans $N = 1 + E(\frac{P_{inst}}{UI})$ le facteur "UI" représente la puissance nominale du transformateur
r est le rayon d'influence du transformateur
Pd : puissance totale domestique
Ps : Puissance totale des services
$Pd = \Sigma Pm_i$, où Pm_i = f(tissu urbain) est la puissance du ménage i du tissu urbain considéré

Figure A.3 : Organigramme de conception des réseaux de distribution en énergie
électrique

Le programme réalisé en Turbo pascal sur la base de l'organigramme qui suit permet de dimensionner le réseau (postes de transformation, câbles) en fonction du risque lié au taux d'effort des ménages.

Cet organigramme est complété par l'algorithme de calcul des sections.

Calcul de section des câbles

* Section de court-circuit $S_{cc} = \frac{I_{cc}}{\delta}$ * Section de chute de tension S_u

* Section technique $S_t = Max(S_u, S_{cc})$ (47) * Section économique $S_e = QI_A\sqrt{hpA}$
(48)

* **Section finale** $S = Max(S_t, S_e)$ (49)

avec $A = \frac{(1+t)^n - 1}{t(1+t)}$ I_{cc} = intensité de court-circuit : $\frac{P_{cc}}{U\sqrt{3}}$; $\delta = k\sqrt{\frac{\Delta\theta}{t}}$

263

t=température de court-circuit ; k=coefficient =f(câble) (abaques).

$\Delta \theta$ =différence de température entre l'âme en régime permanent et en court-circuit

$I_A = \dfrac{P}{U\sqrt{3}}$ courant à transiter ; P=puissance ; A=actualisation ; t=taux d'intérêt

n=durée d'amortissement en année ; h=nombre d'heure de service/an

p=prix d'énergie frs/kWh ; Q=f(câble) (abaques).

Le programme en Turbo-pascal, réalisé à partir de l'organigramme ci-dessus utilise les NDR, présentés à l'annexe 11 (§ II), pour calculer la puissance des transformateurs à installer et les sections des câbles. *Ces NDR sont d'autant plus élevés que le risque lié au taux d'effort est faible (cf. diagramme du risque de la page suivante). La carte de la page 243 montre les orientations du réseau électrique d'Obala en fonction du taux d'effort des ménages.*

La structure du réseau a un impact certain sur les coûts et la fiabilité des systèmes à mettre en place.

II/ AIDE AU CHOIX DE LA STRUCTURE DU RÉSEAU ÉLECTRIQUE

Le réseau peut être souterrain (non encombrant) ou aérien (peu coûteux, facile à entretenir) . Le choix du type de réseau est fonction des contraintes telles que les chutes de tension, les intensités admissibles, l'environnement urbain, des ressources financières mobilisables et de la sécurité d'alimentation.

1° La structure maillée :   **2° La structure bouclée :**

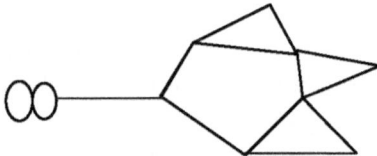

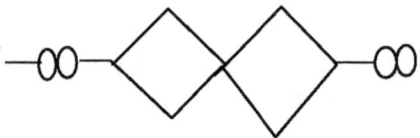

Figure A.4 : Structure maillée   Figure A.5 :   Structure bouclée.

La structure maillée (figure A.4) est très coûteuse. Les consommateurs peuvent ainsi s'alimenter par plusieurs postes surdimensionnés en usage normal. Bien qu'offrant une certaine sécurité de fonctionnement et de réparation, ce type n'est pas recommandable pour des régions qui ne disposent pas suffisamment de ressources financière

La structure bouclée (figure A.5) qui est également onéreuse, consiste à insérer des points de bouclage ouverts en fonctionnement normal entre deux départs du même poste de transformation MT/BT, ou de deux postes voisins. En d'autres termes, un même consommateur peut être alimenté par plusieurs voies à partir d'un même poste.

Cette structure peut être réalisée au fur et à mesure du développement du réseau et notamment lors de l'apparition du poste MT/BT supplémentaire. Les coûts de mise en œuvre d'une structure bouclée ne sont pas en général justifiés par rapport à la qualité du service qui en résulterait.

3° Structure arborescente ou radiale :

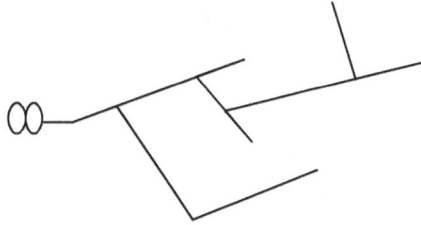

Figure A.6 : Structure Arborescente ou radiale.

C'est la structure la plus répandue et la moins chère. Plusieurs câbles sortent indépendamment les uns des autres du poste de transformation. En cas de réparation sur un nœud du réseau, tout le système électrique aval est arrêté et ne saurait fonctionner comme dans les réseaux bouclés ou maillés. Les frais d'investissement et les exigences des abonnés dans les villes étudiées permettent de recommander un réseau arborescent.

LES PROFILS D'ÉQUIPEMENT DES MÉNAGES

I/ NIVEAUX D'ÉQUIPEMENT

Les ménages concernés (tableaux A.12, A.13, A.14, A.15 et A.16) sont soit ceux utilisant le courant électrique (niveaux d'équipement électrique), soit ceux consommant l'eau du concessionnaire SNEC (niveaux d'équipement sanitaire).La démarche suppose que les taux de desserte des différentes strates par chaque réseau sont connus. Ils sont présentés à la troisième partie. Le ratio *ménage par équipement* indique le nombre de ménage par unité d'équipement que possède le ménage.

1°/   Niveaux d'équipement électrique d'une grande et ville moyenne camerounaises

Équipement	Obala 3140 ménages			Éfoulan (Yaoundé) 1230 ménages		
	Ménages équipés (%)	Quantité	Ménages par équipement	Ménages équipés (%)	Quantité	Ménages par équipement
Radio	60,8	2643	1,2	77,5	1114	1,1
Radio K7	13,5	434	7,3	nd	nd	nd
Téléviseur	40,0	1303	2,4	69,0	936	1,3
Magnétoscope	8,9	299	10,5	26,8	339	3,7
Fer à repasser	45,0	1557	2	77,5	1069	1,2
Ventilateur	24,0	905	3,5	44,9	713	1,7
Climatiseur	1,7	54	58	9,4	160	7,7
Moulinette	19,0	615	5,1	48,5	677	1,8
Cafetière	3,7	11,8	26,6	11,6	143	8,6
Réfrigérateur	20,7	687,8	4,6	45,6	677	1,8
Congélateur	7,5	235	13,4	19,6	276	4,4
Plaque chauff	2,6	81	38,8	2,9	36	34,5
Chauffe eau	5,0	24,4	12,9	13,0	169	7,3
Tube fluor	65,4	6516	nd	76,8	3082	nd
Lampe à incan	62,8	8633	nd	80,4	3911	nd

Sources : enquêtes ménages

Tableau A.12: Niveaux d'équipement électrique des ménages à Obala et Éfoulan

L'équipement est minimal si plus de 60 % des ménages en disposent et si de plus le rapport me par équipement est voisin de 1,5.A Obala, l'équipement minimum d'un ménage est le suivant : un poste radio, trois lampes à incandescence, un tube fluorescent. A Éfoulan, il comprend : un poste radio, trois lampes à incandescence, deux tubes fluorescents, un téléviseur.

2°/ Niveaux d'équipement électrique en fonction des tissus urbains d'Obala

N° Strate	Critère	lamp inca	tube fluor	post radio	télévi seur	ma gnét	fer à repas	ventil ateur	clim	mouli nete	réfrig érat	congé lat	caféti ère	chauf eau
Strate	M.E. %	94,8	89,4	78,9	63,1	8,3	68,4	33,3	0,0	35,1	34,2	20,0	2,9	5,8
1	M/E	0,1	0,5	0,9	1,4	11,6	1,3	2,5	nd	2,6	2,7	5,0	34,0	17,0
Strate	M.E. %	95,0	95,0	100,0	78,9	23,5	94,7	63,1	5,8	50,0	50,0	11,7	17,6	5,8
2	M/E	0,2	0,4	0,9	1,2	4,2	1,0	1,2	17,0	2,0	2,0	8,5	5,6	17,0
Strate	M.E. %	47,3	70,0	50,0	47,3	5,2	57,8	26,3	10,5	22,2	31,5	11,1	11,1	5,2
3	M/E	0,4	0,2	1,5	1,9	19,0	1,3	2,7	9,5	4,5	2,3	9,0	9,0	19,0
Strate	M.E. %	87,5	81,3	68,2	56,7	19,3	48,6	31,4	3,2	17,1	22,8	3,2	6,4	6,4
4	M/E	0,2	0,4	0,8	1,7	4,4	1,9	2,6	31,0	5,8	4,3	31,0	15,5	15,5
Strate	M.E. %	68,9	72,4	65,5	39,2	7,1	42,8	17,8	3,5	17,8	25,0	17,8	3,5	14,2
5	M/E	0,5	0,4	1,3	2,5	14,0	2,3	5,6	28,0	5,6	4,0	5,6	28,0	2,0
Strate	M.E. %	83,3	80,0	82,5	62,2	14,5	63,9	34,4	1,8	31,5	29,8	7,4	1,8	7,4
6	M/E	0,2	0,4	0,9	1,5	6,8	1,4	2,7	53,0	3,1	3,3	13,5	18,0	3,8
Strate	M.E. %	48,8	50,0	63,6	23,0	5,1	30,0	24,3	0,0	5,2	13,1	2,6	2,7	8,1
7	M/E	0,5	0,7	1,4	3,9	19,5	3,3	4,1	nd	19,0	6,3	38,0	37,0	12,3
Strate	M.E. %	68,7	90,0	72,7	38,7	16,6	60,6	26,6	0,0	28,1	23,3	13,3	0,0	3,3
8	M/E	0,2	0,1	0,6	2,5	5,0	1,2	3,0	nd	2,6	4,2	7,5	nd	30,0

Sources : Enquêtes ménages.ME : ménage équipés ; M/E : nombre de ménage pour un équipement ; Clim : climatiseur ; Congélat : congélateur ; Chauf : chauffe eau

Tableau A.13 : Profil d'équipement électrique en fonction de la strate - Obala

Les strates 1, 2 et 5 sont les plus équipées.

Le profil d'équipement permet de déterminer les besoins en énergie électrique.

3°/ Niveaux d'équipement sanitaire en fonction des tissus urbains d'Obala
L'essentiel des équipements sanitaires est le robinet de puisage.

		lavabo	douche	baignoire	W.C.	bidet	évier	robinet
Strate	M.E. %	69,5	26,6	0,0	68,1	17,6	23,5	82,6
1	M/E	1,2	3,7	nd	1,3	5,6	4,2	,09
Strate	M.E. %	50,0	47,3	5,2	70,0	52,6	31,5	85,0
2	M/E	2,0	2,1	19,0	1,3	1,9	2,7	0,6
Strate	M.E. %	75,0	66,6	28,5	85,7	33,3	33,3	75,0
3	M/E	0,8	1,2	2,3	0,8	1,5	2,0	0,8
Strate	M.E. %	41,1	18,7	13,3	41,1	13,3	13,3	50,0
4	M/E	1,8	4,0	5,0	2,1	3,8	5,0	1,6
Strate	M.E. %	33,3	0,0	0,0	33,3	0,0	0,0	50,0
5	M/E	3,0	nd	nd	3,0	nd	nd	2,0
Strate	M.E. %	31,2	25,9	7,6	29,6	29,2	13,7	71,8
6	M/E	2,1	2,4	13,0	2,2	4,3	7,2	1,1
Strate	M.E. %	27,2	18,1	0,0	41,1	16,6	18,1	33,3
7	M/E	3,6	6,0	nd	2,1	6,0	5,5	2,4
Strate	M.E. %	40,0	0,0	0,0	40,0	0,0	0,0	60,0
8	M/E	1,2	nd	nd	1,0	nd	nd	1,6

ME : ménage équipé ; M/E : nombre de ménage pour un équipement

Tableau A.14 : Profil d'équipement sanitaire en fonction de la strate – Obala

4°/   Niveaux d'équipement électrique en fonction des tissus urbains d'Éfoulan

Équipements	Strate 1		Strate 2		Strate 3	
	Ménages équipés (%)	Ménages /Équipe ments	Ménages équipés (%)	Ménages /Équipe ments	Ménages équipés (%)	Ménages /Équipe ments
Ampoule	94,7	0,3	83,3	0,2	92,8	0,2
Réglette	85,3	0,4	88,1	0,2	86,8	0,3
Récepteur	77,7	1,2	90,4	0,8	82,5	1,0
Chaîne	47,5	2,1	35,5	2,5	33,3	2,7
Téléviseur	70,4	1,2	78,5	1,2	78,9	1,1
Magnétoscope	40,4	2,4	20,5	4,8	37,5	2,4
Fer à repasser	77,7	1,2	88,1	1,0	82,9	1,0
Ventilateur	40,4	2,2	61,5	1,3	56,7	1,1
Climatiseur	14,6	6,8	12,8	3,9	6,6	15,0
Moulinette	54,5	1,7	60,9	1,3	50,0	1,7
Réfrigérateur	44,1	2,2	52,3	1,8	55,2	1,5
Congélateur	9,7	10,2	30,7	3,0	32,3	2,4
Cafetière	9,7	10,2	22,5	4,4	9,6	10,3
Plaque chauffante	0,0	nd	10,5	9,5	0,0	nd
Chauffe eau	9,7	10,2	20,5	4,8	15,6	5,3

Tableau A.15 : Profil d'équipements électriques par strate en fonction de la strate – Éfoulan

5°/ Niveaux d'équipement sanitaire en fonction des tissus urbains d'Éfoulan

Équipements	Strate 1		Strate 2		Strate 3	
	Ménages équipés (%)	Ménages /Équipe ments	Ménages équipés (%)	Ménages /Équipe ments	Ménages équipés (%)	Ménages /Équipe ments
Colonne de douche	87,5	0,9	54,8	1,0	47,0	0,8
Baignoire	11,1	9,0	25,8	3,8	22,2	2,2
W.C.	78,5	1,0	84,3	0,7	55,5	0,8
Bidet	20,0	5,0	37,5	1,6	44,4	1,3
Évier	61,5	1,4	46,8	1,1	83,3	1,1
Robinet simple	90,0	0,7	78,1	0,5	68,1	0,8

Tableau A.16 : Profil d'équipement sanitaire en fonction de la strate - Éfoulan

Ce niveau d'équipement est plus élevé qu'à Obala.

II/   BESOINS EN ÉNERGIE ÉLECTRIQUE : PUISSANCE DES ÉQUIPEMENTS ÉLECTRIQUES PAR STRATE

Le modèle de développement des réseaux que nous avons préconisé exige que soient déterminés les *paramètres* tels que les *puissances à installer* par strate et par ménage. *Ils permettent d'optimiser les investissements et l'exploitation des réseaux.*

a) Ville moyenne : Obala

	strate 1	strate 2	Strate 3	Strate 4	Strate 5	strate 6	strate 7	strate 8
Pm (w)	2 477	2 719	2 097	1 737	2 629	2 393	976	2 382

Tableau A.17 : puissance moyenne des équipements électriques par ménage et par strate - Obala

b) Grande ville : Yaoundé (Éfoulan)

	strate 1	strate 2	strate 3
Pm (w)	2 505	3 752	3 261

Tableau A.18 : puissance moyenne des équipements électriques par ménage et par strate - Éfoulan

Ces valeurs représentent moins du tiers de ce que prévoient les normes actuelles en la matière. Leur utilisation pour la conception permet d'éviter les surdimensionnements des réseaux. *À Bandjoun par exemple, le rendement technique (des transformateurs en mars 1994) est de 28,4 %. On voit que la puissance installée esp plus du triple des besoins réels.*

III/ CARACTÉRISTIQUES DU RÉSEAU ÉLECTRIQUE D'OBALA

La ville d'Obala est alimentée à partir du poste source de Ngousso (Yaoundé) par une ligne moyenne tension de 30 KV. Cette tension résulte de la transformation de la tension de 90 KV.

1°/ Câbles :

CÂBLES	LONGUEUR (KM)	SECTION (mm^2)
Ligne MT distribution	7,1	3 X 54
Ligne MT "transport"	5,4	3 X 93
Ligne BT	9,1	3 X 70 + 2 X 16 (ep)

ep : éclairage public

Tableau A.19. : Caractéristiques des câbles électriques - Obala

2°/ Les transformateurs

La puissance totale installée sur Obala est estimée à 1355 KVA en mars 92 répartie sur 15 transformateurs dont les caractéristiques sont les suivantes :

Noms de poste	Numéro	Puissance (KVA)	Type	Date de mise en service	Puissance en aval transfo. surchargés1993
Poste 1 mission catholique	1*	160	Sur poteau	23/11/1988	240
Poste 1 bis mission Cath.	2	160	Sur poteau	23/11/1988	
Poste 2 quartier Bamiléké	3*	100	Sur poteau	213/11/1988	210
Poste 3 route de la gare	4*	100	Sur poteau	20/04/1987	155
Poste 4 Gare d'Obala	5	50	Sur poteau	07/06/1986	
Poste 5 poissonnerie pop.	6	50	Sur poteau	25/08/1984	
Poste 6 SNEC	7	100	Sur poteau	25/08/1984	
Poste 7 Lycée	8*	50	Sur poteau	15/05/1984	60
Poste 8 Garde présidentielle	9	50	Sur poteau	02/09/1988	
Poste 9 Mission chinoise	10	100	Sur poteau	08/04/1991	
Poste 10 Foulassi	11	25	Sur poteau	00/00/1989	
Poste 11 vers Batchenga	12	50	Sur poteau	nd	
Poste 12 Nkolbikok	13	100	Sur poteau	nd	
Poste 13 Nkolbikok nouv.	14	100	Sur poteau	nd	
Poste 14 SONEL	15*	160	Sur poteau	nd	180

* Transformateurs surchargés

Tableau A.20 : Caractéristiques des transformateurs du réseau AEE d'Obala

3°/ Éclairage public

L'éclairage public à Obala est assuré par 70 lampes de 250 W chacune, inégalement réparties sur l'ensemble de la ville. L'entretien du réseau d'éclairage public est assuré par la mairie. Sur l'ensemble des 70 lampes, seules 26 sont fonctionnelle soit environ 63 % de lampes non fonctionnelles. Ces lampes fonctionnelles sont localisées dans la zone administrative et le marché de vivres.

IV/ RELATIONS ENTRE COÛT, CARACTÉRISTIQUES GÉOMÉTRIQUES ET CAPACITÉS DES ÉLEMENTS DES RÉSEAUX

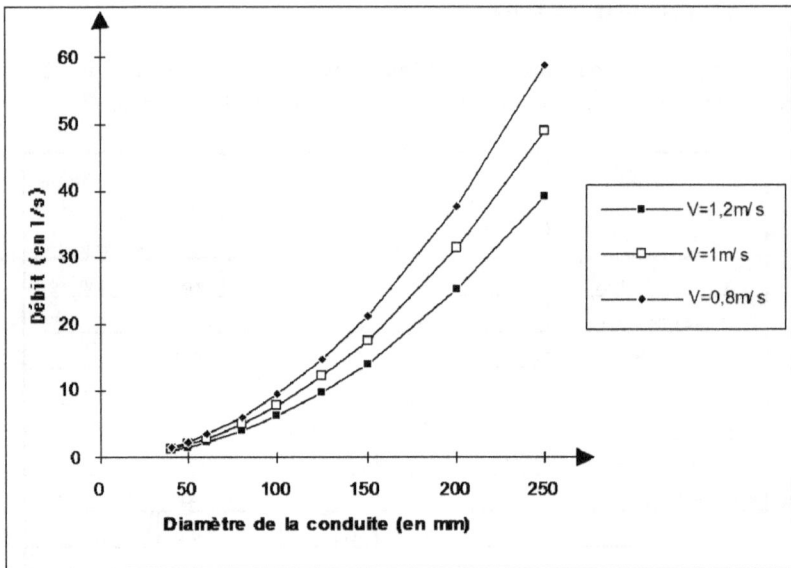

Figure A.7 : Débit en fonction des diamètres des canalisations et des vitesses

À vitesse constante d'écoulement d'eau, le débit croît avec le diamètre de la canalisation. Pour un débit d'alimentation donné, plus la vitesse est faible, plus le diamètre est élevé, ce qui implique un coût d'investissement élevé comme indique la figure ci-dessous. En évitant les coups de bélier (liés notamment aux grandes vitesses), il faut en même temps concevoir le réseau de façon à obtenir une vitesse acceptable. Ce qui permet de ce fait de minimiser les coûts d'installation des réseaux en conservant le débit à un niveau satisfaisant.

La courbe ci-après montre la croissance rapide du coût du mètre linéaire de la conduite PVC avec celui du diamètre. Il croît plus vite que le diamètre. D'où l'intérêt de sa prise en compte dans l'optimisation des coûts d'extension des réseaux et par ricochet des taux d'effort raccordement.

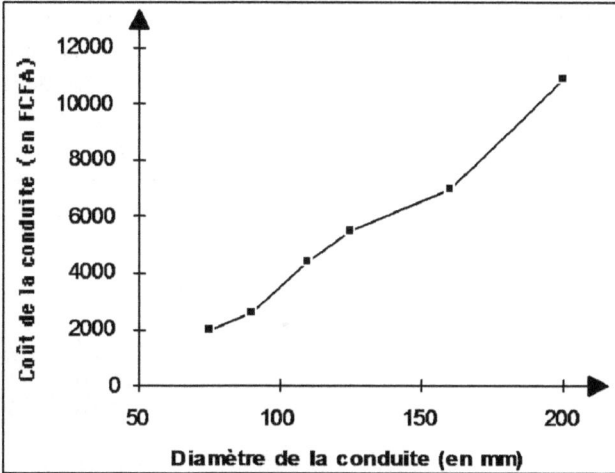

Figure A.8 : Coût du mètre linéaire de la conduite PVC en fonction du diamètre

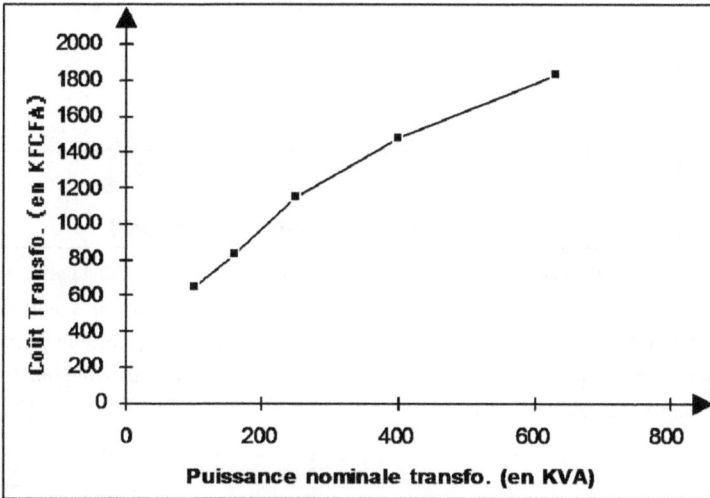

Figure A.9 : Coût du poste de transformation suivant sa puissance nominale

Le coût du poste de transformation croît avec la sa puissance nominale. Cet exemple de variation des coûts transformateurs en cabine (H59) montre qu'à partir de la puissance 250 KVA, les prix sont plus intéressants par rapport à la puissance installée. On pourra ainsi choisir un transformateur de puissance élevée dans les strates à haute densité et à risque nul ; car le surplus d'investissement est négligeable par rapport au gain que peut générer par l'accroissement des consommateurs Les autres types de transformateurs présentent sensiblement les mêmes caractéristiques.

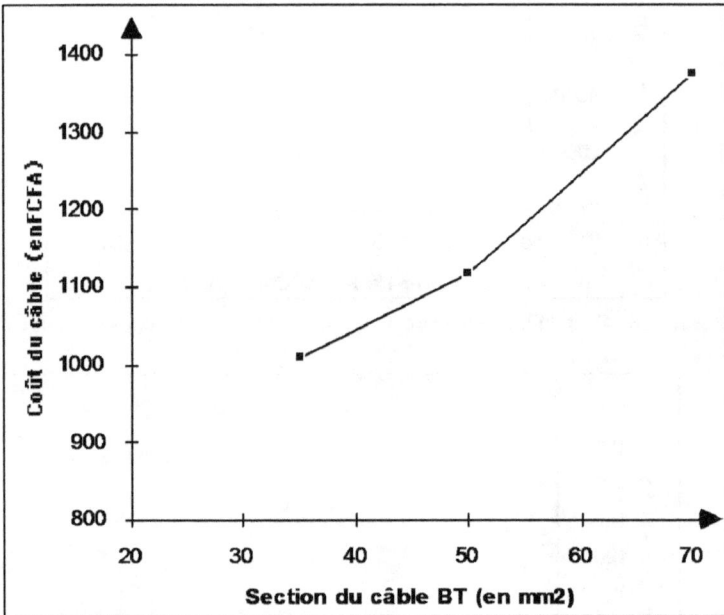

Figure A.10 : Coût du mètre linéaire du câble BT suivant de la section

Bien que comportant peu de points en raison des sections normalisées de distribution d'énergie électrique, cette figure montre que le mètre linéaire du câble coûte d'autant plus cher que la section du câble est grande. Il croît plus vite pour les grandes sections (concavité croissante).

www.ingramcontent.com/pod-product-compliance
Lightning Source LLC
Chambersburg PA
CBHW021032210326
41598CB00016B/996